肉羊养殖新技术

夏道伦　编

化学工业出版社

·北京·

本书主要从肉羊养殖的品种与良种选择、场舍建造和用具配备、肉羊的营养和饲料、种羊饲养管理技术、肉羊配种技术、肥羔育肥技术等方面进行详细阐述，主要供农业生产第一线从事优质肉羊高效养殖技术的工作人员和农民朋友使用。

图书在版编目（CIP）数据

肉羊养殖新技术/夏道伦编．—北京：化学工业出版社，2012.9（2015.3重印）
ISBN 978-7-122-14923-7

Ⅰ．①肉…　Ⅱ．①夏…　Ⅲ．①肉用羊-饲养管理
Ⅳ．①S826.9

中国版本图书馆CIP数据核字（2012）第166118号

责任编辑：邵桂林　张国锋　　　装帧设计：杨　北
责任校对：周梦华

出版发行：化学工业出版社（北京市东城区青年湖南街13号　邮政编码100011）
印　　装：化学工业出版社印刷厂
710mm×1000mm　1/16　印张14½　字数286千字　2015年3月北京第1版第5次印刷

购书咨询：010-64518888（传真：010-64519686）　售后服务：010-64518899
网　　址：http://www.cip.com.cn
凡购买本书，如有缺损质量问题，本社销售中心负责调换。

定　　价：28.00元

前　言

进入新时期，以数量扩张为主的短缺经济发展时代已经基本结束，农业开始进入以结构优化为主要特征的新阶段。在新阶段中，畜产品买方市场已经形成，有效需求不旺，农民增收动力不足，生产积极性受挫，如何加快畜牧业结构的内部调整，加速畜禽的品种改良，发展优质畜禽，增加养殖场和农民养殖户的经济收入，是摆在畜牧工作者面前十分重要、非常紧迫的任务。

大量的养殖实践证明，肉羊养殖具有投资少、增重快、周期短、见效快的特点，能迅速形成商品优势，是地方财源建设新的增长点，也是广大养殖场和农民养殖户增收致富的重要产业之一。大力发展肉羊养殖，积极引导养殖场和农民养殖户发展并推广肉羊优良品种，加快肉羊产业化进程，符合党和国家关于发展畜牧业的总体战略部署。大力发展肉羊养殖，已经成为畜牧业内部结构调整，彻底改变人们的肉食消费习惯，从根本上解决人畜争粮矛盾和实现畜牧业可持续发展的必由之路。

本书作者根据近年来国内外有关肉羊养殖新技术的相关文献资料，结合在基层肉羊养殖场30多年所积累的实践经验，尽可能以通俗易懂的文字，在注重普及肉羊养殖新的实用技术前提下，尽可能减少一些不必要的理论叙述，详细介绍了肉羊养殖的品种与良种选择、场舍建设和用具配备、肉羊的营养和饲料、种羊饲养管理技术、肉羊配种技术、肥羔育肥技术等内容。本书适用于肉羊养殖场、农民养殖户和试图从事发展肉羊养殖的单位和个人阅读参考。出版本书也希望能对肉羊养殖场和农民养殖户有所启发和借鉴。

由于时间仓促，加之水平有限，本书所提供的某些操作技术也尚待进一步完善，纰漏之处在所难免，敬请同行专家和广大读者批评指正。

编者

2012年5月

目　录

第一章　发展肉羊养殖的意义

第一节　肉羊养殖概况

一、肉羊养殖在国民经济中的地位和作用

养羊在我国已有近五千年的历史，无论是山羊还是绵羊，在我国均分布十分广泛，特别是山区、丘陵岗地和牧区，肉羊养殖业以其投资少、增重快、周期短、见效快，且具迅速形成商品优势的特点，已经成为地方财源建设新的增长点，也成为广大养殖场和农牧民养殖户增收致富的重要产业之一。

随着人民生活水平的提高，人们的肉食消费日趋多样化，国内外市场为肉羊养殖场（户）提供了广阔的发展空间。在人们日益崇尚健康保健食品的今天，羊肉以其高蛋白、低脂肪、低胆固醇的营养优势逐渐受到人们的青睐。大力发展肉羊养殖，积极引导养殖场和农牧民养殖户发展并推广肉羊优良品种，加快肉羊产业化进程，符合党和国家关于发展畜牧业的总体战略部署。大力发展肉羊养殖，已经成为畜牧业内部结构调整，改变人们的肉食消费习惯，从根本上解决人畜争粮矛盾和实现畜牧业可持续发展的必由之路。

二、肉羊养殖的现状和发展趋势

我国是世界上肉羊养殖数量最多的国家之一，且地方优良品种众多，分布广泛，就山羊品种而言，比较重要的品种就有25个之多。改革开放以来，肉羊养殖生产与市场出现了三大变化，一是南方城乡居民逐渐习惯了羊肉消费，市场逐渐由疲转旺，羊肉及其产品在市场上走俏，价格上升，极大地调动了广大农牧民养殖肉羊的积极性；二是以秸秆养羊为起点的秸秆畜牧业在全国农区的大面积推广，青贮、氨化、微贮等秸秆处理技术逐步进入了千家万户，有效地解决了农区养羊存在的饲草不足、牧场面积狭小、林牧矛盾等突出的问题，为平原、丘陵地区养羊创造了条件；三是国家加强了畜牧业内部结构调整，且农区畜牧业受到了高度的重视，各级政府的财政投入明显增加，这三大变化有效地促进了农区肉羊养殖业的快速发展。综上所述，肉羊养殖业在新的发展时期越来越受到人们的重视，它必将成为农村特别是山区和农区农村经济的重要增长点。

第二节　肉羊养殖在农区的推广

一、农区具有发展肉羊养殖的深厚潜力

一提起肉羊养殖，人们马上就会想到辽阔的北方大草原。“天苍苍，野茫茫，风吹草低见牛羊”的诗句在中国差不多已是尽人皆知，中国北方有40多亿亩的大草原，差不多是耕地总面积的3倍，大草原是中国草食家畜的传统生产基地。但是，由于几十年来草原掠夺性的使用（主要是滥垦和过度放牧），中国北方大草原已严重退化，据典型调查资料显示，中国北方草原的产草量比20世纪50年代下降了30％～50％，北方草原对现有牲畜已是不堪负担，要从根本上恢复良好的草原生态，需要大量的资金投入和几代人的共同努力，绝非短期内可以奏效。因此，我们绝不能把肉羊养殖业的全部希望寄托在大草原上。

既然我国单纯依靠大草原发展肉羊养殖业的路子走不通，那么，肉羊养殖业的出路何在呢？经畜牧科技工作者和农区广大农民养殖场（户）的科学实践，且经过深入的调查和广泛的论证，发现我国农区有发展肉羊养殖业的深厚潜力。我国每年生产有近5.5亿吨粮食，同时也生产了近5.5吨农作物秸秆，其数量差不多是北方大草原每年收获干草量的50倍。此外，农区还有大量的大豆饼、棉籽饼、菜籽饼和糠麸等农作物副产品，可以用作肉羊养殖的精饲料。凭借丰富的饲草、饲料资源，加上良好的气候条件、丰富的人力资源和技术优势，农区正在迅速成为我国肉羊养殖业的主要生产基地。

二、农区秸秆的利用与肉羊养殖业的发展

我国农区虽然有发展肉羊养殖的深厚潜力，但由于我国农区传统的养殖习惯和人们的消费习惯，养猪业一直占据了我国畜牧业发展的主体，因而，畜牧业的发展始终未能摆脱对粮食的过分依赖。饲养草食动物——肉羊，可以不用粮食或少用粮食，农业部门也曾就秸秆养畜新技术进行过推广，但由于受种种客观原因的限制（如农作物秸秆收获与“三夏”、“三秋”大忙季节的矛盾等），以致建立节粮型畜牧养殖业的秸秆青贮、氨化、微贮等处理技术以及肉羊科学养殖新技术的普及率不高。据相关资料显示，目前全国农区的秸秆过腹（包括养牛、养羊）还田的发展还很不平衡，有些地区秸秆过腹还田的比例已经达到了30％～50％，而有些地区的秸秆过腹还田的比例还不到10％，大量的农作物秸秆有的被农民当作柴火烧掉了，有的被白白地扔掉了，有的甚至被农民直接堆放在田地里或道路边烧掉。这不仅白白浪费掉了宝贵的农作物秸秆资源，而且直接在田地里焚烧农作物秸秆还会破坏土壤的团粒结构，更重要的是造成了大气环境的严重污染，有些地方甚至还给交通、航空运输业带来了严重的负面影响。

由上所述，广泛地利用宝贵的农作物秸秆资源，推广农作物秸秆养羊，还需要畜牧科技工作者和农区广大农民养殖场（户）的共同努力。随着近年来我国羊肉需求的日益旺盛，羊肉价格持续上涨，农民养殖肉羊的效益不断地增加，加上农区农作物秸秆养羊技术的进一步完善，农区传统的养羊业必将向秸秆养羊业转变。虽然农区养羊放牧与植树造林存在着矛盾，但随着农作物秸秆养羊技术的推广，农区养羊逐渐由放牧为主的饲养方式转变为舍饲或半舍饲的饲养方式，并广泛地利用青贮饲料、氨化及微贮秸秆喂羊，那么，农区的肉羊养殖业大发展将是指日可待的事情。

第二章 肉羊的品种特征和主要品种介绍

第一节 肉羊的品种特征

一、肉羊的体形外貌

肉羊的体形中等偏上，被毛短密且贴身，体表被毛因品种不同而颜色各异。公羊体质外貌强健，眼睛清秀，体躯长且深而宽，胸部发达，背部结实而宽厚，肋部发育良好，臀部丰满，全身肌肉发达，且发育良好，四肢结实。母羊头面清秀，且具有明显的母性外貌特征，繁殖性能强。

二、肉羊的生产性能

1. 体形大小

肉羊体形大小是决定其生长性能的主要因素之一，一般来讲，体形大的肉羊品种后代生长速度要比体形小的生长速度快，因此，在同一肉羊品种中，养殖场（户）应尽可能选择体形较大的肉羊个体喂养。

2. 生长性能

在同一肉羊品种中，在同等优良放牧并补饲的饲养管理条件下，体形较大的肉羊，其生长和育肥性能均优于其他肉羊个体，且饲料报酬和日增重高。

3. 胴体品质

成年肉羊的屠宰率高，屠宰后皮下脂肪含量低。胴体分割后，前腿、颈部、躯干的产肉量高，且肉质细嫩，适口性好，在市场上畅销。

4. 繁殖性能

成年母羊繁殖性能强，性成熟适中，其繁殖季节不明显，一般母羊秋季为自然发情配种的高峰期，春、夏季节也有母羊出现发情症状。母羊窝平均产羔 2～3 只以上，产羔率在 180％～200％，断奶活羔在 2 只以上。母羊泌乳力强，在正常放牧和适当补喂精饲料的情况下，一般每只泌乳母羊一天可泌乳 2.5 千克以上，能较好地维持多羔在哺乳期生长发育的需要。

5. 杂交利用

养殖场（户）有计划地引进国内外优良肉羊品种进行肉羊品种之间的杂交改良，或在肉羊品种内进行品系之间的杂交利用，是有效地提高肉羊个体产肉量和肉品品质的重要方法。我国肉羊品种众多，经过千百年来人们不断地自然选育淘汰，绝大多数肉羊品种均表现出对当地自然气候条件适应性强、耐粗饲、抗病力强、性成熟早、繁殖能力强、肉羊适时屠宰后肉质鲜嫩，烹饪后味香可口、且香味流长等优点，但我国的一些地方肉羊品种也表现出生长发育缓慢、饲料报酬低、个体体形小且产肉量低等缺点。鉴于肉羊品种之间的杂交改良或肉羊品种内品系之间的杂交利用具有提高肉羊个体产肉量和肉品品质的作用，肉羊养殖场（户）对育肥肉羊养殖可广泛推广使用二元杂交或多元杂交。

第二节　肉羊的主要品种介绍

一、槐山羊

1. 产地与分布

槐山羊原产于河南省周口地区和安徽省西北部的阜阳地区，是优良的肉羊和板皮品种。

2. 外貌特征

槐山羊全身被毛为白色，有角或无角，体形中等，成年公羊平均体重 34 千克，平均体高 66 厘米，体长 67.4 厘米，胸围 77.7 厘米；成年母羊平均体重 25.7 千克，平均体高 54.3 厘米，体长 58.1 厘米，胸围 71.2 厘米。

3. 生产性能

槐山羊繁殖力强，母羊终年可发情，平均每年可产羔 2 胎，3～4 月龄可达到性成熟，5～8 月龄可达到初配年龄，产羔率平均可达到 258%，周岁阉羊平均体重 22 千克，胴体重 10.6 千克，脂肪重 1.1 千克，屠宰率 52.9%，净肉率可达到 37.8%，周岁羊平均胴体重 8.5 千克，屠宰率 46.6%，净肉率 34.6%。

二、成都麻羊

1. 产地与分布

成都麻羊主要分布在成都平原四周的丘陵和低山地区，且以双流、金堂、龙泉、大邑、汶川等县（市、区）的饲养量最为众多。

2. 外貌特征

成都麻羊全身被毛呈棕黄色，如赤铜，所以成都麻羊又有铜羊之称。公、母羊大多数有角，公羊和大多数母羊有黑髯，一部分羊有肉垂。公羊前躯发达，体躯呈长方形，母羊后躯深广，乳房发育良好。成年公羊平均体重 43 千克，平均体高 65.6 厘米，体长 69.6 厘米；成年母羊平均体重 32.6 千克，平均体高 60.7 厘米，体长 65.8 厘米。

3. 生产性能

成都麻羊成年羊平均屠宰率、净肉率分别为 54.34% 和 37.95%，周岁羊分别为 49.66% 和 35.07%；成年母羊分别为 48.26% 和 32.92%，周岁母羊分别为

52.3%和37.2%。

成都麻羊所产的板皮是“四川路板皮”中最佳产品，板皮质地细密，弹性好、强度大、耐磨损，周岁羯羊鲜皮面积可达5000厘米^{2}以上，成年羯羊鲜皮面积可达6500～7000厘米^2，且板皮均匀。成都麻羊繁殖力强，对140只母羊的繁殖性能跟踪统计：一年产一胎的约占16%，年产两胎的约占55.7%，两年产三胎的约占28.2%，初产母羊年产羔率为176%，经产母羊年产羔率为224%，平均产羔率为210%；母羊泌乳性能好，对10只体重在30千克、中等营养水平的2～4胎母羊挤奶统计，母羊只均日产奶量为1.2千克，泌乳期5～8个月，泌乳量150～180千克，乳脂率在6%以上。

三、南江黄羊

南江黄羊是由四川省南江县承担的国家“八五”畜牧重点科研攻关项目研究课题组培育出的新品种。一级成年公羊平均体重66.9千克，成年母羊45.6千克。周岁公羊37.69千克，周岁母羊30.56千克。经产母羊平均年产羔1.82胎，平均产羔率205.2%。8月龄羔羊屠宰体重达到22.7千克，屠宰率47.6%，周岁羊屠宰体重达到31.33千克，屠宰率49.7%。

南江黄羊有“亚洲黄羊”之称。目前该品种的数量已达到5万只以上，其中特一级羊5000只以上，等级羊1万只以上。该羊体格较大，体质坚实，肉用性能好，繁殖力强，已推广到国内16个省（市、自治区），累计推广达4万只以上，是当前国内肉用性能较好的山羊品种之一。

四、马头山羊

1. 产地与分布

马头山羊是我国南方山区优良的肉羊品种，主产于湘、鄂西部山区，包括湖北的郧西、郧县、竹山、房县、巴东、建始，湖南的石门、慈利、芷江、桑植等地，在产区及其邻近的县（市、区）均有分布。

2. 外貌特征

马头山羊公、母羊均无角，头形似马头，故有“马头山羊”之称。马头山羊全身被毛以白色为主，公、母羊均有髯，部分羊颈下有肉垂。公羊头颈粗壮，额顶有长毛垂至眼线；母羊颈部细长，体态较为清秀，乳房发育良好。成年公羊平均体重35.8千克，平均体高61.6厘米，体长64.5厘米，胸围82.8厘米；成年母羊平均体重33.6千克，平均体高54.7厘米，体长62.3厘米，胸围75.7厘米。

3. 生产性能

马头山羊产肉性能高，成年羯羊平均屠宰率62.6%，净肉率可达到44.46%，周岁阉羊平均体重可达到35千克，1.5岁可达到47.4千克。羔羊育肥效果好，2月龄断奶羯羊在放牧加补饲的饲养管理条件下，育肥5个月，平均体重达到23.3千克，屠宰后胴体重10.52千克，脂肪重1.68千克，屠宰率可达到52.34%。板皮也是马头山羊的主要产品之一，平均成年羯羊鲜皮面积可达8190厘米^2，厚度为0.3厘米，且每张板皮可剥多层。

马头山羊繁殖性能较高，母羊4～8月龄发情，公羊初配年龄为5～8月龄，母羊一般10月龄可初配，一年四季均可发情配种，平均每胎产羔1.82只，平均产羔率200.3%。

五、长江三角洲白山羊

1. 产地与分布

长江三角洲白山羊主要分布于江苏省南通、苏州、扬州，上海郊县和浙江的嘉兴、杭州等地区，是我国优良的地方肉用山羊品种，也是制作优质毛笔原料的主要山羊品种。

2. 外貌特征

长江三角洲白山羊公、母羊均有角、有髯，头呈三角形，前躯窄，后躯丰满，背腰平直，被毛短而直，光泽好，羊毛洁白，且挺直有峰、弹性好。

3. 生产性能

长江三角洲白山羊成年公羊平均体重28.6千克，母羊18.4千克，羯羊16.7千克，初生公羔平均体重1.2千克，母羔1.1千克。该品种羊繁殖力强，性成熟早，母羊终年可发情，一般母羊6～7月龄可初配，经产母羊多集中在春秋两季发情配种，母羊两年可产三胎，一般初产母羊每胎可产1～2羔，经产母羊每胎可产2～3羔，最多可达6羔，平均产羔率达到228.6%。羯羊肉质肥嫩，膻味小。成年羊所产板皮品质好，皮质致密、柔韧，且富有光泽。

六、青山羊

1. 产地与分布

青山羊主产于鲁、苏、皖等省份，包括山东的菏泽，济宁市的曹县、单县、成武、定陶、金乡、嘉祥等20多个市县，江苏的徐州市以及安徽的淮北市等地，在产区及其邻近的县（市、区）均有分布。所产羔皮叫猾子皮，是我国独特的羔皮用山羊品种。

2. 外貌特征

公母羊均有角，角向上、向后上方生长，有须，有髯，颈部较细长，背直，尻微斜，腹部较大，四肢短而结实。尾巴小，向上前方翘。体格小，结构匀称，又称之为“狗羊”。青山羊的被毛由黑白两种纤维组成，形成天然青色而故名。黑色纤维在30%以下为粉青色，30%～40%者为正青色，50%以上为铁青色。被毛结构较为复杂，大致有以下几种类型：即细长毛（毛长在10厘米以上者）、细短毛、粗长毛、粗短毛等。品质较好的是占多数的细长毛类型。初生羔羊被毛类型则有波浪形花纹、流水形花纹、隐暗花纹和片花纹等不同类型。全身具有“四青一黑”特征，即被毛、角、蹄、唇为青色，两前膝为黑色。

3. 生产性能

青山羊皮肉毛兼用，具有高产早熟，繁殖力强，适应性强，肉质细嫩，腥膻味小，具有调理人体机能和食补作用。一般母羊一周岁前即可产第一胎，初产母羊平均产羔率 163.1%，一生平均产羔率 293.7%，最多时一胎可产 6～7 羔。年产两胎，或两年产三胎。成年公、母羊平均体重 23 千克左右。出生后 1～3 日龄羔羊被毛短，紧密适中，所得皮板品质最佳，有天然花纹，俗称猾子皮而驰名中外。成年公羊可剪毛 230～330 克，成年母羊可剪毛 150～250 克，公羊抓绒 50～150 克，母羊抓绒 25～50 克。成年羯羊宰前平均体重 20.1 千克左右，屠宰率 56.7%。

七、乌骨羊

乌骨羊原产于我国云南省，属于半野生状态下饲养的绵羊系肉羊品种，是世界上绝无仅有的地方珍稀物种资源。纯种乌骨羊的全身被毛为乌黑色，其眼睛、口腔、牙龈和舌头也均为黑色。新鲜的乌骨羊肉呈暗红色，用清水煮过后，汤汁呈暗黑色。据测定，乌骨羊的肉中黑色素含量比普通羊肉高，而黑色素已被证实具有消除体内自由基、抗氧化、降血脂、抗肿瘤、美容和益气补肾的作用。

从山东等地养殖场（户）饲养的情况来看，乌骨羊不仅适应能力强，而且适宜生长的范围广，从南方引种到北方饲养，并没有出现不适应的情况。从繁殖生产的情况来看，繁殖羔羊的存活率可达到 90%以上。羔羊从出生到 6 月龄左右时，其身高可长到 65 厘米左右，体重 50～60 千克。乌骨羊不仅适应性比较强，而且比较耐粗饲，一般农作物秸秆和树叶均可以作为乌骨羊的饲料，且极少补饲精饲料。

乌骨羊的市场售价每只超过 2000 元，而且还经常处于有价无货的状态，产品供不应求，作为一种健康美味的高档羊肉品种，乌骨羊养殖的市场潜力很大，养殖前景广阔。

八、小尾寒羊

1. 产地与分布

小尾寒羊原产于我国山东省西南部，梁山县是其中心产区。小尾寒羊属于绵羊系肉羊品种，以其性成熟早、四季均可发情、高产多胎、体形大、生长发育快而享有“国宝”之美誉。其中心产区的广大畜牧科技工作者在小尾寒羊保种、品种选育、提纯复壮等方面做了大量的科研工作，小尾寒羊无论在数量上，还是质量上均取得了长足的发展和提高。梁山小尾寒羊现已推广到内蒙古、宁夏、甘肃、陕西、黑龙江、新疆、辽宁、吉林、河北、山西、河南、湖北等 20 多个省市自治区，为全国各地广大农牧民脱贫致富奔小康和肉羊品种改良发挥了重要作用。

2. 外貌特征

小尾寒羊具有三个典型特征：一是公羊头大颈粗，有螺旋形大角，母羊头颈长，有小角或无角；二是四肢高而健壮端正，体躯长呈圆桶状；三是尾肥呈圆扇形，尾尖上翻。根据小尾寒羊被毛特点可分为三个类型：一是裘皮型，其毛股清晰，花弯明显，产羔率稍低，占羊群的53%～90%；二是细毛型，其毛细密，花弯较小，产羔率稍低，占羊群的9%～14%；三是粗毛型，其毛粗、花弯较大，产羔率中等，在羊群中比例很少。

3. 生产性能

小尾寒羊具有六个主要生产性能：一是个体大，产肉多，产肉性能好，肉质鲜嫩，营养丰富。公羊平均体高为99.83厘米，体重为135.33千克，母羊平均体高为82.43厘米，体重85千克。二是生长发育快，性成熟早。周岁羊能长到成年体尺的94%以上，体重的80%以上。5～6月龄可达到性成熟，7～8月龄即可配种，当年能繁殖后代。三是繁殖率高。小尾寒羊常年发情，配种，一年两胎或两年三胎，每胎产羔2～5只，平均产羔率为281.25%。四是适应性强。小尾寒羊对我国绝大部分地区的气候均能适应，性情温驯，好管理，耐粗饲，既可放牧，又可舍饲。五是裘用性能好。该品种的羊皮质密、坚韧、柔软，毛股清晰，花穗美观，是制裘的上等原料。六是具有观赏性。公羊善斗，每到农闲季节，养殖场（户）用选留的“抵羊”赶集串会，开展配种业务，并斗羊娱乐。

九、建昌黑山羊

1. 产地与分布

建昌黑山羊主要分布在四川省凉山彝族自治州的会理、合东二县，该州的其他县也有分布。其产区地处云贵高原和青藏高原之间的横断山脉延伸地带，境内山峦起伏，沟谷纵横，大小凉山重叠，金沙江、雅砻江、安宁河及其支流贯穿全境，气候随海拔高度而变化，建昌黑山羊主要分布在海拔2500米以下的地区。

2. 外貌特征

建昌黑山羊体格中等，体躯匀称，略呈长方形。头呈三角形，鼻梁平直，两耳向前倾立，公、母羊绝大多数有角、有髯，公羊角粗大，呈镰刀状，略向后外侧扭转，母羊角较小，多向后上方弯曲，向外侧扭转。被毛光泽好，大多为黑色，少数为白色、黄色和杂色。被毛内层生长有短而稀的绒毛。成年公羊平均体高、体长、胸围和体重分别为：57.69厘米、60.58厘米、73.62厘米和31.05千克，成年母羊分别为：56.01厘米、58.93厘米、70.67厘米和28.91千克。建昌黑山羊皮板张幅大，面积为5000～6400厘米^2，厚薄均匀，富于弹性。建昌黑山羊具有生长发育快、产肉性能和皮板品质好的特点。

3. 生产性能

建昌黑山羊肌纤维细，硬度小，肉质细嫩，味道鲜美，膻味极小，营养价值高，蛋白质含量在22.6%以上，脂肪含量低于3%，胆固醇含量低，比猪肉低75%，比牛肉和绵羊肉低62%，含人体必需氨基酸15种以上，尤以谷氨酸含量高，达11.03%。具有滋阴壮阳、补虚强体、提高人体免疫力、延年益寿和美容之功效，特别对年老体弱、多病患者有明显的滋补作用，老幼皆宜。建昌黑山羊繁殖性能高，公羊8～10月龄、母羊6～7月龄即可开始配种繁殖。母羊一般年产1.7

胎。初产母羊产羔率193%，2～4胎产羔率246%。建昌黑山羊生长发育快，初生和双月重分别为：公羔平均2.35千克和12.5千克，母羔平均2.22千克和12.3千克；6月龄体重为：公羊平均25.5千克，母羊23.8千克；12月龄体重为：公羊平均37.2千克，母羊平均34.9千克；成年体重为：公羊平均74.6千克，最高体重达125千克，母羊平均56.2千克，最高体重达80.5千克。建昌黑山羊产肉性能好，公羊（6月龄、12月龄和成年）的屠宰率为：分别可达到38.87%、49.03%和52.76%，阉羊（6月龄、12月龄）分别可达到41.68%、48.51%；母羊分别可达到40.87%、47.81%、49.17%。净肉率高：公羊（6月龄、12月龄和成年）分别可达到29.61%、36.06%和39.98%；阉羊（6月龄、12月龄）分别可达到31.36%、36.91%；母羊（6月龄、12月龄和成年）分别可达到30.53%、35.88%和37.26%。

十、努比羊

1. 产地与分布

努比羊是一种乳肉兼用型的山羊品种，原产于非洲，现已分布于世界各地，我国湖北、四川等地已有广泛的饲养。

2. 外貌特征

努比羊体形高大，四肢细长，两耳宽长下垂至下颌部，鼻梁明显隆起，乳房发育良好，毛色较杂，以黄、棕、灰、黑色为多，且细短、富有光泽，头较小，有的有角或无角。成年公羊平均体重86千克，体高84厘米，体长86厘米。成年母羊平均体重62千克，体高76厘米，体长78.5厘米。公羔平均初生重3.5千克，1月龄体重达到8.6千克左右，2月龄体重达到11.9千克左右，6月龄体重达到32.8千克左右；母羔初生重平均3.1千克，1月龄体重达到8.5千克左右，2月龄体重达到11.8千克左右，6月龄体重达到25.2千克左右。母羊6～7月龄性成熟，繁殖力强，胎均产羔1.92只，6月龄育成率达92%以上。努比山羊性情温顺，采食范围广，适应性强，故在我国各地只要不是极冷的地方均能很好地生长繁育。

3. 生产性能

努比山羊具有体格高大、生长快、泌乳性能好等优点，利用努比公羊和马头母羊杂交，其杂交优势十分明显，所产杂交羊的初生重、日增重、成年体重、日产奶量及屠宰率均在马头山羊的基础上分别提高1.6千克、65克、32千克、1.2千克、4%以上。因此，许多养殖场（户）将其作为第一父本，进行肉羊的杂交改良利用。

十一、波尔山羊

1. 产地与分布

波尔山羊原产于南非，是世界上唯一公认的肉用山羊品种，因其生长快、体质强壮、肉质好而闻名于世，已被非洲许多国家以及新西兰、德国、美国、加拿大等国引进。1995年引入我国后，通过纯繁扩群逐步向周边地区和全国各地扩展，显示出很好的肉用特征、广泛的适应性、较高的经济价值和显著的杂交优势。

2. 外貌特征

波尔山羊被毛主体为白色，光泽度好，头部两侧和颈部为棕红色，在眼睛、嘴唇周围及尾部下端等无毛部位有明显的色素沉积，有利于抵抗紫外线的伤害；松软柔韧的皮肤，加上短而发亮的皮毛有利于适应干热的环境，并抵抗寄生虫的危害。头部强健坚实，有大而温顺的棕色双眼，有一坚挺稍带弯曲的鼻子和宽大的鼻孔（即骡马鼻），角粗长坚实，中等长度，且渐向后适度弯曲。耳宽阔平滑，由头部下垂，长度中等。体躯呈长方形，且各部位连接良好，有适当长度的颈部与体躯相称；有宽阔的胸骨与深而宽的胸肌肉、肥厚的肩部与体躯和鬐甲相称，且鬐甲宽阔不尖突；有适中长度的前肢与体躯的深度相称。胸部发达，背宽而平直，臀部丰满，四肢强健有力，肉用体形特征明显。

3. 生产性能

成年波尔山羊公、母羊的体高分别可达到75～90厘米和65～75厘米，体重分别可达到95～120千克和65～95千克，屠宰率较高，平均可达到48.3%，是世界上著名的生产高品质瘦肉的山羊。此外，波尔山羊的板皮品质极佳，属上乘皮革原料。波尔山羊属非季节性繁殖家畜，一年四季均能发情配种产羔。母羊6月龄可达到性成熟，由于在秋季性激素水平较高，秋季是性活动的高峰期，而春夏季则性活动较少。波尔山羊的产羔率高，成年母羊多数一胎可产2～3只，据对100只母羊的产羔统计结果表明，产单羔的24只，双羔的58只，三羔的15只，四羔的1只，平均窝产羔数为1.93只。

十二、夏洛来羊

1. 产地与分布

夏洛来羊原产于法国中部的夏洛来丘陵和谷地，是以英国的来斯特羊、南丘羊为父本，当地的细毛羊为母本杂交育成。该品种是绵羊系肉羊品种，早熟，耐粗饲，采食能力强，对寒冷潮湿或干热气候表现较好的适应性，是生产肥羔的优良品种。我国在80年代末和90年代初，由内蒙古畜牧科学院和河北等省区引入该品种，除进行纯种繁殖外，并开始了与当地粗毛羊和细毛羊杂交生产肉羔，其效果甚好。

2. 外貌特征

夏洛来羊公、母羊均无角，头部无毛，脸部呈粉红色或灰色，被毛同质，白色；额宽、耳大、颈短粗、肩宽平、胸宽而深，肋部拱圆，背部肌肉发达，体躯呈圆桶状，后躯宽大。两后肢距离大，肌肉发达，呈“U”字形，四肢较短。

3. 生产性能

成年公羊体重可达到110～140千克，母羊80～100千克；周岁公羊可达到70～90千克，母羊50～70千克；4月龄育肥羔羊35～45千克。羊毛长度7厘米以上，细度56～60支，剪毛量3～4千克。成年羊屠宰率在50%以上，4～6月龄羔羊胴体重20～23千克，胴体质量好且瘦肉多，脂肪少。产羔率高，一般经产母羊为182.37%，初产母羊为135.32%。

第三章 肉羊养殖的生产体系

第一节 良种繁育体系建设

一、肉羊良种繁育场建设

可通过农民技协（合作社）组织，以肉羊养殖大场、大户为核心，通过抓肉羊的品种引种，开展肉羊的纯种繁育，并通过不断地选育，提纯扶状，迅速扩大养殖大场、大户肉羊良种繁育场的种羊养殖数量，不断为肉羊的改良提供足够的种源。

二、肉羊人工授精站建设

可在现有乡镇畜牧兽医站家畜人工授精站建设的基础上，鼓励并引导肉羊养殖大场、大户承包或投资建设肉羊人工授精站，并按照每 2000 只能繁母羊建设一个肉羊人工授精站的要求，确保肉羊养殖场（户）母羊配种、杂交改良的需求。

三、杂交母羊选育场建设

通过肉羊的不断杂交改良，鼓励并引导一部分有实力、懂技术的肉羊养殖大场、大户建立杂交母羊选育场，一般按照每个肉羊选育场存栏母羊规模在 300～400 只的要求，逐渐培育肉羊新品种，以促进肉羊养殖的良种化。

四、肉羊新品种的选育

由于我国目前还没有专门化的肉羊品种，因此，鼓励有实力、懂技术的肉羊养殖大场、大户积极与动物科学科研院所合作，组成以畜牧专家顾问为技术指导的新品种培育攻关小组，按照肉羊新品种的培育标准，制定相应的育种方案，在对本地肉羊杂交改良的基础上，进行有目的的横交固定肉羊的优良性能，选择优良的个体，经过 6～10 年的不断选育，逐渐培育出适宜于当地饲养管理特点、繁殖性能高、产肉性能好的肉羊新品种。

第二节 饲草饲料体系建设

一、草场改良

养殖场（户）应对现有利用率低的天然草场和人工草场采用烧荒、清灌、除毒

（杂）草等方法进行草场改良，以最大限度地提高草场的利用率和载畜量。

二、人工种草

在山区和丘陵地区，应将25°以上坡度实行逐步退耕还林还草，有目的地种植墨西哥玉米、紫花苜蓿、黑麦草、红三叶、白三叶等优质牧草。同时在农区的一些平原地区，可开展草、粮（经济作物）轮作种植短期牧草，也可以根据肉羊的养殖数量的多少，有计划地调整一部分土地种植墨西哥玉米、黑麦草、苏丹草等高产优质牧草，以满足肉羊生产的需要。

三、建立草粉加工厂

在一些饲草资源丰富的地方，养殖场（户）应充分利用丰富的饲草和农作物秸秆资源的优势，有针对性地建设草粉加工厂，以满足羊群冬春季节补饲和育肥羊对饲草的需要。

第三节　肉羊生产体系建设

一、发展肉羊规模养殖大户

在一些肉羊养殖比较集中的地区，可以通过政策引导、技术和资金扶持、肉羊养殖农民技协（合作社）组织，发展肉羊规模养殖大户，一般农民肉羊养殖大户要求基本母羊存栏达到60只左右，以此逐渐发展肉羊规模养殖。

二、建立肉羊育肥示范养殖场

鼓励有实力、懂技术的肉羊养殖大场、大户，率先建立规范的舍饲或半舍饲肉羊育肥示范养殖场，通过肉羊育肥示范养殖场的建设，引导农民养殖户向标准化、规范化肉羊养殖方向发展。

三、建设肉羊养殖示范小区

随着农村肉羊养殖业向标准化、规范化方向的发展，在一些肉羊养殖比较规范的村组，可在肉羊养殖场（户）自愿的基础上，由肉羊养殖农民技协（合作社）的组织，按照“统一设计、集中建设、分散经营、配套服务”的原则，发展肉羊养殖示范小区，逐步建设肉羊养殖的示范性区域，形成肉羊养殖规模效益。

第四节　疫病防控体系建设

一、健全肉羊疫病防控服务网

各级畜牧兽医部门应充分发挥动物疫病防控服务的职能作用，在完善动物疫病防控体系建设的基础上，对肉羊养殖示范区域和肉羊养殖比较集中的地方，优先做好肉羊疫苗的采购和供应，配齐防疫冷链设施和必要的防疫器械，组织肉羊养殖场（户）做好肉羊防疫、定期驱虫等工作，切实将肉羊疫病防控工作落到实处。

二、制定肉羊疾病防控工作方案

结合肉羊的生理特点和肉羊养殖生产的实际，制定肉羊圈舍和环境消毒、肉羊免疫计划、重点疾病防控、普通疾病防治等一套严密的肉羊疾病防控工作方案，坚持“预防为主”的肉羊疾病防治工作方针，做到防重于治，尽可能减少肉羊疾病的发生，确保肉羊养殖场（户）的养殖经济效益。

三、建立健全肉羊疫病测报制度

在肉羊养殖和肉羊规模养殖比较集中的地方，应建立健全肉羊疫病监测测报网，做到对肉羊的疫病早发现、早治疗、早扑灭，尽可能将养殖场（户）的损失降低到最低限度，同时应建立肉羊的疫病报告制度，按月进行测报，特殊情况下应随时对肉羊的疫病进行监测，并及时上报动物疫病防控部门，使肉羊的疫病防控更加具有针对性。

四、建立健全肉羊疫病防控责任制

在肉羊养殖和肉羊规模养殖比较集中的地方，应建立健全肉羊疫病防控责任制，按照肉羊的免疫程序，认真做好养殖场（户）肉羊的免疫、驱虫和消毒工作，尽可能使肉羊的重点疫病免疫率达到100%，驱虫率达到90%以上，死亡率控制在3%以下。

五、建立健全严格的检疫制度

各地在发展肉羊养殖时，无论是羊种的引进还是商品肉羊的销售或羊产品的加工，均应按照《中华人民共和国动物防疫法》的相关规定，进行严格的检疫，坚持做到检疫证、消毒证、运输证、非疫区证明等证件齐全，方可调进或调出，防止肉羊疫病的传进或传出。

第五节　市场营销体系建设

养殖场（户）必须在对肉羊养殖进行绿色或无公害产地认定和产品认证，确保羊肉产品安全的前提下，建立健全肉羊市场营销体系。

一、建设肉羊及其相关的交易市场

在肉羊养殖和肉羊规模养殖比较集中的地方，应在肉羊养殖产业相对中心的区域，有计划地建设大型肉羊交易市场、羊产品交易市场以及羊的饲草、饲料、兽药等交易市场，以吸引外地客商，并方便广大养殖场（户）交易。

二、鼓励并发展民营营销组织

在肉羊养殖和肉羊规模养殖比较集中的地方，应积极引导并鼓励农户和民营企业组织从事肉羊营销贩运，鼓励有经济实力的民营企业组建肉羊及其产品销售开发公司，培养组织自己的营销队伍，促进肉羊及其产品的流通。

三、在大中城市设立销售窗口

引导并鼓励有经济实力的民营企业，在广州、北京、上海、福州、武汉、深圳、珠海等羊产品销量较大的大中城市设立羊产品销售窗口，以广泛宣传优良肉羊的品种特征和开发优质羊肉新产品。在肉羊养殖和肉羊规模养殖比较集中的地区，地方政府为扶持肉羊产业的发展和流通，应制定相关的肉羊及其产品促销的优惠政策，并鼓励养殖场（户）对肉羊养殖进行绿色或无公害产地认定和产品认证，以促使本地的肉羊及其产品打造成为全国的优质产品，并向国际市场进军。

四、建立肉羊及其产品营销信息网

不断通过报纸、杂志、广播、电视、因特网等广泛收集全国乃至全世界的肉羊养殖发展动态、产销形势、市场供求信息，及时制定并调整肉羊及其产品的营销策略，建立起完整的营销信息系统，服务于肉羊养殖和肉羊及其产品销售。

第六节　技术服务体系建设

一、完善肉羊养殖技术服务体系

由于各地规模化肉羊养殖积累的经验很有限，甚至在有些地方（特别是农区）规模化肉羊养殖还处于摸索阶段，各级政府及其畜牧兽医业务部门，应从扶持和发展肉羊养殖产业出发，聘请有肉羊养殖经验的畜牧兽医专家组成肉羊养殖技术服务专家组，对养羊场的选址、基础设施建设、肉羊杂交改良、饲料配合、科学管理、草场改良、疫病防控一直到肉羊的胚胎移植等方面给予技术指导。同时，应完善县（市）、乡镇畜牧兽医技术服务体系建设，鼓励县（市）、乡镇畜牧兽医技术服务人员深入到肉羊养殖生产第一线，广泛开展与肉羊养殖场（户）签订技术承包合同，积极推广肉羊杂交改良、母羊接产育羔、肉羊快速育肥、草场改良、人工种草、配合饲料饲喂肉羊、肉羊科学饲养管理、疾病防控等肉羊养殖实用技术。

二、搞好肉羊养殖产业的技术培训

在肉羊养殖发展的起步阶段，各级政府及其畜牧兽医业务部门，应组织畜牧兽医专家统一对肉羊养殖技术骨干、肉羊养殖场和示范养殖户进行集中强化肉羊养殖技术培训，请专家教授系统地讲授肉羊养殖的理论知识，并参加基本的操作实践，使广大养殖场（户）全面掌握肉羊的养殖生产及其相关的繁殖技术，同时对肉羊产业开发中的管理和营销人员进行肉羊养殖场的经营管理、成本核算、市场营销、产品开发等为主要内容的培训，培养一批肉羊养殖产业的管理和营销人员。

三、落实肉羊养殖技术服务责任制

在肉羊养殖和肉羊规模养殖比较集中的地区，当地政府及其畜牧兽医业务部门，应将肉羊养殖技术服务的范围、内容落实到责任人，并制定肉羊养殖技术服务规范和技术服务量化考核指标，切实为肉羊养殖场（户）搞好服务，以有效地保证肉羊养殖场（户）的人工授精受胎率达到70%以上，自然交配的受胎率达到95%以上，肉羊的出栏率达到200%以上，并推广肉羊的舍饲或半舍饲育肥，适当补饲配合饲料，提高肉羊的整体养殖生产水平。

第七节　政策保障体系建设

一、扶持发展“公司+农户”的经营模式

鼓励并引导一部分有经济实力且懂技术的肉羊养殖大场、大户牵头，组建肉羊养殖开发公司或肉羊养殖农民技协（合作社），并在各级政府的支持下，与肉羊养殖示范场和养羊大户签订肉羊养殖产销契约，并认真履行肉羊产销合同，对农民养殖场（户）实行技术和资金的扶持，也可对农民养殖场（户）实行“扶羊还羊”的办法，以此促进肉羊养殖业的滚动发展。

二、建立利益补偿调节机制

在农区肉羊养殖产业开发过程中，应始终将增加养殖场（户）的收入放在肉羊养殖产业化各个利益主体的第一位。要鼓励肉产品加工企业以保护价收购养殖场（户）的商品肉羊，以保护肉羊养殖场（户）的利益。

三、鼓励科技人员参与肉羊产业开发

鼓励科技人员承包、租赁、领办肉羊养殖示范育肥场和龙头企业，积极参与肉羊养殖产业开发。鼓励畜牧兽医科技人员进村入户，与肉羊养殖场（户）签订技术责任合同，搞好肉羊的杂交改良、饲养管理、疫病防治、草场改良等实用技术的推广，并按肉羊养殖场（户）的肉羊出栏量和经济收入，合理确定科技人员的技术服务报酬。

四、建立奖励竞争机制

在一些肉羊养殖比较集中的地区，地方政府为扶持肉羊养殖业的发展，应根据当地肉羊养殖的实际情况，适时出台肉羊养殖的扶持奖励政策，并对在肉羊养殖产业中的规范化养羊场建设、品种引进、杂交改良、疫病防治、肉羊养殖绿色或无公害产地认定和产品认证、促进肉羊及其产品流通、肉羊及其产品市场建设等方面做出突出贡献的单位和养殖场（户），给予适当的扶持性奖励。

五、建立多渠道投入机制

一些地方发展肉羊养殖的经验证明，要大力发展肉羊养殖产业，应建立以国家投入为向导、农民投入为主体，其他成分投入为补充的多渠道投入机制。在一些肉羊养殖比较集中的地区，地方政府应坚持每年从财政预算内拿出适当的资金，作为肉羊产业开发专项资金，用于肉羊的良种繁育体系、疫病防控体系、饲草饲料体系、新产品开发和市场营销体系建设等；在政府和业务部门的引导下，并通过肉羊养殖开发的具体项目，争取中央、省级财政支持；要积极争取金融部门的信贷扶持，对肉羊产业开发中的加工项目要积极争取金融部门的优惠贷款，对肉羊规模养殖场（户）要积极争取金融部门的贴息或低息贷款。同时，应鼓励农户和其他非农组织、个人采取合资、合作、独资、引进外资等办法，吸引更多的投资者，共同参与肉羊产业开发。

第四章　肉羊的繁育

第一节　羊的繁殖特点

一、母羊可常年发情，但有淡旺季之分

一般来讲，母羊可常年发情，但母羊在高温季节发情症状不明显，发情持续时间短（这可能与日照强度刺激，导致激素内分泌活动不正常有关），如对母羊的配种时机把握不及时，则极易造成母羊在高温季节空怀不孕。该因素是导致夏季母羊受胎率低的最直接因素。

二、公羊性欲较差且择偶性强

一般肉用羊的公羊比其他用途的公羊体格相对高大、体质相对肥胖，性欲也相对较差，且择偶性也相对较强。在对公羊实施人工采精过程中，如采用非本品种的发情母羊做台羊，则难以实施人工采精，甚至有些公羊即使使用本品种的母羊做台羊，如台羊发情症状不明显或年龄体质相差太大，也往往容易导致采精公羊拒绝爬跨，加之，一般初配公羊比较胆小怕人，较难实施采精训练。因此，了解肉用公羊这一特点，在实施公羊人工采精过程中，应对这一类公羊一是要温和耐心地对待，不可急躁、打吓，要循循善诱，采精员要与采精的公羊建立亲和关系，通过逐渐接触公羊，抚摸羊头，使公羊克服恐惧心理，让其逐渐适应和习惯人工采精过程；二是要让用于人工采精的公羊逐渐熟悉采精环境，以便养成条件反射；三是对人工采精的公羊要进行循序渐进的训练，可先训练胆子大、性欲强的公羊实施人工采精，然后再训练胆子小、性欲差的公羊实施人工采精。

三、公羊精液品质优良且实施冷冻效果良好

公羊的精液一般为乳白色，一只成年公羊的一次射精量约为0.8毫升，最高的可达到3毫升，其精子的密度为每毫升21亿～26亿个，活力为0.8级。经过实践，精液冷冻效果良好，母羊情期冷冻精液受胎率可达到50%以上。

四、母羊发情症状不明显且持续时间短

一般肉用改良母羊的发情症状没有本地母羊的发情症状明显，且母羊表现有一定程度的性冷淡，特别是母羊发情持续时间较短（一般母羊的发情持续时间为

20～30 小时)，若养殖场（户）不注意观察母羊的发情症状和未在母羊群中放入试情公羊试情，极易引起母羊漏配，错过母羊的发情期，造成母羊空怀。

五、母羊超数排卵效果好且胚胎移植受胎率高

大量的研究证明，在人工诱导下，母羊超数排卵性能良好，在母羊的情期内，平均每只成年母羊超排的有效胚数可高达 16 枚左右，其鲜胚的受胎率可高达 70%以上，分割胚可高达 60%以上，冷冻胚可高达 55%左右。这些优良的特性为充分发挥优秀母羊的遗传潜力和开展肉羊的胚胎移植奠定了基础。

六、母羊怀孕后期增重加快且难产率相对增高

据肉羊养殖场（户）的大量数据统计表明，改良的肉用母羊在怀孕后期日增重可达到 350 克左右，其胎儿的快速增重，往往易造成胎儿过大而引起母羊发生难产，特别是初产母羊或产单羔且为公羔的情况下，母羊发生难产的概率则会更高。这就要求养殖场（户）在肉羊的养殖生产实践中，注意母羊的初配年龄和初配体重，对初配母羊不可配种过早，一般来讲，对于地方品种的母羊提倡母羊的初配月龄在 5～6 月龄，初配体重在 20 千克以上，肉用改良母羊和外来品种的母羊的初配月龄在 7～8 月龄，初配体重在 40 千克左右时进行配种较为适宜。

第二节　母羊的发情规律

一、性成熟和体成熟

一般将公、母羊的生殖器官发育完全，并有明显的性行为和发情表现，性腺中开始形成性细胞和性激素时，称为性成熟。肉用公、母羊性成熟的时期常因肉羊的品种和分布地区的不同而有一定的差异，一般地方品种的肉羊，3 月龄左右即可达到性成熟，肉用改良羊和外来品种的肉羊 3～4 月龄可达到性成熟，北方地区喂养的肉羊性成熟期要比南方晚一个月左右。公、母羊达到一定的月龄，虽然达到了性成熟，但身体尚未发育成熟，仍不能过早地配种，以免影响自身和后代的生长发育。体成熟则是指羊的身体各器官全面发育成熟，完全具备了繁殖后代的能力。一般地方品种的羊体成熟在 5～6 月龄，母羊体重达到 20 千克以上，公羊体重达到 30 千克以上；肉用改良羊和外来品种的羊体成熟在 7～8 月龄，母羊体重达到 40 千克以上，公羊体重达到 60 千克以上。

二、发情和发情周期

1. 发情

发情是指性成熟后的母羊在发情周期的特定阶段所表现出有规律的性兴奋活动。发情母羊的外观表现为：经常鸣叫，食欲减退，精神不安，喜欢接近公羊或爬

跨其他母羊，当公羊或其他母羊爬跨时，站立不动，不断摇尾；其外阴红肿，且有少量黏液流出，排尿频繁；如处于泌乳期的母羊发情则表现为泌乳量明显下降等。一般肉用品种的母羊发情症状没有其他用途品种的母羊发情症状明显，青年母羊没有成年母羊的发情症状明显。

尽管肉用母羊可以全年发情，但在北方地区母羊发情则表现出明显的季节性，一般秋季是母羊发情的旺盛季节，即在长日照转变为短日照，气候凉爽时有利于母羊的发情。另外，母羊的发情表现也与母羊本身的营养状况有着较为密切的关系，一般母羊营养不良时，则可能导致母羊发情延迟。在亚热带和热带地区，因气候和饲养管理条件较好，母羊可全年发情。肉用母羊全年发情，可一年产 2 胎或两年产 3 胎，其产羔率可达到 200%左右，并且产双羔或多羔的概率较高。

2. 发情周期

母羊达到性成熟以后，卵巢上出现了周期性的排卵现象，随着每次排卵，生殖器官和性行为发生有规律性的重复过程即称为发情周期。

一般母羊的发情周期平均为 21 天，其范围在 17～25 天。根据发情周期内母羊机体所发生的一系列生理变化，如卵巢、生殖道及全身所发生的变化，可将母羊一个完整的发情周期划分为发情前期、发情盛期、发情后期和休情期，其母羊发情周期的各期又互相衔接，没有明显的界限。

(1) 发情前期　母羊在这一时期的特征是，上次发情周期形成的黄体进一步呈退化性变化，逐渐萎缩；卵巢中有新的卵泡生长发育，并呈现进行性变化；子宫腺体略有增殖，生殖道轻微充血肿胀，子宫颈稍有开放。母羊有轻微的发情表现，外表不易观察。这一时期一般为 7～8 天。

(2) 发情盛期　母羊在这一期为接受交配的时期，这一时期一般为 20～30 小时。处于这一时期的母羊，卵泡发育迅速，外阴部充血，肿胀加剧，子宫颈开放，有较多黏液流出，一般母羊在发情盛期的末期排卵。由于卵泡分泌大量的雌激素，使得母羊发情表现最为明显。若此时给母羊配种或输精，母羊即可受孕，发情周期即停止，直到哺乳期过后重新出现发情周期；若卵子没有受精，即转入发情后期。

(3) 发情后期　在这一时期，母羊由发情盛期转入静止状态，生殖道充血逐渐消退，黏液量少而稠，母羊发情表现轻微，破裂的卵泡开始形成黄体。这一时期一般为 3～4 天。

(4) 休情期　这一时期的母羊交配欲已完全停止，精神状态已恢复正常。这一时期一般为 7～8 天。

根据母羊的卵巢变化和发情表现，可将母羊发情周期的四个时期列表如 4-1 所示。

3. 发情周期的调节

(1) 丘脑下部的调节　丘脑下部的某些神经纤维分泌的促性腺激素释放激素(GnRH)，经过丘脑下部——垂体门脉循环，分别作用于垂体前叶的特异细胞，促

表 4-1　母羊发情周期各个时期的生理变化

时期	卵巢变化		发情表现
	黄体	卵泡	
发情前期	退行性	进行性	微弱
发情盛期	—	卵泡期	发情明显
发情后期	进行性	退行性(排卵)	微弱
休情期	黄体期	—	不发情

使其分泌促性腺激素，如促卵泡激素（FSH）、促黄体素（LH）、促乳素（LTH），对母羊发情周期的调节发挥着重要作用。

(2) 垂体前叶的调节　母羊在发情之前，垂体前叶分泌的促卵泡激素量不断增加，经血液循环到卵巢，刺激卵泡发育，同时促使卵泡分泌的雌二醇含量不断增多，这些雌二醇进入血液循环后，作用于神经中枢和生殖器官而引起母羊发情。

(3) 雌激素的反馈作用　卵泡分泌的大量雌二醇等雌激素对垂体和丘脑下部具有正反馈和负反馈的作用，以调节垂体促性腺激素的释放。

① 雌激素对促卵泡激素和促黄体素的调节　一是负反馈作用。较大量的雌激素，尤其是在母羊发情期高浓度雌激素的持续作用，可抑制垂体前叶对促卵泡素的释放。雌激素的作用也同时抑制了丘脑下部对促性腺激素释放激素的分泌，从而也抑制了垂体促性腺激素的分泌。其作用方式与神经递质有关。二是正反馈作用。母羊排卵前，促黄体素尚未大量释放，先有雌激素的升高，此现象表明雌激素有兴奋促性腺激素分泌的作用。这种正反馈调节作用，主要取决于血浆中雌二醇含量的迅速升高，而不决定于血浆中雌激素的绝对浓度。

② 雌激素对促乳素的调节　雌激素分泌量的增高引起的反馈作用，降低了丘脑下部的促乳素抑制激素（PIF）的释放，从而引起垂体促乳素分泌量的增高。

(4) 排卵前的促黄体素高峰　母羊在发情后期，以促黄体素的增高最为突出，有时可达到平时分泌量的 200～300 倍，而促卵泡激素的增高此时很少超过 1 倍，但仍为发情周期的高峰。促黄体素在排卵前分泌量达到最高峰，则统称为“排卵前促黄体素高峰”。排卵前促黄体素高峰的出现一是由于血浆中低剂量的孕酮可以诱发促黄体素的释放，所以排卵前促黄体素高峰正是孕酮处于低峰时期；二是血浆中雌激素含量的迅速增高，通过正反馈作用，促使垂体促黄体素的大量释放。

(5) 排卵　目前认为主要是由于高浓度的促黄体素可以激活某些蛋白质分解酶，包括胶原酶，它能消解卵泡壁的结缔组织，从而引起卵泡破裂而排卵。

排卵后促黄体素急剧下降，导致了排卵后血液中促黄体素的浓度处于很低水平。然而，低剂量的促黄体素也可以促使卵泡内颗粒层细胞转变为能够分泌孕酮的黄体细胞。这样低剂量的促黄体素和一定量的促乳素的协同作用，促使和维持黄体分泌孕酮的机能。

(6) 孕酮的作用　孕酮在母羊发情周期中的调节也表现在它的反馈作用。

① 负反馈作用　孕酮的分泌量达到一定高峰时，通过负反馈作用于丘脑下部的垂体，抑制了促卵泡素和促黄体素的分泌，阻碍卵泡的发育成熟和排卵，这一时期雌二醇的分泌量维持在一个低水平上，因此母羊不表现发情现象。

② 正反馈作用　试验证明，一次给母羊注射孕酮可以使促黄体素增加，从而引起母羊排卵。孕酮的作用可使促黄体素在体内聚积，继而迅速而强烈地释放出来。

(7) 前列腺素的溶黄体作用　当母羊发情配种未孕或未给予发情母羊配种时，也就是说母羊排出的卵泡未受精。则经过一定的时期，由于子宫内膜发生的前列腺素 F2α，通过逆流传递（反流机理）从子宫静脉透入卵巢动脉而至黄体，使黄体退化萎缩。孕酮在血液中的浓度也降到每毫升 1 纳克。黄体退化通常在第一次明显释放前列腺素 F2α 后 48 小时之内完成。

母羊黄体退化后 24～48 小时内出现发情。这样，垂体就摆脱了孕酮的抑制作用，从而又开始分泌促黄体素，刺激卵泡发育，产生雌激素，于是母羊又开始表现发情现象。母羊正常的发情周期就是这样在生殖激素的调节下周而复始地进行着。丘脑下部释放的促性腺激素释放激素、垂体分泌的促性腺激素以及卵巢分泌的性腺激素，这三大类型的生理激素是分级直接控制的，可以形象地比喻为上、下级的关系。但是下级内分泌器官通过反馈机理作用于上级内分泌器官，作出调节性的反应，于是保证了发情周期的正常进行。

第三节　母羊的发情鉴定

在肉羊的繁殖生产中，母羊的发情鉴定是一个重要的技术环节。只有掌握了母羊在发情期的生理变化和卵泡的发育规律，才能确定母羊最适宜的配种时间，特别是对那些发情持续时间较短的母羊，更需要做好母羊的发情鉴定工作。

目前常用的母羊发情鉴定方法主要有母羊外部观察、试情公羊试情、母羊阴道检查等。这些鉴定方法可以单独使用，也可以配合使用，在具体的养羊生产实践中，应根据不同的情况重点采用某种方法。如有些品种的母羊发情持续时间较短，外部表现又不太明显，因此鉴定母羊发情应主要依靠公羊试情，并结合母羊的外部观察来进行。

一、外部观察法

母羊发情时均常伴随有相应的发情症状。外部观察法主要是根据发情母羊的外部表现和精神状态，来判断母羊的发情程度，以准确地确定母羊最适宜的配种时间。一般母羊在发情时，常表现有食欲减退、兴奋不安、鸣叫、喜欢接近公羊或爬跨其他母羊，当公羊或其他母羊爬跨时，站立不动，不断摇尾；其外阴红肿，排尿频繁，有透明的黏液流出（俗称为“吊线”）。此法是母羊最常用的发情鉴定方法。

二、公羊试情法

此法是以试情公羊（将公羊结扎输精管或进行阴茎转位手术，或将公羊腹下用布包裹，或将公、母羊用试情架隔着）接触母羊，通过试情公羊爬跨母羊的表现来判断母羊发情，以准确地确定母羊最适宜的配种时间。一般未处于发情期的母羊对试情公羊的爬跨表现出抗拒，并有意识地逃避；而处于发情期的母羊则对试情公羊表现温顺，并常将其后躯转向试情公羊，弓腰举尾，两后肢张开呈排尿状态，阴户频频开闭，表现出愿意接受公羊爬跨的姿势。养殖场（户）如在母羊的大群中发现有被试情公羊尾随，或被试情公羊爬跨不动者，即可确定该只母羊正处于发情期。这种方法是肉用母羊发情鉴定的重要方法之一。

三、阴道检查法

此法是使用消毒好的羊用阴道开张器（也称羊用开膣器），插入母羊的阴道内，使母羊的阴道张开，并借助于光源，检查母羊阴道黏膜的颜色和润滑程度、子宫颈外口的颜色、肿胀程度、开张大小和黏膜分泌物的形状及多少，来判断母羊的发情程度。一般处于发情盛期的母羊阴道潮红、润滑，子宫颈口开张，分泌的黏液呈豆花样，此时给母羊配种或输精即可受孕。

第四节　母羊的人工授精

一、公羊的繁殖特点

1. 公羊的性成熟及可利用年龄

一般地方品种的肉用公羊3～4月龄、肉用改良羊和外来品种的肉用公羊4～6月龄即达到性成熟，而刚刚达到性成熟的公羊，其整个身体仍然处在继续生长发育阶段，必须再经过一段时间的生长发育才能达到体成熟，因此，为了不影响公羊身体的生长发育和今后的正常繁殖能力，对于刚刚达到性成熟的公羊，尚不可马上用来配种或采精，必须待公羊体成熟后方可利用。

一般地方品种的公羊在6～8月龄、体重达到30千克以上，肉用改良羊和外来品种的公羊在8～10月龄、体重达到60千克以上即可开始调教采精，每周采精1～3次。待地方品种的公羊达到10月龄以上、肉用改良羊和外来品种的肉用公羊达到12月龄以上，即可正式投入采精生产，一般每周可采精3～6次，18月龄后每周可采精5～6次。养殖场（户）在掌握公羊采精调教和正常采精年龄时，应根据公羊的体成熟和个体发育状况而具体决定。

2. 公羊性行为的特点

一般公羊的性行为序列为：性兴奋（性嗅反射等）→求偶→勃起→爬跨→射精→交配结束（自行落下）。据观察，一般地方品种的公羊性欲表现较强，由性兴奋、勃起到爬跨所需的时间比较短，而且性嗅反射表现得较为强烈；而肉用改良羊和外来品种的公羊性欲表现较弱，由性兴奋、勃起到爬跨所需的时间比地方品种的公羊要长，而且性嗅反射不如地方品种的公羊表现得强烈。一般公羊在求偶时表现伸展头颈，嗅闻母羊或台羊的会阴和尿液，皱缩鼻孔，抬高并翻转上唇，用前肢推揉母羊或台羊作“轻推示意”的动作，不断发出“咩咩”的叫声，并不时对母羊或台羊有爬跨动作。

此外，公羊性行为的强弱在一定程度上还受季节、环境（特别是应激因素）、体质等因素的影响。比如寒冷的冬季和早春、炎热的夏季，公羊的性行为表现要比春季和秋季差；又如公羊采精场地的环境改变、采精场地聚集人员围观和周围噪声过大、饲养人员及采精人员的更换等，均会影响到公羊的采精数量和精液的质量。因此，在实施对公羊采精时，采精人员应根据公羊的性行为特点，尽可能地创造适宜于公羊采精的良好环境条件，以期顺利完成采精工作。

3. 公羊精液品质检查

公羊的精液品质与母羊的受胎率有直接关系。通过对公羊的精液品质检查，可以确定精液的稀释倍数和采集的精液能否用于输精，也是对种公羊种用价值和配种能力的检验。公羊精液品质检查要求快速而准确，取样具有代表性，室内温度应保持在20～25℃，显微镜应置于保温箱内，并通过安装灯泡等方法将保温箱内的温度调整到37℃左右，使精液避免受到冷刺激而丧失正常的活力。公羊精液品质检查的项目通常包括颜色、气味、pH值、射精量、活力、精子密度和精子畸形率等。

（1）颜色　公羊的精液采集后应立即观察颜色，正常的公羊精液颜色一般为乳白色，也有少数公羊的精液为浅黄色，通常乳白色精液中的精子密度要大于浅黄色精液，精子的密度越高则色泽越浓，其透明度也越低。除了上述两种颜色外，其他颜色的精液均可视为异常，如精液发黄或发绿，则表明混有尿液或脓汁；精液呈灰色或棕褐色，表明公羊生殖道内可能被感染或精液被污染和混有异物。具有异常颜色的精液则不能用于给母羊输精。

（2）气味　正常的公羊精液除具有精液特有的腥味外，无其他异常气味，如有腐臭等异常气味，则不能用于输精。

（3）pH值　正常公羊的精液pH值平均为6.7，一般变动范围为6.6～6.9。

（4）射精量　公羊的射精量因其公羊的年龄、体质以及采精方法不同而各异。一般公羊平均一次射精量为0.76毫升，最低为0.2毫升，最高可达到3.5毫升。

（5）精子活力　是指在37℃温度的条件下，精液中呈直线前进运动的精子百分率。精子活力是评定公羊精液品质的重要指标。检查时，可用灭菌玻璃棒蘸取1滴精液，置于载玻片上，加盖玻片，在200～600倍显微镜下观察。如观察到的全部精子均呈直线前进运动则可为1级，90%的精子呈直线前进运动则为0.9级，以此类推。通常原精液精子的活力应在0.7级以上。如原精液稀释后活力在0.4以下，冻精解冻后活力在0.3以下，则不宜用于输精。

(6) 精子密度　即单位体积中的精子数。公羊原精液的密度平均为每毫升25.7亿个精子，其变动范围为15亿～32亿个。精子密度常可分为密、中、稀三级，即25亿个/毫升以上为“密”，20亿～25亿个/毫升为“中”，15亿个/毫升以下则为“稀”。一般精子的密度在中等以上的精液才能用于输精。

(7) 精子畸形率　即凡是精子形态不正常的均为畸形精子，如头部过大或过小、双头、双尾、断裂、尾部弯曲、带原生质滴等。合格公羊精液的精子畸形率不得超过14%。

4. 季节对公羊精液品质的影响

季节对公羊的精液品质有明显的影响。据多年的公羊采精实验室化验数据记载，不同季节公羊精液主要指标如列表4-2所示。

表4-2　不同季节公羊精液主要指标

月份	平均每次射精量/毫升	平均活力	精液利用率/%	月份	平均每次射精量/毫升	平均活力	精液利用率/%
1～3月	0.59	0.67	86.6	7～9月	0.90	0.61	67.0
4～6月	0.71	0.76	93.0	10～12月	0.68	0.71	72.0

注：精液利用率是指能用于制作冷冻精液的原精液占总精液的比率。

5. 年龄对公羊射精量的影响

一般公羊体成熟后，随着种公羊年龄的增大，射精量明显提高，精子密度、精子活力明显提高。但种公羊利用到一定的年限后，其射精量、精子密度和精子活力也随之下降，因此，一般种公羊利用1～2年后，应及时给予更新淘汰。据多年的公羊采精实验室化验数据记载，不同年龄的种公羊一次射精量如列表4-3所示。

表4-3　不同年龄的种公羊平均一次射精量统计表

年龄	7～12月龄	12～24月龄	24月龄以上
射精量/毫升	0.62 范围(0.2～1.4)	0.67 范围(0.2～1.5)	0.79 范围(0.3～1.8)

二、母羊配种技术的发展

一般母羊的配种方法可分为自然交配和人工授精两种。自然交配是指公、母羊直接进行交配；而人工授精则是用器械采集公羊的精液，且将公羊的精液进行适当地处理后，再将公羊的精液输入到发情母羊的生殖道内，从而代替公、母羊自然交配的一种配种方法。推广人工授精技术，不但有效地改变了公、母羊的交配过程，更重要的是大大提高了优良公羊的配种利用效能，使公羊的配种效能比自然交配提高了数十倍，甚至几百倍。例如，一只公羊一次的平均采精量约为1毫升，一年可采精200次左右，即200毫升左右的精液再稀释10倍，则一只公羊一年采集的精液稀释后的精液量为2000毫升左右，若每只发情母羊每次的输精量为0.2毫升，每只母羊在每个发情期内输精两次，则一只公羊一年采集的精液可输精配种母羊5000只左右。如采用公、母羊自然交配，则一只公羊一年仅能配种几十只母羊。

三、人工授精的主要技术环节

1. 公羊精液的采集（即采精）

目前公羊精液采集普遍应用的方法是假阴道采精法。

（1）公羊采精的基本条件

① 场地选择　采精场地应选择在平坦不滑、干净卫生、周围无噪声的房舍内。采精场地一经选择，应保持相对固定，不得经常变动，如采精场地随意变动则极易导致公羊拒绝爬跨。

② 准备好器具　凡是与精液接触的一切器材和用具均要求清洁、干燥、无菌。如经消毒液浸泡过的器具，则在用前必须先用清水冲洗干净，再用蒸馏水冲洗2～3次。如经自然干燥或干燥箱干燥的器械应根据其材料的性质，予以高压蒸汽消毒或干热消毒。

③ 准备好台羊　一般在对公羊实施采精过程中，选择体格健壮、身体结实、大小适当的发情母羊做台羊是最适宜的，但在对公羊具体实施采精过程中，并不是随时都可以找到合适的发情母羊，因此，在对公羊实施采精过程中，最常见的是利用性情温顺，并已习惯于做台羊的母羊和以假羊作为采精用的台羊。在对公羊实施采精前，应对台羊的体表进行刷拭，特别是对台羊后躯的尾根、外阴、肛门等部位，应用温肥皂水或温洗衣粉水清洗干净，然后再用清水洗净，最后用蒸煮消毒后的抹布擦干。

④ 调教好公羊　对初次采精的公羊一般应进行采精调教。可选择以下训练调教方法：一是将不会爬跨的公羊与发情母羊圈养在一起，诱导公羊爬跨；二是在已训练的其他公羊配种或采精时，让被调教的公羊在一旁观察，诱导其爬跨；三是每天定时按摩公羊的睾丸，每次10～20分钟；四是隔天给公羊注射丙酮酸睾丸素1～2毫升，连续注射2～3次。

（2）假阴道的准备　一般假阴道由外壳、内胎和集精杯三部分组成。羊用假阴道的外壳为硬橡胶圆筒，上有注水孔，内胎为一柔软的橡胶管，外壳与内胎的空隙可装温水和吹入空气，以保持适当的温度和压力，在假阴道的末端并装有集精杯。另外，还有固定集精杯和内胎的胶圈。

① 假阴道各部件的清洗　假阴道的各部件在使用前，需用去污剂水或肥皂水（洗衣粉水或碱水）进行彻底清洗，然后再用清水冲洗干净。在清洗内胎时，应特别注意检查内胎是否有破损、裂缝和小孔，以防其漏水和漏气。集精杯用清水冲洗干净后，需再用蒸馏水冲洗。

② 假阴道的安装　先将内胎放入外壳内，然后再将内胎的两端翻转套在外壳的两端，外面再套以胶圈加以牢牢地固定。其内胎应平直而不可扭曲，松紧适度。集精杯则直接安装在假阴道的末端。

③ 假阴道的消毒　安装好的假阴道，内胎可用75%的酒精棉球擦洗消毒，玻璃器皿和润滑剂等可在高温干燥箱中（150～180℃）烘烤0.5小时，也可放在高压锅中蒸汽消毒0.5小时。使用酒精消毒的物品，必须在酒精完全挥发后方可使用，使用前需再用灭菌生理盐水冲洗，将其可能残留的酒精清除后再使用，以防残留的酒精杀伤精子。使用蒸汽消毒的器具，在使用前也必须用生理盐水冲洗后方可使用。

④ 假阴道的调试　假阴道安装、消毒完毕后，需进行必要的调试，采精前，应在内胎的入口端至前三分之二处，均匀地涂以润滑剂（消毒的凡士林或甘油）。采精时，其内胎的表面温度应严格保持在38～40℃。

(3) 采精操作　将用于采精的公羊牵引至采精场地台羊的后面，采精员应站在台羊的后部稍左侧，右手持准备好的假阴道，当公羊爬跨上台羊而阴茎尚未触及台羊之前，采精员应立即用左手轻握公羊的阴茎，将其迅速套入假阴道，此时采精员应将假阴道的末端抬高（以30°左右的角度为宜），并稳定不变，当公羊向前冲射精时，采精员应将假阴道的末端（即装集精杯的一端）降低至水平状态或略低，待公羊射精结束后再将假阴道的末端降低些，当公羊退下台羊时，假阴道也应跟随公羊的阴茎后移，当公羊的阴茎由假阴道内自行脱出后，采精员应立即将假阴道竖直，并及时送至化验室内，取下集精杯，以备检查所采集的精液。

(4) 公羊的采精频率　合理安排种公羊的采精频率，对维持种公羊的正常性机能，保持种公羊健康的体质和最大限度地提高种公羊的采精数量和质量均是十分重要的。同时，应在强化种公羊饲养管理的前提下，也可适当地增加种公羊的采精频率。实践证明，一般种公羊从10月龄左右开始调教采精，每周可采精1～3次，12～18月龄的种公羊每周可采精3～6次，18月龄以上的种公羊每周可采精5～6次。合理地安排种公羊的采精频率，不仅可以获得种公羊较多的采精量和较好的精液品质，同时可使种公羊长期保持良好而又旺盛的配种性能。

2. 公羊的精液检查（即精液品质鉴定）

采集的公羊精液必须经过检查并进一步处理后，方可用于母羊输精或冷冻保存。采集人员和输精人员在对采集的公羊精液进行检查或以后的处理过程中，所有与精液接触的物品均应事先进行灭菌消毒处理，并保持其洁净和无害。采集后的公羊精液保存环境温度不可急剧升降，特别是未经稀释的精液，要注意防止室内温度下降过快。因此，采集的公羊精液，在进行精液检查时，室内温度以保持在20～30℃为宜。

(1) 外观检查　公羊正常精液的颜色为浓厚的乳白色，不透明。如外观检查精液的颜色呈褐色、红色或绿色，则证明精液中混有尿液、血液或脓液，即为异常精液，不可使用。同时，外观检查精液还要注意观察精液是否有污物和异常气味。

此外，公羊的精液因精子的密度较高，在进行外观检查时，可看到精液的翻滚现象，即为俗称的“云雾状”，这是精子运动非常活跃的一种外观表现，据此可粗略地估计公羊精子活率的高低。

(2) 精液量的测定　公羊的射精量一般以毫升的计量单位来测定，在正常情况下，每只公羊的一次采精量一般仅为0.5～1.5毫升，最低为0.2毫升，最高可达到3.5毫升。可用灭菌针管或输精器吸取测量。如果成年公羊的一次射精量仅为0.2毫升，通常其精液品质也较差，可视为采精失败。

(3) 精子活率的评定　公羊的精子活率是检验精液质量的一个重要项目，也是代表公羊精液品质好坏的一个重要指标。目前常用的精子活率的评定方法有两种。

① 评分法评定精子活率　它是以前进运动的精子数占总精子数的百分率来表示精子活率的评定方法。其具体操作过程是：先用滴管或玻璃棒蘸取1滴精液放在载玻片上，盖上盖玻片，放置在显微镜下，放大300～500倍观察前进运动的精子数占总精子数的百分率。

采用评分法检查评定精子活率时应注意以下三点：一是在检查评定精子活率时，其温度应保持在38～40℃为宜，如温度过高则会导致精子运动加快，严重影响精子的成活时间，如温度过低则会导致精子运动缓慢，活力表现不充分，影响精子活率检查评定结果的准确性，为此，在采用评分法检查评定精子活率时，最好将显微镜放在保温箱内，以保持温度的相对稳定性。二是在检查评定精子活率时，应尽可能在显微镜下多观察几个视野，并上下扭动细螺旋，观察不同深度的精子运动情况。三是在低温保存下的精液，检查评定精子活率时，应先升温后再检查。

最后将检查评定精子活率的结果分别标以“0.9”、“0.8”、“0.7”和“0.6”等，代表90%、80%、70%和60%等的精子是直线前进运动的近似值。这种评分法评定精子活率，简单易行，在生产实践中被广泛采用。

② 死、活精子鉴别染色法评定精子活率　它是在经过特殊染色处理的精液抹片上，将精液中的死、活精子区别开来，然后计算出精液中活精子数占总精子数的百分率来表示精子活率的评定方法。此法较客观、准确，但需要正确而又迅速地制作染色处理的精液抹片。其制作方法是：取1滴待检的精液，置于干燥而洁净的载玻片上，再取1滴5%的伊红水溶液与精液混合均匀，紧接着再滴1滴1%的苯胺黑，随即用盖玻片迅速推成抹片，使之迅速干燥，然后在显微镜下观察。其染色处理的精液抹片在染色处理的当时活着的精子不着色，死精子因伊红水渗入细胞膜而呈红色，据此通过染色处理的精液抹片，在显微镜下观察死、活精子情况，由此可以计算出精液中活精子数占总精子数的百分率。

采用死、活精子鉴别染色法评定精子活率，要特别注意的是：精液在染色处理抹片时，其温度应保持在35～38℃为宜，制片要快，以避免精子在制片过程中受到其他因素的影响。

(4) 精子密度的测定　精子密度是代表精液品质的另一个重要指标。测定精子密度的简单方法是，取1滴新鲜的精液滴在显微镜下进行观察，一般将观察到的精子密度分为“密”、“中”和“稀”三级。“密”的观察标准是，在显微镜下所观察的视野中，精子分布稠密，且精子与精子之间没有多少空隙；“中”的观察标准是，在显微镜下所观察的视野中，精子与精子之间有一定的空隙，其精子与精子之间的距离大约等于1个精子的长度；“稀”的观察标准是，在显微镜下所观察的视野中，精子与精子之间距离很大，且视野中精子的数量很少。这种在显微镜下观察精子密度的方法在生产实践中常常被广泛采用，但此种观察方法常常带有人为的主观性。

此外也有用血球计数板来观察精子密度的，即用血球计数板来计算精子数。但由于各种家畜的精子密度差异较大，精子密度的“密”、“中”和“稀”三级具体标准也不尽相同。一般肉用公羊每毫升精液中所含精子数的分级标准可见表4-4。

表4-4 肉用公羊精子密度分级标准 /亿个

畜种	密	中	稀
山羊	25以上	20～25	20以下

目前，测定精子密度较为先进的方法是使用电子仪器测定精子的密度。

（5）异类精子的检查 计算精液中双尾、卷尾、双头、巨头等异类精子数所占总精子数的百分率。一般品种优良的公羊精液中，其精子的畸形率不得超过14%；一些普通品种的公羊精液中，精子的畸形率也不得超过20%。如公羊精液中的精子畸形率超过20%，则一般被视为异常精液，应弃之，不可用于输精。

3. 公羊的精液稀释

采集公羊的精液经过检查后，需对精液进行稀释、降温、分装和保存等一系列的处理，最后用于给母羊输精。

（1）精液稀释的目的 在羊人工授精技术发展的早期，其精液稀释的目的仅仅是为了增加精液的数量，以便于为更多的母羊输精。而随着羊人工授精技术的发展，其精液稀释的主要意义则在于能够将采集的公羊精液经过稀释后能更好地保存起来，使精子在一定的温度下能够存活更长的时间。由于精液稀释后具有延长精子寿命和扩大精子数量的双重作用，所以也可以将精液稀释液叫做精液保护液。人工授精技术之所以能够在养殖场（户）中得到普遍推广和应用，是与其成功地研制了有效的精液稀释液和保存方法有直接关系的。

（2）精液稀释液的主要成分 精液稀释液的成分甚为繁多，其中最为主要和常用的可分为以下三类。

① 化学试剂 包括某些盐类如柠檬酸钠、氯盐、磷酸盐、酒石酸盐等；某些糖类如葡萄糖、蔗糖、乳糖、果糖；某些酸类如碳酸、柠檬酸等，以及甘油和其他制剂。

② 生物制剂 包括卵黄、奶及其奶制品等。

③ 抗生素类药物 包括青霉素、链霉素和磺胺类药物如胺苯磺胺等。

（3）精液稀释液的作用 其精液稀释液的作用大致可以归纳为以下三类。

① 增加精液的数量 精液经过稀释液的稀释，可以增加精液的数量，以便于为更多的母羊输精。

② 为精子提供营养　精液稀释液可以补充精子代谢过程中所消耗的能量。

③ 为精子提供保护作用　第一是具有防低温休克作用。在精液降温过程中，为了保护精子免受低温刺激而发生休克，一般精液从30℃降至20℃时，对精子的活力影响不大；但当精液从20℃直接降至10℃时，即对精子的活力有较大的影响；如再将精液从10℃急剧降至0℃时，则会导致精子死亡，此时即所谓的精子“低温休克”。这主要是精子细胞内缩醛磷脂融点高，低温下容易冻结，妨碍精子代谢的正常进行，造成不可逆的变性而死亡。如果稀释液中含有卵黄或奶制剂，其中所含的卵磷脂会很快地渗入到精子细胞内部，代替了缩醛磷脂的作用，使精子能够在较低的温度下进行正常代谢，从而对精子起到了保护作用（是因为卵磷脂的融点低，在低温下不易发生冻结的缘故）。因此，为了防止精子在低温保存时发生低温休克，一般多采用卵黄和鲜奶来作为防止精子低温休克的保护物质。第二是具有缓冲作用。精液在保存过程中，由于精子代谢产物的积累，pH值常会有偏酸的现象发生，如超过一定的限度则会影响其精液的品质，甚至会使精子发生不可逆的变性而死亡。为此，在稀释液中采用柠檬酸钠、酒石酸钠、酒石酸钾、磷酸氢二钠、磷酸二氢钾等缓冲物质，来维持精液正常的pH值。第三是具有抗菌作用。精液和稀释液均是营养丰富的物质，具有微生物滋生的适宜环境，即使是在严密的无菌操作下，精液仍易受到微生物的污染。大量的临床实践证明，精液的微生物污染是引起母羊生殖道感染、不孕和胚胎早期死亡的重要原因之一。因此，在精液稀释液中常加入一定量的青霉素、链霉素和磺胺类药物等抗生素，而且近年来还正式将这类抗生素药物列为精液稀释液的常规成分。第四是具有抗冷冻作用。精液在冷冻和解冻过程中，精子细胞内外环境的水分必将经历着液态和固态的转化过程，此过程对精子的生存极其有害，而抗冻保护物质多采用甘油、糖类、二甲基亚砜（DMSO）、三羟甲基氨基烷（Tris）等，这些抗冻保护物质的分子结构均具有羟基（—OH），表现有很强的亲水性，对于干扰和限制水分子的结晶化具有重要作用，因此，这些抗冻保护物质具有在冷冻过程中保护精子的作用。所以，冷冻精液的稀释液一般均含有甘油或其他防冻物质。

（4）精液稀释液配制的要点

① 精液稀释液主要成分的准备　蒸馏水应纯净新鲜；化学试剂和磺胺应准确称重，溶于一定量的蒸馏水中，然后进行过滤、蒸煮消毒、冷却后再添加卵黄和抗生素类药物；奶和奶粉液要力求新鲜（全奶、脱脂奶、脱脂奶粉均可互相代替），用前需进行过滤，再水浴加温至92～95℃，维持10分钟左右，冷却后应将表面的奶皮去掉，单独使用或取一定量鲜奶液混入其他稀释液中均可；卵黄应取自新鲜鸡蛋，可用注射器刺破卵黄膜抽取，也可用玻璃棒剥开卵黄膜后，再将卵黄轻轻倒出，但在取用过程中，决不可混入卵白和卵黄膜，然后再取一定量的卵黄加入到已冷却的稀释液中，混合均匀即可。

② 配制精液稀释液和分装保存精液的器皿准备　配制精液稀释液和分装保存精液的器皿应提前准备，并需进行严格的消毒处理。

③ 精液稀释液配制的时间要点　精液稀释液的配制要力求新鲜，应尽可能在给公羊采精时现配现用。

（5）精液稀释和稀释倍数　精液的稀释应在镜检后尽快进行，公羊的新鲜精液未经稀释不利于精子的存活，特别是当室温较低时（20℃以下），精子易受低温刺激而发生休克。未经检查或检查不合格的精液不可稀释。稀释前，应先将精液吸至经清洗、消毒的暗色器皿内，并将事先准备好（经水浴或恒温箱保存加温）的稀释液和被稀释的精液调至等温（30℃左右），然后再将稀释液沿着盛装精液的器皿边缘徐徐地倒入到精液中，再轻轻摇动混匀，稀释后还应取1滴精液再检查精子的活力。一般添加与精液等量的稀释液，则为稀释1倍，或称为1∶1稀释；添加2倍于精液量的稀释液，则为稀释2倍，或称为1∶2稀释；以此类推。精液稀释的倍数，因精液密度和活力的不同而有所不同，一般公羊的新鲜精液稀释比例以1∶(10～15)较好，如用于制作冻精则按1∶(3～4)的比例稀释。

4. 公羊的精液保存

公羊精液保存的理论基础是抑制精子的活动，从而降低其代谢强度，以便于达到延长精子存活时间的目的。为了抑制精子运动，降低代谢水平，一般精液保存所采用的方法是降温。随着温度的降低，精子的活动逐渐趋于静止，能量消耗也大为减少。在这种低温的状态下，精子犹如某些动物的冬眠一样，一旦温度升高，环境适宜，还会重新活动起来。保存精液的另一途径是使稀释液具有一定的酸性，精子处在弱酸性环境中，既不至于受到伤害，又可抑制其活动，但也要结合降温。在具体生产实践中，保存精液的方式主要有三种。

（1）常温保存　是指在没有低温保存条件或者采精后能及时用完的情况下，可采用常温保存。常温保存应尽量选择凉爽的环境，如悬吊在井内或放置在地窖里，温度以不超过20℃为宜，在这种状态下，精子的运动明显减弱或消失，代谢强度降低，故对延长精子的存活时间有一定作用，可以使精子保存5～6小时。在此温度下保存的精液，由于微生物容易繁殖，必须加入一定量的抗生素类药物。常温保存精液的稀释液可选择A、B、C三种稀释液。

① A液　维生素B_{12}注射液。

② B液　0.9%氯化钠注射液。

③ C液　5%葡萄糖氯化钠注射液。

据试验证明，维生素B_{12}注射液稀释的公羊精液在37℃温度条件下，其有效存活时间是0.9%是氯化钠注射液和5%葡萄糖氯化钠注射液的2.96倍和2.35倍，因此，维生素B_{12}注射液是公羊精液理想的常温保存稀释液。葡萄糖氯化钠注射液可为精子补充能量，因此，其保存效果优于氯化钠注射液。

（2）低温保存　是指在精液不至于结冻的情况下，大幅度地降低精液的保存温度。一般将装有稀释好的精液瓶子包上8～10层纱布（逐渐降温），放入冰箱冷藏室内或装有冰块的保温瓶中（使其温度维持在2～5℃）保存。在这种低温状态下，精子运动完全消失，代谢强度显著降低，故精液的保存时间略长，一般公羊的精液利用此法可保存 2～3 天。利用低温保存精液可用给精子补充能量和缓冲精子代谢过程中产生的乳酸和碳酸等有害离子的葡萄糖柠檬酸钠稀释液，也可用理化特性较适合精子存活的脱脂羊奶。在实际操作过程中可选择 D、E、F 三种稀释液。

① D 液　取葡萄糖 3 克、柠檬酸钠 3 克，加蒸馏水至 100 毫升，经过滤，水浴消毒 30 分钟后，放入冰箱内保存。用时取该基础液 80 毫升，加新鲜鸡蛋黄 20 毫升、青霉素 10 万单位、链霉素 100 毫克。

② E 液　取葡萄糖 3 克、柠檬酸钠 1.4 克，加蒸馏水至 100 毫升，经过滤，水浴消毒 30 分钟后，放入冰箱内保存。用时取该基础液 50 毫升，加消毒脱脂羊奶 50 毫升、青霉素 10 万单位、链霉素 100 毫克。

③ F 液　将新鲜羊奶煮沸，去除表层奶皮后，装入盐水瓶中水浴 30 分钟，置于冰箱中保存备用。

(3) 超低温保存　是指将保存精液的温度远远地降低到冰点以下，故又被称为精子的冷冻保存，其保存温度在－196℃。在此超低温状态下，精子的代谢完全停止，故保存的时间可大为延长，可保存数月乃至数年，经解冷后其精子仍然可以用于受精。

超低温保存精液需要特殊的容器和冷源，即液氮罐和液氮（即空气中的氮气经过分离压缩而成液体，温度在－196℃）。在超低温保存精子的过程中，其冷源必须保证供应，不得中途中断。其超低温保存精液是目前最先进的精子保存方法，近年来在各地得到了较快的发展，有效地促进了养羊业人工授精技术的普及。

5. 公羊精液的输入（即输精）

输精即是利用器械将公羊的精液输入到发情母羊的生殖道内，也被称之为授精，是羊的人工授精的最后一个技术环节。输精员正确的输精技术和母羊适宜的输精时间，是保证母羊较高受胎率的重要条件。

给母羊输精一般采用消毒过的羊用阴道开张器输精法进行输精，插入的开张器应尽量与母羊的体温接近，避免过凉而引起母羊努责或过热而烫伤母羊阴道。将发情母羊的阴道打开，借助于光源（可用手电筒或额灯），找到子宫颈口，然后用另一只手将输精枪插入到母羊的子宫颈内 2～3 厘米处，再徐徐地注入精液，而后缓慢而又旋转地取出输精枪和阴道开张器，谨防动作过快造成负压导致精液回流。冷冻精液在输精前需要先进行解冻，而细管冷冻的精液则在给母羊输精时，需将细管冻精先进行解冻后再装入到特制的输精枪内注入。

输精员操作时务必把握两点：第一，所有与精液接触的物品均应事先进行灭菌消毒处理，并保持其洁净而无害，防止精液被污染。固然活力太差的精液往往不能使母羊受孕，而活力较好的精液如果因输精员的输精技术把握不当、操作环节消毒不严，将致病菌随输精带入到母羊的子宫内，其致病菌的代谢产物可刺激母羊子宫黏膜分泌前列腺素 F2α，使黄体退化，致病菌还可直接导致精子、合子和胚胎死亡，同样也会使母羊不孕。第二，输精员的动作要轻而快，防止损伤母羊的阴道和子宫。

6. 提高母羊冻配受胎率的关键技术

（1）优良冻精是基础　冻精的品质优劣，是决定母羊冻配受胎率高低的最基本条件。因此，养殖场（户）在选购肉羊冻精时要注意以下三点：一是必须挑选原精子活力在0.7以上，并且来源于耐冻性强的优良种公羊的精液；二是种公羊应有良好的饲养管理条件，并适度采精（每1～2天采精1次）；三是要筛选最佳的稀释液配方，并严格按照操作规程制作肉羊细管冻精，使每份冻精中的有效精子数不得少于3000万个。

（2）合理解冻是保障　操作者应细心操作并牢牢把握“四快”要诀，即快取、快投、快融、快输。其具体操作方法是：用预冷的长柄镊子从贮精罐中快速取出一支细管冻精，并快速投入到内盛38～40℃的温水烧杯中（要求将细管的封闭端朝上，带棉塞端朝下），并迅速不停地晃动，使冻精快速融解后立即取出细管，将细管封闭端剪平，再用消毒过的镊子将剪开处捏圆，经镜检精液品质合格后，即可装入输精枪中，套好保护套，快速给母羊输精。解冻后的精子活力不得低于0.3，有效精子数一定要达到标准（1000万个以上），如发现精子活力和有效精子数达不到标准，即应废弃不用，否则，将会影响冻配母羊的受胎率。

（3）正确输精是关键　一般冻精解冻后的精子成活时间要比新鲜精子成活时间短，冻精解冻后的输精时间越接近母羊的排卵时间越好。为此，配种员应首先掌握好母羊的发情、排卵规律和精子、卵子在母体生殖道内运行时间，以及保持受精能力的时间。一般情况下，母羊的发情持续时间为36～40小时，而排卵时间是在发情结束前4～6小时，母羊最佳输精时间应在发情后12～16小时，可采用间隔8～12小时实施两次输精的办法来提高冻配母羊的受胎率。

（4）正确把握输精部位和输精方法　母羊的冻配输精部位以输精管插入子宫颈口1.5～2厘米深为宜。输精的具体操作方法是：事先将接受输精的母羊固定于配种架上，并将其后躯和和外阴部消毒，然后使其后肢抬高，离地面8～10厘米。也可由一人双腿夹住母羊的头颈部，双手抓住母羊的两只后腿，将母羊后躯略微抬高，保持后高前低的姿势；输精者先将消毒好的开张器（或内窥镜）外涂擦上凡士林，轻轻地插入母羊阴道内，按压开张器张开母羊的阴道，再借助于光源找到子宫颈口，将装有细管的输精管尖端对准子宫颈口，慢慢而又旋转式地插入子宫颈口内1.5～2厘米，即可缓慢输入精液，再缓慢而又旋转式地取出输精枪和阴道开张器。输精结束后，可用手轻轻拍打母羊的后躯，使其子宫收缩，并让母羊在原地休息10～15分钟，以利于输入的精子向子宫深处游走。同时，刚输精的母羊应避免强烈的驱赶运动，避免应激反应降低其冻配受胎率。

（5）严格母羊的冻配操作规程　在母羊冻配输精的整个过程中，必须制定相应的母羊冻配操作规程，并严格按照冻配操作规程办事，确保冻配操作程序化。对母羊实施冻配输精，操作者在操作过程中应严格消毒；检验室与输精场地经常保持清洁干净，并常洒消毒液和清水消毒和防尘；对输精配种用的各种器械应事先进行高温灭菌消毒，操作完毕后，其器械应先用清水反复冲洗，再用蒸馏水冲洗，然后放入专用器械箱（或器械贮藏室）内保存备用；配种员在输精操作前，其手臂应用清水彻底清洗，并用酒精棉球擦拭消毒；对待配母羊的外阴部应先用清洗液清洗，再用1%来苏儿或2%新洁尔灭药液擦拭消毒，确保母羊外阴部清洁干净。

（6）对冻配失败的母羊应及时采取补救措施　对冻配未孕的母羊，应及时查找原因，并采取相应的补救措施，如补救措施得当，并在母羊正常发情排卵后适时给予输精，一般均可获得满意的补救效果。对于体质瘦弱的母羊应加强放牧，在增加精饲料补喂量的前提下，促使母羊尽快恢复体质，促进其正常发情排卵。对于患病母羊，应根据其病情及时采取对症治疗措施，以促进母羊恢复健康。

7. 公羊精液的高倍稀释和输精技术

江苏省畜牧兽医研究所、中国农业科学院畜牧兽医研究所、西北农林科技大学畜牧兽医学院在公羊精液的高倍稀释和输精技术方面的研究取得了引人注目的成果。其公羊的精液稀释倍数高达40～50倍，保存时间长达24小时以上，精子活力0.7左右，母羊受胎率达到90%以上。该技术主要包括以下5个方面。

（1）精液稀释液配方

配方一：葡萄糖5克、柠檬酸钠0.3克、乙二胺四乙酸钠0.1克，加蒸馏水至100毫升，每毫升加青霉素1000国际单位。稀释液pH值6.8。

配方二：葡萄糖3克、柠檬酸钠1.4克、乙二胺四乙酸（EDTA）0.1克，加蒸馏水至100毫升，加青霉素10万国际单位、链霉素0.1克。稀释液pH值6.8。

配方三：葡萄糖3克、柠檬酸钠1.3克、乙二胺四乙酸钠0.1克，加蒸馏水至100毫升，另外在稀释液中加卵黄5毫升和青霉素10万国际单位。稀释液pH值6.8。

（2）精液稀释液比例　以一个剂量内含有前进运动的精子数在1000万个以上为标准，一般稀释比例为1∶(20～50)。

（3）精液稀释与包装　精液采出后，先评定精子活力，然后将精液吸至经清洗、消毒的暗色器皿内，并将事先准备好（经水浴或恒温箱保存加温）的稀释液和被稀释的精液调至等温（30℃左右），再将稀释液沿着盛装精液的器皿边缘徐徐地倒入到精液中，再轻轻摇动混匀，稀释后还应取1滴精液再检查精子的活力。并以0.5毫升剂量注入到事先消毒好的塑料吸管（剪成长20厘米，并经紫外线消毒）内，用封口机将塑料吸管的两端密封。

（4）精液保存与运输　一般每天于上午8:00～8:30时采精、稀释、分装与封口后，用纱布包裹好，精液管放在保存运输箱的隔板上（隔板下面为冰袋），固定好后，盖上盖子，套上松紧带，上午9时前分发运送到各输精配种点，精液在运送途中要注意防震（最好将其背在背上），然后快速运送到输精配种点立即输精，下午4时左右再给母羊第二次输精。

（5）输精　用试情公羊对母羊进行发情鉴定，再配合阴道检查，若母羊接受试情公羊爬跨，且阴道检查黏膜呈豆花样者即可输精，如果采用两次输精，则应间隔6～8 小时。

第五节 胚胎移植

胚胎移植也称受精卵移植、人工受胎或借腹怀胎。其含意是将一只良种母羊配种后的早期胚胎取出，或者由体外受精及其他方式获得的胚胎，移植到另一只生理状态相同的母羊体内，使之继续发育成为新个体。其提供胚胎的个体称之为供体，接受胚胎的个体称之为受体。胚胎移植实际上是产生胚胎的供体和养育胚胎的受体分工合作共同繁殖后代的过程，是肉羊育种工作的有效手段。

一、胚胎移植的意义

1. 充分发挥优良母羊的繁殖力，提高繁殖效率

一只良种母羊通过超数排卵处理，一次即可获得多枚胚胎。一只母羊在一生中可多次用于超数排卵处理，因此，所产生的后代比在自然繁殖的条件下所产的羔羊多十几倍，甚至几十倍。据周占琴等人试验观察，只要手术熟练，消毒严格，1 只波尔山羊母羊在不同年度可以重复超数排卵处理 3 次以上或在同一年度重复超数排卵处理 2 次，每次间隔两个月以上，一般不影响超数排卵处理效果，他们从 1 只经过两年 3 次超数排卵处理的高产波尔山羊母羊体内采得 96 枚受精卵，获得活羔羊48 只。这只母羊甚至还可用于第四、第五次超数排卵处理。即使自然繁殖，还能产羔 8～10 只。由此可见，应用超数排卵处理和胚胎移植技术可使良种母羊的繁殖力得到最大的发挥。

2. 缩短世代间隔，加快了遗传进展

在肉羊的育种工作中，应用胚胎移植育种技术可加大选择强度，提高选择的准确性，缩短世代间隔。这对加快遗传进展尤为重要。据史密斯报道，应用胚胎移植育种技术，牛、羊生长性状的年遗传进展分别提高 33％和 62％。

3. 使不孕母羊获得生殖能力

有些优良的母羊容易发生习惯性流产或由于其他原因不宜负担妊娠过程的情况下（如年老体弱），可让其专作供体，正常繁殖后代。

二、胚胎移植的基本要求

1. 胚胎移植前后所处的环境应具有同一性

① 供体和受体动物在分类学上属于同一物种（如供体和受体同属于山羊或绵羊）。

② 供体和受体的发情时间相同或相近，两者的发情同步差应要求在±24 小时以内。

③ 胚胎在移植后与移植前所处的空间部位相同，采自供体子宫角的胚胎必须

移植到受体的子宫角，而不能移植到受体的输卵管。

2. 胚胎发育的期限

胚胎采集和移植的期限不能超过周期黄体的寿命，更不能在胚胎开始附植之时进行。而应在供体发情配种后3～8天内采集胚胎，受体也在相同的时间接受胚胎移植。

3. 胚胎质量

从供体体内采集的胚胎必须经过严格的鉴定，确认发育良好者（有效胚）才能移植。此外，在整个操作过程中，胚胎不应受任何不良因素的影响而危及生命力。

4. 供体和受体的状况

① 供体母羊的生产性能要高于受体母羊，其经济价值要大于受体母羊。

② 供体和受体母羊应健康无病，特别是生殖器官应具有正常的生理功能。

三、供体和受体母羊的准备

1. 供体母羊的选择

① 具有一定的遗传优势，生产性能高，经济价值大。

② 具有良好的繁殖性能，在以往的繁殖史上没有遗传缺陷，生殖器官正常，无繁殖疾病，且易配易孕，无难产或胎衣不下现象，性周期正常，发情症状明显。

③ 营养状况良好，健康无病。

2. 受体母羊的选择

受体母羊可选用非良种个体或土种母羊，但也应具备良好的繁殖性能和健康状态，而且体格大，产奶量较高。肉用山羊胚胎移植最好选择大型奶山羊作受体，高产肉用绵羊最好选择小尾寒羊作受体。

四、供体母羊的超数排卵处理

母羊的超数排卵处理是在母羊发情周期的适当时间，施以外源性促性腺激素，提高血液中促性腺激素的浓度，降低发育卵泡的闭锁率，增加早期卵泡发育到高级阶段（成熟）卵泡的数量，从而排出比自然情况下多得多的卵子。这种方法称之为超数排卵，也可以简称为超排。

母羊超数排卵处理所使用的激素主要有促卵泡素（FSH）、孕马血清（PMSG）、前列腺素$F_{2\alpha}$（$PGF_{2\alpha}$）及其类似物、促黄体生成素（LH）和促性腺激素释放激素（GNRH）等，以促进卵泡素较常用。

母羊超数排卵处理是一个极其复杂的过程，影响其母羊超数排卵效果的因素也是多方面的，主要有品种、个体状况、环境条件、季节、母羊的年龄和母羊超数排卵处理方法等。一般来说，高繁殖力品种的母羊超数排卵的效果要高于低繁殖力品种。具有一胎以上正常繁殖史的2～5岁健康母羊，且具有不肥不瘦的中等以上膘情，一般在秋季天气较凉爽时其母羊的超数排卵效果最好。

五、受体母羊同期发情处理

对受体母羊和供体母羊在同一时间同时放置阴道栓，受体母羊较供体母羊提前半天撤出阴道栓，在撤出前半天给受体母羊肌内注射孕马血清。阴道栓撤出后，及时观察受体母羊的发情症状，并适时进行试情，作好记录。

六、对供体母羊实施采卵

对供体母羊实施采卵一般在供体母羊配种后3～8天进行（以供体母羊开始发情的当天开始计算）。而实施输卵管采卵，则较适宜的采卵时间是在供体母羊发情后2.5天左右，此时供体母羊的受精卵正处于2～8细胞阶段；而实施子宫采卵，则较适宜的采卵时间是在供体母羊发情后6～7天，此时供体母羊的受精卵大都在子宫角内，且受精卵处于桑葚期或囊胚期。

七、胚胎鉴定

将收集的平面或凹面玻璃蒸发皿的回收液尽快置于实体显微镜下，仔细观察，用吸卵管将胚胎（受精卵）移入盛有新鲜保卵液的六孔检卵杯中，待全部胚胎检出后，再进行净化处理，即将检出的胚胎移入新鲜的保卵液中洗涤2～3次，以除去附着于胚胎上的污染物，然后再对其进行质量鉴定，选择出可用的胚胎，贮存在新鲜的保卵液中直到移植。

八、胚胎移植

胚胎移植时，应用无菌包装或经过消毒的打孔针和移植管，按保存液→空气→胚胎→空气→保存液的程序装入移植管。将移植管插入受体母羊的子宫角后并轻轻地拉动一下，确认插入管腔内再推入胚胎。在给受体母羊实施胚胎移植时应注意的是：如果受体母羊在一侧卵巢上有黄体时，胚胎应当移植到黄体同侧的子宫角中，如果将胚胎移植到黄体对侧的子宫角中，则移植的胚胎死亡率就会增高；如果受体母羊双侧卵巢都有黄体并欲移植两枚或两枚以上的胚胎时，则应将胚胎分别移植于左右两侧的子宫角中；如果受体母羊一侧有一个大黄体或有两个以上功能性黄体时，也可在该侧移植两个有效胚胎。

第六节　母羊的妊娠与诊断

一、母羊妊娠

1. 受精

受精是指两性细胞即精子和卵子相互结合产生合子的过程，是个体发育的开始阶段。输入到母羊生殖道内的精子通过“获能”，具备受精能力，在输卵管上三分之一处与卵子相遇，精、卵相遇后的精子头部释放酶类，分解卵丘细胞，使精子很快穿过卵子的放射冠、透明带而进入卵子内部，穿过卵膜后，精核与卵核迅速融合，染色体发生联合而形成合子。

2. 妊娠

妊娠是指从合子形成到胎儿娩出的生理过程。在此过程中，其胎儿发育可分为四个阶段。

（1）合子阶段　受精卵沿着输卵管向子宫方向移动，同时进行细胞分裂，也称为卵裂。直到32个细胞时分裂球仍然包含在透明带内，即称桑葚胚。随着进一步的分裂，细胞团一端出现空腔，内含透明液体，体积增大，突破透明带，此时即称为胚泡期。母羊一般在配种后3～4天形成桑葚胚。

（2）胚胎阶段　一般从胚泡附植到胚盘形成这一阶段称之为胚胎阶段，此阶段是一逐渐发育的过程。一般母羊妊娠4～10天，可以从子宫中吸取子宫乳；妊娠14天左右，绒毛膜表面出现胎盘片，从此胚胎与母体子宫角基部黏膜上的子叶有了紧密的联系，即胚胎开始在子宫角基部附植。羊胚胎的整个附植需要一个月至一个半月的时间才能完成。

（3）胎膜发育阶段　胎膜是胎儿与母体交换营养物质、进行气体代谢的重要组织。胎膜包括羊膜、绒毛膜、尿囊膜和卵黄囊四个部分。卵黄囊在尿囊充分发育之前，位于胚胎腹侧，是胚胎的主要营养器官，以后被尿囊膜、绒毛膜所代替，大约在21天退化成实心的细胞柱。羊膜包着胎儿，在妊娠10～14天内形成，胎儿和羊膜之间充满羊水，胎儿就浸泡在羊水之中。羊水在母羊妊娠期间可起到保护胎儿的作用，母羊分娩时能起到润滑产道的作用。绒毛膜为胎儿胎膜的最外层，其外面的绒毛丛与母体子叶相嵌接，和尿囊膜紧紧地粘合在一起，中间有血管分布，血管汇集后，经过脐带进入胎儿体内。脐带是胎儿与胎膜相连部分，是胎儿吸取母体营养物质的通道。脐带的最外层是以羊膜与胎儿皮肤相连，内有脐尿管与尿囊相通，下有脐动脉和脐静脉。

（4）胎儿阶段　胎膜形成后即进入胎儿发育阶段，此阶段主要表现为体积的增大，形成较固定的胎盘。羊胎盘属于子叶型，形似圆盘。胎盘是胎儿和母体进行营养交换的地方，它能分泌激素以维持母羊妊娠。

母羊的妊娠期一般为150天（144～155天），其妊娠期的长短取决于母羊的品种、品系、年龄、营养状况、所怀胎儿数目、胎儿性别（一般雄性羔羊比雌性羔羊妊娠期长1～2天）和自然环境等因素。一般饲养条件较好的母羊妊娠期短，营养状况较好的母羊妊娠期短，青年母羊比老年母羊的妊娠期要短。推算母羊的预产期可采用简便方法进行，即以母羊配种月份加5，配种日期数减2。例如，一只母羊的配种日期为2011年9月20日，那么这只母羊的预产期则应为2012年2月18日即：(9＋5)＝14（推移至下年的2月），(20－2)＝18。

二、妊娠诊断

母羊配种后，养殖场（户）应及时对母羊做好妊娠诊断，特别是母羊早期怀孕诊断具有十分重要的意义。对经过检查诊断确定没有怀孕的母羊，应及时做好补救措施，以确保母羊的全配满怀；对经过检查诊断确定为怀孕的母羊，应加强饲养管理，并做好母羊的保胎工作，防止母羊发生流产，母羊进入预产期后，应做好接产的准备工作，只有这样，才能有效地提高母羊的受胎率和羔羊的成活率。具体来讲，母羊的妊娠诊断检查方法主要有以下 5 种。

1. 外部观察试情法

一般健康而且发情正常的母羊，经输精或配种后 20 天左右不再发情，且母羊的行动稳健，容易上膘，用公羊试情时，拒绝公羊爬跨，即可初步判断该母羊已经怀孕；此后，母羊的消化能力逐渐增强，食欲增加，毛色光亮，体重增加；母羊在怀孕初期，阴门收缩，阴门裂紧闭，黏膜颜色变为苍白，且黏膜上覆盖有从子宫分泌出的浓稠黏液，并有少量黏液流出阴门；随着母羊妊娠日期的增加，其外阴部下联合向上翘起；头胎母羊怀孕 60 天左右，乳房开始发育，其基部变得柔软，颜色逐渐变得红润。

2. 腹部触诊法

一般此法适用于怀孕两个月以上的妊娠诊断。检查者应倒骑在母羊身上，用双腿夹住母羊的颈部或前躯，双手兜住母羊的腹部，轻轻而又连续地向上轻掂，左手在母羊下腹部右侧感觉到是否有硬物，经过反复几次，即可基本判断母羊是否怀孕，有经验的检查者甚至可以判定母羊怀有几只羔羊。应用此法检查母羊是否怀孕时，检查者的动作要轻，不可粗心大意，谨防引起母羊流产。

3. 阴道检查法

此法主要是检查母羊的阴道黏膜和黏液情况。一般怀孕母羊的阴道黏膜为粉红色，黏液量少而稀稠，且能拉成线；而空怀母羊则阴道黏膜为红色或苍白色，黏液量多而稀薄，且呈灰白色脓样。

4. 超声波检查法

使用超声波仪器探测母羊的血液在脐带、胎儿细管、子宫中动脉和心脏中的流动情况，用来诊断母羊的怀孕情况。一般使用超声波检查法能够检测出妊娠 26 天后母羊的怀孕状况，在母羊妊娠 6 周龄时，诊断母羊怀孕的准确率可达到 98%～99%。如对母羊实施直肠内超声波探测妊娠情况，可有效地减少外部超声波探测时羊毛等对超声波探测结果的影响，可提高探测的准确率。

5. B 超造影检查法

即应用小型 B 超机进行母羊的怀孕检查，其使用操作方便，但 B 超机价格较贵，且检查人员需要进行严格的操作技能培训，才能准确地诊断母羊的怀孕情况。

第七节 怀孕母羊的保胎方法

养殖场（户）除应加强母羊的日常饲养管理，使其具有较强的繁殖能力外，母羊怀孕后还必须精心喂养，做好保胎工作，保证胎儿在母体内正常生长发育，产出的羔羊初生体重大，健康活泼，生活力强。

一、精心喂养促胎壮

母羊怀孕后，一般表现性情温顺，行动稳重，食欲旺盛，被毛光亮且容易上膘。母羊怀孕后的头1月龄左右，受精卵在定植未形成胎盘之前，很容易受外界饲喂条件的影响，喂给母羊变质、发霉或有毒的饲草，容易引起胚胎早期死亡；母羊的日粮营养不全面，缺乏蛋白质、维生素和矿物质等，也可能引起受精卵中途停止发育，所以母羊怀孕1月龄左右的饲养管理是保证胎儿正常生长发育的头一关键时期。此时胎儿尚小，母羊所需的营养物质虽要求不高，但必须相对全面，在放牧和舍饲的饲养条件下，一般来说母羊采食幼嫩的牧草能达到饱腹即可满足其营养需要，但在秋后、冬季和早春，牧地草质枯萎粗老，多数养殖场（户）以晒干草和农作物秸秆等粗饲料补喂母羊的放牧不足，由于母羊采食饲草中营养物质的局限性，即使母羊放牧和补喂采食能达到饱腹也不能满足其营养需要，养殖户则应根据母羊的营养状况适当地补喂精饲料。

母羊怀孕两个月后，随着母羊怀孕月龄的增加，胎儿发育逐渐增快，应逐渐增加精饲料的饲喂量，可用黄豆40%、玉米30%、大麦20%、小麦10%，用温水浸泡6～8小时，磨成浆，再添加相当于黄豆等饲料总量10%～15%的豆饼、5%～8%的糠麸、1%的食盐、3%～5%的骨粉，每天给孕羊补喂2～3次，每次每只母羊喂给混合精饲料50～100克，青年母羊还应适当地增加精饲料喂量。母羊怀孕3个月龄后，孕羊饲喂饲草的总容积要适当地加以控制，给母羊补喂饲草和添加精饲料应做到少喂勤添，以防一次性喂量过多压迫胎儿而影响正常生长发育。

母羊怀孕4个月龄以后，胎儿体重已达到了羔羊出生时体重的60%～70%，同时母羊还要积贮一定量的营养物质以备产后哺乳。一般在此阶段需要进行适当地攻胎补料，精饲料的饲喂量应增加到怀孕前期的两倍左右，而饲喂的饲草和补喂的精饲料要力求新鲜、多样化，幼嫩的牧草、胡萝卜等青绿多汁饲料可以多喂，但禁止喂给马铃薯、酒糟和未经去毒处理的棉籽饼或菜籽饼，并禁喂霉烂变质、过冷或过热、酸性过重或掺有麦角、毒草（如闹阳花、无刺含羞草等）的饲料，以免引起母羊流产、难产和发生产后疾病。

母羊产前一个月龄左右，应适当地控制粗饲料的饲喂量，尽可能喂些质地柔软的饲料，如氨化、微贮或盐化秸秆、青绿多汁饲料，精饲料中增加麸皮喂量，以利通肠利便。母羊分娩前10天左右，应根据母羊的消化、食欲状况，减少饲料的喂量。产前2～3天，母羊体质好，乳房膨胀并伴有腹下水肿，应从原日粮中减少1/3～1/2的饲料喂量，以防母羊分娩初期乳量过多或乳汁过浓而引起母羊乳房炎、回乳和羔羊消化不良而下痢；对于体质比较瘦弱的母羊，如若产前一星期左右乳房干瘪，除减少母羊的粗饲料喂量外，还应适当地增加麻饼、豆饼、豆浆或豆渣等富含蛋白质的催乳饲料，以及青绿多汁的轻泻性饲料，以防母羊产后缺奶。此外，怀孕母羊的饲料和饮水应经常保持清洁卫生。

二、细心管理防流产

母羊配种后一般来说可以照常放牧，如条件许可，应尽可能将母羊舍饲休息3～5天，配种一星期至怀孕4月龄则可照常外出放牧，但放牧不宜过度。怀孕1～2月龄，由于胎儿胎盘与母体胎盘没有完全形成、结合，而较易引起母羊流产，因此在放牧时应防止母羊跑跳、急走；怀孕3～4月龄的母羊应逐渐减轻放牧强度，随时疏畅好母羊进出栏舍的通道，母羊放牧和进出栏舍要防止互相拥挤，放牧时切忌走陡坡和转急弯，以防折伤腹部引起动胎流产，同时要切忌打冷鞭和猛然间受惊吓，天气过冷或过热时不可出牧，每天应保证母羊有14～16小时的休息和反刍时间。

母羊怀孕最后一个月应尽量避免远牧，放牧时切忌将母羊赶到过高过陡的山坡或崎岖不平的山岗处放牧，以防母羊滑跌，切忌母羊受寒风暴雨侵袭。初产母羊和乳房发育不良的母羊，产前20天左右，可每天早晚用40～50℃的温水热敷乳房，这样不仅有利于母羊乳房发育，而且可增强人与母羊的接近，有利于母羊产后进行人工辅助羔羊哺乳。孕羊的栏舍应经常保持通风干燥，光线充足，并勤除粪便、勤换垫草。母羊产前7～10天转入产羔房饲养，产羔房事先应彻底清扫干净，地面挖换新土，然后用2%～3%烧碱水喷洒消毒，墙壁用20%石灰乳粉刷消毒，羊床上垫以软短垫草。

如母羊产期未到而意外地发生胎儿动荡，腹痛不安，时起时卧，拱腰努责，小便频繁，阴道内流出黏液或血水等产羔征兆，即为动胎表现，须紧急治疗。其治疗方法是：①内服烧酒50～100毫升，给予轻度麻醉抑制母羊努责和阵缩；②轻症动胎者，肌内注射黄体酮2～5毫升；③如因损伤性胎动不安者，需配合内服止痛清热安胎散，即酒知母3克、酒黄柏3克、川续断6克、没药2克、乳香3克、地榆5克、当归5克、生地炭3克、酒黄芩6克、砂仁3克、鹿角霜6克、川芎3克、桑寄生5克、茯苓5克、台乌5克、血竭花5克、熟地黄6克、甘草3克，共研为细末，开水冲调，童便20克为引给母羊内服；④如因血热宫燥，母羊阴道内流出血水，需配合内服苎麻根安胎汤，即鲜苎麻根20克、仙鹤草30克、艾叶10克，煎水给母羊内服；⑤对呈习惯性流产的母羊，为达到预防和治疗的目的，可在确定母羊怀孕后，每隔半月左右给母羊内服一副保胎安全散，即全当归6克、川芎3克、菟丝子6克、炒白芍3克、川贝母3克、黄芩6克、荆芥3克、厚朴3克、艾叶3克、炒枳壳3克、羌活3克、甘草3克、黑杜仲3克、川续断6克、故纸3克，共研为细末，生姜5克为引，同调给母羊内服。

第八节　母羊的分娩与接产

一、母羊的分娩预兆

母羊临近分娩时，其外阴部、乳房、尻部以及某些行为会发生一系列的生理变化，以适应胎儿的娩出和新生羔羊哺乳的需要，母羊的这种产前生理变化即为分娩预兆。一般临产母羊腹部下垂，尾根两侧肌肉松软、凹陷；乳房胀大，稍现红色而又有光泽，且能挤出初乳；阴唇变软、肿胀，颜色潮红；排尿频繁，行动不安，时起时卧，频频用前蹄刨地，卧地后两前肢不愿向腹部弯曲，且呈伸直状，并不停地回顾腹部、鸣叫；当母羊的阴部流出且牵挂着棒状透明的子宫塞时，则表明母羊的子宫颈已经开张，胎儿已进入产道，是母羊正式分娩的信号，应立即将母羊牵入产房，马上准备接羔。

二、正常分娩

正常分娩的母羊经过一段时间的阵缩努责后，就能顺利地产下羔羊。一般母羊分娩时先在阴户处露出尿囊，形如棕色茄子，稍后露出羊膜，羊膜破裂后，经几分钟到40分钟左右后即可产出羔羊，若产双羔或多羔，则相隔几分钟到30分钟左右。母羊产出羔羊后，接产人员应立即用事先消毒过的抹布擦去羔羊口、鼻、耳及四肢内侧的黏液，然后在离脐部2厘米处用手指甲拧断脐带，再用7%碘酒浸泡消毒，然后将羔羊送到母羊身边，让其舔干羔羊，以增强羔羊调节体温的能力，同时增强羔羊与母羊的亲和力。若天气寒冷，除了在母羊产房内开启增温设施外，接产人员应立即用事先消毒过的抹布或干草擦干羔羊身上的黏液。若羔羊产下时出现假死现象，应立即采用人工呼吸措施，可提起羔羊的后肢，使其悬空，不断地拍击羔羊的胸部、背部和臀部，也可将羔羊平卧进行胸部挤压人工呼吸。一般羔羊产后脐带会自行断裂，但往往自行断裂会造成羔羊脐带断裂过长或过短，最好应由接产人员给予断脐，并及时消毒。母羊分娩完毕后，接产人员应及时用温水将母羊的乳房洗净并擦干，然后帮助羔羊及时吸吮初乳。

三、母羊助产

一般来说，母羊在怀孕期间饲养管理条件良好，有适当的放牧和运动，是很少发生难产的，因此，在正常情况下，母羊分娩时不必过分地干涉。但母羊在舍饲的条件下、母羊体况较差时，或少数由于某种原因（如大型肉用公羊杂交的胎儿体形过大、母羊配种过早、母羊在怀孕期间缺乏某些营养物质等）就有可能发生难产，因此，接产人员在接产前应做好母羊助产的相关准备。接产前应剪短指甲，洗净手臂并进行消毒，同时准备好必要的助产用具如脱脂棉、棉线、绳子、脸盆、毛巾、消毒药物（来苏儿、碘酒）和其他药品等。如母羊一旦发生难产，应及时给予助产，助产人员在助产时，应蹲在母羊体躯后部的位置，待胎儿头部出现时，可一手托住母羊的阴户，一手抓住胎儿头部的两眼凹和两前肢，随着母羊努责，朝着母羊乳房方向顺势轻轻地拉引胎儿产出。如少数母羊发生胎位不正或胎儿体形过大，经过助产仍然不能使母羊正常分娩的，必要时可实施外科手术处理，或由兽医人员实施剖腹助产术。

四、假死羔羊的急救

如母羊在分娩过程中，一旦出现羔羊在母羊的产道内脐带受压导致吸入羊水、子宫内缺氧、母羊分娩时间过长和羔羊受冻等，导致羔羊产出后，身体各方面发育良好，心脏仍有跳动，但没有呼吸的羔羊假死现象，可对假死羔羊采取以下急救方法：首先是迅速将羔羊呼吸道内吸入的黏液或羊水完全清除掉，擦净鼻孔，再将羔羊放在前低后高的地方，立即进行人工呼吸。即将羔羊仰卧朝天，握住前肢，有节律地推压其胸部两侧，反复前后屈伸，并用手拍打羔羊胸部两侧，促使羔羊迅速恢复呼吸；亦可用一只手提起羔羊的两后肢，使其羔羊头下垂，并向左右摇晃，同时用另一只手不断地拍击羔羊的胸、背部，让其堵塞在羔羊咽喉的黏液流出，促使其恢复呼吸；也可用棉球蘸上碘酒或白酒滴入羔羊的鼻孔或用烟喷羔羊的鼻腔，使其复苏。对因羔羊产出后受冻而发生的假死现象，应立即将羔羊移入暖室内进行温水浴急救，水温可由38℃逐渐升高到45℃。羔羊在实施温水浴急救时，应注意将羔羊的头部露出水面，以防止呛水，同时还应结合对羔羊的胸部进行按摩，一般经过20～30分钟温水浴，羔羊即可恢复呼吸。羔羊恢复呼吸后，应立即擦干全身，并放入暖室内让母羊舔干羔羊并及时哺喂初乳。

五、初生羔羊的护理

羔羊出生后，首先应尽早（出生1小时内）使其吃足初乳。其次，对于初产母羊或乳房发育不良的母羊，在母羊产前或产后除加强喂养外，可采用乳房温敷和乳房按摩的方法促进乳房发育，以利于母乳的分泌。其三，对于产后患病的母羊和体质瘦弱的母羊，应尽早采取治疗措施，促进母羊尽早恢复健康。其四，对于一部分一胎产羔过多的高产母羊、体质瘦弱的母羊和患病母羊，其产羔后，应尽早由产羔日龄相近的母羊对羔羊进行代哺，或采用人工哺乳，以确保羔羊的正常生长发育。其五，对于一部分养殖场（户）实行母仔分群饲养的，母羊在早晨、午间出牧前，应给羔羊喂足奶水，晚上让母仔合群过夜，以利于羔羊随时吸吮母乳。其六，对于哺乳期的母羊应加强喂养，母羊除放牧外，应适当地补喂营养丰富的精饲料，如玉米粉、饼类（豆饼、麻饼）、麦麸、米糠或其他混合精饲料，同时适当补喂青绿多汁饲料，尤其对体质瘦弱及一胎产羔过多的高产母羊更应重点照顾，以确保母羊奶水充足。

六、母羊产后的护理

1. 及时喂饮盐水麸皮汤

母羊分娩后体质虚弱，且体内的水分、盐分和糖分损失较大，为缓解母羊分娩后的虚弱，并补充水分、盐分和糖分，有利于母羊泌乳，应及时喂饮盐水麸皮汤，可用麸皮200～500克、食盐10～20克、红糖100～200克，加适量的温水调匀，给母羊饮用。同时，母羊分娩后应饲喂质量优良且容易消化的草料，如优质的青干草和青绿多汁饲料，但也要适量，以免引起母羊发生消化道疾病，一般经过 5～7 天的过渡即可逐渐恢复正常饲养。

2. 及时清除胎衣

母羊产后排出的胎衣应及时清除，谨防母羊吞食。为防范母羊产后发生胎衣不下，可在母羊分娩时接留部分羊水给分娩后的母羊饮用，以利于胎衣的排出。天气晴朗时，应让母羊和羔羊在室外适当地晒太阳并自由活动。

3. 防止母羊发生生殖道感染

母羊产后，应及时清除羊舍内的污物，换以干净柔软的垫草，保持羊舍内清洁、干燥，并让母羊得到充分地休息；对母羊外阴部要注意清洗消毒，母羊产后几天排出恶露是正常现象，一般产后第一天排出的恶露呈血样，此后由于母体子宫自身的净化能力，到 3～5 天后即逐渐转变为透明样的黏液，10～15 天后恶露即会排除干净，并恢复正常，在正常情况下，一般不必采取治疗措施，如母羊排出的恶露呈灰褐色，气味恶臭，且超过 20 天以后仍然恶露排出不净，则有必要进行阴道检查，追查病因，并用消炎药液对母羊子宫进行冲洗，如母羊伴有体温升高、食欲减少和不食等症状，则应配合全身治疗，从而有效地消除恶露，促进母羊恢复正常。

4. 注意母羊的乳房护理

母羊在产后给羔羊哺乳前，应用温水洗涤母羊的乳房，并适时帮助羔羊吸吮母羊的初乳。如母羊产前饲养管理条件良好，产前 1～3 天乳房肿胀过大，应适当地减少母羊的精饲料和青绿多汁饲料的喂量，防止母羊因乳房肿胀过度发生乳房炎或回乳；如母羊产后体质瘦弱，乳房干瘪，应再适当地增加对母羊补喂精饲料和青绿多汁饲料，在加强母羊饲养管理的前提下，适时对母羊的乳房进行热敷，以促进母羊下乳；如母羊的乳房局部发生红肿，且乳量减少，拒绝给羔羊哺乳，用手触摸母羊的乳房不仅发热，而且感觉内有肿块，且母羊感觉有疼痛感，拒绝触摸，挤出的乳汁稀薄，内含絮状物凝块，有时还含有脓汁，甚至含有血液，严重病例，除以上局部症状外，母羊还伴有体温升高，食欲减少等全身症状，则可判断母羊患了乳房炎，应及时给予治疗，母羊乳房炎的治疗方法是：先将乳房内的乳汁挤净，然后经乳头孔给每个患叶内注入青霉素（40 万单位）和链霉素（0.5 克）混合液；如乳房内挤出的乳汁中含有较多的脓汁，可用低浓度消毒液（0.1%雷佛奴尔或 0.02%呋喃西林溶液等）注入患叶，轻轻揉压，然后给予挤净，再注入青、链霉素混合液，每日两次，直到炎症消失，乳汁正常为止。

第九节　母羊繁殖新技术

羊具有季节性繁殖的特性，如任其自然繁殖，不仅母羊繁殖率低，而且母羊产羔时间参差不齐，尤其对羔羊培育、肉羊育肥不利，不利于肉羊的集约化生产，而采用人工控制母羊发情，并有效地干预母羊的繁殖过程，可最大限度地发挥母羊的生产性能，提高母羊的繁殖率。其母羊的发情控制包括母羊的诱导发情和母羊的同期发情等技术措施。运用这些技术措施时，促性腺激素的应用是不可缺少的，如促卵泡激素（FSH）、促黄体素（LH）、孕马血清促性腺激素（PMSG）和人绒毛膜促性腺激素（HCG）等。

一、母羊的诱导发情

母羊的诱导发情是母羊在非配种季节内或泌乳期的乏情期间，借助于外源性促性腺激素（如给母羊注射孕酮10～20毫克，连续注射若干天），诱导母羊正常发情和配种，以缩短母羊的繁殖周期，使之比在自然条件下提前配种，增加母羊的胎次，产生较多的后代，提高母羊的繁殖率。

母羊的诱导发情在肉羊的养殖生产中应用较为广泛，因为母羊的季节性繁殖比较强，通常一只母羊一年产一胎，母羊的妊娠期为5个月，母羊产羔后有相当长时间的乏情期（或称为休情季节），等延续到一定的季节后才开始发情，为了提高母羊的繁殖率，使母羊两年产三胎，必须在母羊的乏情期内继续诱导发情，使之在非配种季节提前配种怀孕。一般母羊在乏情期内，可连续12～16天内，每天给母羊注射孕酮一次，每次10～20毫克，或给母羊阴道内放置孕酮海绵栓（内含孕酮50～60毫克），随后在1～2天内再注射孕马血清促性腺激素800～1000国际单位，即可引起母羊发情排卵。

二、母羊的同期发情

母羊的同期发情是人为地控制并调整一群母羊的发情周期的进程，使之在预定的时间内集中发情，以便于按计划组织母羊配种，使母羊的妊娠、分娩和羔羊的培育在时间上相对集中，有利于组织肉羊规模化生产，提高设备的利用率，降低固定成本支出，便于进行集约化管理。但母羊的同期发情必须以推广羊的人工授精为前提。

现行推广母羊的同期发情技术主要有两种途径：一种途径是向同一群母羊同时施用外源性孕激素，抑制卵巢中卵泡的生长发育，造成人为的黄体期，控制母羊发情，经过一定的时间（一般9天或12天），全群母羊同时停药，即可引起母羊同期发情。这种母羊同期发情技术是在给母羊施药期内，造成了人为的黄体期，控制了母羊发情。另一种途径是利用性质完全不同的另一类激素药物如前列腺素，促进黄体溶解，中断黄体期，降低孕酮水平，从而促进垂体促性腺激素释放，引起母羊同期发情。这种母羊同期发情技术，实际上是缩短了母羊的发情周期使母羊的发情提前到来。

第十节　肉羊杂交技术

在肉羊生产中，杂交是获得最大产出率的手段之一，在肉羊生产中，通过选择合适的杂交亲本进行繁殖生产，其产羔率一般可提高20%～30%，羔羊的成活率可提高40%左右，杂交羔羊的增重可提高20%左右。

一、杂交的基本概念

杂交是指遗传类型不同的生物体互相交配或结合而产生杂种的过程。就某一特定性状而言，两个基因型不同的个体之间交配或组合就称之为杂交。杂交也是指一定概率的异质交配。不同品种间的交配通常称之为种间杂交，不同品系间的交配则称之为系间杂交，不同种或不同属间的交配则称之为远缘杂交。

二、杂交效应

杂交可促使基因杂合，使原来不在一个种群中的基因集中到一个群体中来，通过基因的重新组合和重新组合基因之间的相互作用，使某一个或某几个性状得到提高和改进，出现新的高产稳产类型。杂交可以产生杂交优势，不仅可以使其后代性状表现趋于一致，群体均值得以提高，生产性能表现得更好，同时，可使有害基因被掩盖起来，使杂交后代的生活力更强。

三、杂交方法

杂交方法可以从不同角度进行分类。按照人工控制与否可分为自然杂交（生物在自然状态下发生的杂交）和人工杂交（在人工控制下有目的、有计划地开展生物杂交）；按照亲本间的亲缘程度可分为品系间杂交、品种间杂交、种间杂交和属间杂交等；按照杂交形式不同可分为简单杂交、复杂杂交、轮回杂交、级进杂交、双杂交、顶交和底交等；按照杂交目的不同可分为经济杂交、引入杂交、改良杂交和育成杂交等。根据肉羊养殖生产的实际需要，仅按照杂交形式和杂交目的分类介绍几种杂交方法。

1. 按照杂交形式分类的主要杂交方法

(1) 简单杂交　常称之为二元杂交，是指两个血缘或性状不同的品种间的杂交。其公、母羊个体只杂交一代，而不再继续杂交。这种杂交方法多用于经济杂交，其后代称之为杂种一代（F_1），公羔全部用于商品肉羊，杂种一代羊通常表现出较强的生活力。

(2) 复杂杂交　即由3个以上的种群（品系或品种）按照一定的模式继续逐代杂交，通常有三元杂交（有3个种群参加杂交）、四元杂交（有4个种群参加杂交）等。

三元杂交是先用两个品种杂交，生产出在繁殖性能方面具有显著杂交优势的母本群体，再用第三个品种作父本与之杂交，以生产经济用杂种羊群。其三元杂交的效果一般要比二元杂交的效果好。

四元杂交一般有两种杂交形式。第一种形式是先以4个品种或品系分别进行两两杂交，然后再两类杂种间进行杂交，产生经济用商品羊，这种形式也称之为双杂交。第二种形式是用3个品种或品系杂交的杂种羊作为母本，再与另一品种或品系的公羊杂交，这种形式也称之为单杂交。经过实践证明，双杂交的杂种比单杂交杂种具有更强的杂种优势。

(3) 轮回杂交　常称之为交替杂交，是用两个或两个以上的品种进行轮替杂交。即首先使用一个公羊品种，然后再使用下一个公羊品种，直到完成一轮杂交。紧接着又开始下一轮杂交，依次使用第一个、第二个品种杂交。轮回杂交所使用的公羊始终为纯种，与公羊交配的母羊只有第一次为纯种，以后均为杂种。轮回杂交的主要目的在于充分利用杂种优势。

(4) 级进杂交　由两个品种杂交，得到的杂种母羊再与其中的父本品种公羊回交，回交所产的杂种母羊再与其中的父本品种公羊回交，如此连续进行，即称之为级进杂交。通常采用级进杂交的父本品种均是引进品种，基础母羊为当地肉羊品种。一般进行连续回交的次数以获得具有理想性状的后代为原则。

级进杂交的目的在于改良当地的肉羊品种，希望其杂种后代一代更比一代强。但随着杂交代数的增加，虽然其杂交后代的主要性状更趋于父本，但对饲养管理条件的要求则会更高，也可能出现生活力和生产力下降的现象。生产实践证明，如波尔山羊与关中奶山羊的杂交三代母羊 6 月龄的体重和周岁体重分别比杂交二代母羊下降了 7.16％和 14.55％。杂交三代羔羊的平均发病率分别比杂交一代、杂交二代羔羊高 6.94％和 3.22％。因此，级进杂交必须考虑杂交获得的生产力的增加（与基础母本相比较）在经济上是否合算，如果高代杂种的额外饲养和保健代价高于可获得的生产力增加的收益，则该级进杂交模式可看作是失败的。另外，如果发现杂种优势是杂种一代生产力的重要因素，就不宜开展级进杂交，因为这种优势随着杂交代数的增加而逐渐下降，直到最终完全消失。级进杂交在肉羊育种实践中较少采用，更少用于商品肉羊生产。

2. 按照杂交目的分类的主要杂交形式

(1) 育成杂交　以育成新品种或新品系为目的的杂交称之为育成杂交。其杂交方式有多种，如复杂杂交、级进杂交等，但不采用轮回杂交。在育种杂交中，无论采用哪种杂交方式，当杂交后代中出现理想型时，应当选择其中的优秀公、母羊互交（横交固定），使羊群中支配主要理想性状的纯合子增加，从而育成品种或品系。

(2) 改良杂交　也称之为改造杂交，是以利用外来品种的优良性能改良经济价值较低的本地品种，但仍保留本地品种适应性为目的的杂交方式。其改良的结果不仅提高其生产性能，甚至是改变其生产方向。改良杂交的效果通常是第一代最明显，以后则逐渐下降。

(3) 引入杂交　也称之为导入杂交，是以保持本地品种的性能特点为主，吸收外来品种某方面的优点，以加快改良本地品种的某些缺点为目的的杂交方式。导入杂交只杂交 1 次，然后用杂交一代公、母羊与其父、母本进行回交。其外来品种的基因比例一般为 1/8～1/4。

(4) 经济杂交　是以利用杂种优势，尽快提高肉羊的经济利用价值为目的的杂交方式。如简单杂交、复杂杂交、轮回杂交等均属于经济杂交的范畴。

四、肉羊杂交技术要求

1. 选择理想的杂交父、母本品种

肉羊杂交用父、母本品种必须根据杂交组合的试验结果予以选择。其主要从生产性能、适应性和资源可利用性三方面予以考虑。

（1）生产性能　父本的生产性能要求肉用性能好，必须为早熟，生长发育快。如波尔山羊属于早熟品种，生长发育快，饲料报酬高。努比羊属于晚熟品种。南江黄羊、成都麻羊、马头山羊和建昌黑山羊的早熟性介于前两者之间。如果采用简单杂交，第一次杂交，可选择大型品种或早熟品种，最后使用的公羊（终端父本）必须具备早熟、生长发育快、饲料报酬高等性能。选择经济杂交用父本品种还要考虑繁殖性能。虽然父本的繁殖性能没有生长发育重要，但在配种相同数量母羊的条件下，一般多胎品种公羊所获得的杂种后代较单胎公羊所获得的杂种后代要高得多，尤其是可获得更多的可用于继续杂交的杂种母羊。如用多胎品种公羊杂交时，其杂种一代母羊的产羔率可提高60%左右。

母本的生产性能要求选择高繁殖力品种和发情季节长的品种。虽然多胎羔羊的生长发育较单胎羔羊要差些，但一只高繁殖力母羊为社会提供的羊肉总产量必然要高于低繁殖力母羊，其饲养成本低，饲养效益高。因此，饲养多胎母羊较合算。但许多高繁殖力的绵羊品种肉羊（如小尾寒羊）却不具备高产肉性能，其杂交改良可将各品种的有利基因有机地组合在一起，使杂种羊既具备较高的繁殖力，又表现出较好的产肉性能。同时母本的生产性能还要求考虑其产奶性能。如用波尔山羊与关中奶山羊杂交，不仅是因为奶山羊体格大，繁殖力高，杂种后代具有体格优势和绝对增长速度，而且因为奶山羊的产奶量充足，有利于羔羊生长前期的生长发育。其杂种二代羔羊保持较高的生长速度在一定程度上也得益于杂种一代母羊的高产奶量。

（2）适应性　在选择杂交用公羊品种时，应考虑不同品种的适应性和当地的生态和生产条件。因为每一个肉羊品种的培育均是在一定的生态和生产条件下逐渐完善的，需要相应配套的饲养管理条件，如果养殖场（户）不顾当地的生态和生产条件，一味追求肉羊的个体大、产肉性能好、繁殖力强，且相应的饲养管理条件不能合理配套，则也不能获得较好的杂交效果。

（3）资源可利用性　在开展肉羊经济杂交时，其父本一般采用早熟性强、肉用性能好的引进品种公羊，母本则一般选用当地品种。这不仅是因为当地品种的母羊能够较好地适应当地的生态和生产条件，而且因为其数量大，资源丰富，价格相对较低，可节约购买母本的开支。

2. 注意杂交父、母本的个体选择和选配

（1）个体选择

公羊选择　公羊应当是经过系统考察和后裔测定而被认为高繁殖力的个体。其体形结构理想，体质健壮，睾丸发育良好，雄性特征明显，精液品质优良。

母羊选择　从多胎的母羊后代中不断选择优秀个体，以期获得多胎性能强的繁殖母羊。如澳大利亚从希尔羊群中选出两只1胎产5羔的公羊，13只1胎产3～4羔的母羊和1只1胎产6羔的母羊，组成核心群，进行有计划地培育，终于培育出布鲁拉羊，其平均产羔率达到210%。另外，初产羊的多胎率与其终生的繁殖力也有一定的联系，据有人对波尔山羊观察，初产单羔的母羊6岁前平均每胎产羔1.67只，初产双羔的母羊6岁前平均每胎产羔2.4只，产单羔的比例仅为1/15，另据对绵羊的观察，初产单羔的母羊在随后的3胎中，平均产羔分别为1.33只、1.31只和1.4只；而初产双羔的母羊在随后的3胎中，平均产羔则分别为1.73只、1.71只和1.88只。由此可见，通过对初产母羊的选择，能够提高母羊的多胎性能。

（2）公、母羊选配　公、母羊的正确选配对提高繁殖力来说也是非常重要的。在生产实践中，选用双胎公羊与双胎母羊配种，可获得较多的羔羊，其所产的公、母羔也可留作种用。如用单胎公羊与双胎母羊配种时，则每只母羊的产羔数有所下降；如用单胎公羊与单胎母羊配种时，其每只母羊的产羔数则会更低。

3. 考虑主要经济性状的遗传力

遗传力低的性状容易获得杂种优势，如母羊的产羔数、羔羊的初生重、羔羊的断奶重等性状遗传力低，主要受非加性基因的影响，其近亲时退化严重，杂交时优势明显，若通过纯繁来提高则进展不大。遗传力中等的性状，如羔羊断奶后的增长速度和饲料利用率属于遗传力中等的性状，其杂交时有中等的杂交优势。遗传力高的性状，不易获得杂种优势，其杂交的影响很小，如肉羊的胴体长度、眼肌面积等遗传力高，主要受加性基因的影响，通过杂交其改进不大。

4. 考虑父、母本的遗传差异

一般来说，亲本的遗传基础（基因型）差异越大，其杂种优势表现得就越明显。如果两个亲本群体缺乏优良基因，或亲本群体的纯度很差，或两个亲本群体在主要的经济性状上基因频率无多大差异，或缺乏充分发挥杂种优势的饲养条件，均不能表现理想的杂种优势。由此可见，杂种优势的利用，乃是以培育亲本种群和选择杂交组合一直到创造适宜的饲养管理条件等一整套措施，其杂交不过是其中的一个环节而已。

5. 进行性状的配合力测定

配合力测定是指不同品种和品系间配合的效果。其生产实践和科学研究已证明，一个品种（品系）在某一组合中表现得不理想，而在另一组合中的表现可能比较理想。因此，不是任意两个品种（或品系）的杂交均能获得杂种优势。配合力表现的程度受多方面因素的影响：不同组合（品系）相互配合的效果不同，同一组合里不同个体间配合的效果也不一样，不同组合在相同环境里表现不同，同一组合在不同环境里表现不同。在生产中必须仔细进行配合力测定工作，找出适合于本地区的优秀杂交组合。因此，在开展经济杂交前，必须进行杂交用品种的配合力测定，并在测定的基础上建立和健全杂交体系，使杂交用品种各自的优点在杂交后代身上很好地组合。据资料显示，不同性状表现出的杂种优势强度是不同的，其表现的强弱顺序归纳为：生活力、产羔率、泌乳力、母性本能、体重、生长速度、饲料利用率。品种之间遗传差异愈大，其后代表现出的杂种优势就愈大。一般羔羊的成活率可提高40%左右，产羔率可提高20%～30%，增重率可提高20%左右。

6. 提供适宜的饲养管理条件

肉羊生产性能的表现是遗传基因与环境共同作用的结果。在环境条件中，营养对杂交优势的影响较大，有一些组合在高营养水平条件下表现较好，在中等营养水平条件下表现较差；另一些组合在中等营养水平条件下表现较好，在高营养水平条件下表现也没有提高。饲养方法、环境温度对杂种优势的表现也有影响。

7. 杂种优势的估算

为了准确地度量杂种优势率的大小，还必须估量主要经济性状的杂种优势率。

（1）杂种优势估算方法　在杂种优势率的估算方面，曾经出现过两种意见：一种意见认为最好的度量方法是看杂交一代的某一数量性状表型值能否超过某一亲本数值；另一种意见则认为，杂种优势最好是通过杂种一代某一数量性状平均表型值和双亲的表型值平均数相比较度量。而目前则普遍认为，用杂交一代的各数量性状平均数和双亲相应性状的平均数进行比较，来计算杂种优势程度的大小是比较合理的方法。因此杂种优势是父、母亲本品种遗传基础共同贡献和作用的结果，而且双亲对杂种优势的贡献大小还有一定的差异。我国长期以来，很多杂交试验报告，大多用杂种性状平均数与母本品种来比较，缺乏双亲对照试验资料，造成杂种优势的估算失去准确性。产生这种现象的原因，除了对估算杂种优势的方法缺乏理解外，还受试验条件的限制，只有杂交试验组，没有双亲的对照组，只好与一般的母本进行比较，而且常常是与不同饲养水平的母本相比较，从而使杂种优势的估算失去了真实性。为力争做到杂交试验达到合理和准确性，其杂种优势常用的估算公式为：

$$杂交优势率=\frac{杂交一代性状平均值-双亲性状平均值}{双亲性状平均值}\times 100\%$$

具有杂种优势的杂种个体间交配来固定杂种优势的做法是不成功的，即杂种优势不可固定，这就是育种过程中对高代杂种（级进杂交三代、四代）进行固定，而不对杂种一代进行固定的原因。杂种一代、二代羊除了选留部分个体用于继续级进杂交外，基本上均用作商品肉羊。

（2）杂交效果的比较　应当是对相同管理条件下的不同杂交组合的性状比较。

（3）保持亲本母羊的持续作用　杂交用父本品种一般数量少，不易流失；母本数量大，其生产性能差的容易被淘汰。因此，为了能长久地利用杂种优势，应当保护好亲本品种。

（4）重视杂交后代的适应性　一个优秀的引入品种不能完全替代本地品种的主要原因是适应性差，而连续数代的杂交也可能产生同样的问题。因此，经济杂交代数应根据杂种后代的表现给予适当地控制，否则，杂种优势的潜力就难以发挥出来。

五、肉羊杂交方法的选择与应用

1. 二元杂交

主要是用生产性能优良的肉用羊品种做父本，用本地羊做母本，杂交一代羊通过育肥进行肉羊生产。如用夏洛来羊或萨福克羊做父系，以小尾寒羊做母系，生产二代杂交肥羔。试验证明，波尔山羊与大型奶山羊（非肉用）的杂种二代不论从体形结构看，还是从生长速度看，均具备了肥羔生产的优势。杂种一代母羊所具备的高产奶量是保证羔羊杂种优势能充分表现的重要条件，其羔羊也是较理想的肥羔。

模式一：

夏洛来羊 ♂ 或萨福克羊 ♂×小尾寒羊 ♀
↓
肥羔

模式二：

波尔山羊 ♂×马头山羊 ♀
↓
肥羔

模式三：

波尔山羊 ♂×奶山羊 ♀（非奶用）
↓
波尔山羊 ♂×杂种一代 ♀
↓
肥羔

2. 多品种杂交

试验证明，采用多品种杂交技术生产肥羔效果甚好。澳大利亚和新西兰在绵羊肥羔生产中广泛采用多品种杂交。虽然澳大利亚和新西兰的肥羔生产方式不同，但都是根据本国或本地区的自然、品种资源等情况，选择成熟早、生长快、体格大的品种做父本，选择繁殖力高、母性强的品种做母系，通过杂交来生产优质羔羊肉。而我国多选择具有早熟、体形大、繁殖率高、生长发育快等特点的公羊（如无角陶赛特羊）作为第一父本，与小尾寒羊母羊杂交，其杂交一代（F_1）具有体格大、繁殖率高、泌乳性能好等特点。杂种一代公羊直接育肥，杂种一代母羊再与初生重大、前期生长发育快、体重大、瘦肉率高的肉用品种（如夏洛来羊或萨福克羊）公羊（终端父本）杂交，杂交二代（F_2）全部用作肥羔生产。其结果是不仅获得了较多的羔羊，而且羔羊继承了亲本体格大、健壮、肉用性能好（生长发育快、产肉多）等特点。

（1）澳大利亚模式　澳大利亚是以饲养毛用绵羊品种美利奴羊为主的。其美利奴羊繁殖力低，成熟晚，泌乳量少，肉用性能较差。因此，如果用于生产羊肉，必须与其他品种进行杂交。而边区莱斯特羊则具有体格大、繁殖力高、母性强等特点，用边区莱斯特羊的公羊与美利奴羊母羊杂交，其后代产羔多，生长发育快，但成熟晚。因此，又选择具有生长发育快、早熟等特点的南丘羊和有角陶赛特羊作为杂交终端父本，取得了良好的杂交效果并被广泛地推广使用。

模式一：

边区莱斯特羊 ♂×美利奴羊 ♀
↓
边区莱斯特羊 ♂×杂种一代 ♀
↓
南丘羊 ♂（或有角陶赛特羊 ♂）×杂种二代 ♀
↓
肥羔

模式二：

边区莱斯特羊 ♂×美利奴羊 ♀
↓
南丘羊 ♂（或有角陶赛特羊 ♂）×杂种一代 ♀
↓
肥羔

（2）新西兰模式　新西兰是一个以饲养肉羊为主的国家，该国的肉羊杂交模式是以选择体形大的边区莱斯特羊作为第一次杂交的父本，再以早熟品种南丘羊作为终端父本。其普遍推行的肉羊杂交模式是：

边区莱斯特羊 ♂×罗姆尼羊 ♀（或考力代羊 ♀）
↓
南丘羊 ♂×杂种一代 ♀
↓
肥羔

（3）美国模式　有关提高肉羊生产效率的大量研究表明，三品种或四品种的交替杂交效果更好。美国马里兰州贝茨维乐动物研究中心用汉普夏羊、雪尔普夏羊、南丘羊和美利奴羊 4 个品种进行杂交试验，结果表明，两品种杂交羔羊的断奶重比纯种高 13％；三品种杂交羔羊的断奶重比纯种高 38％，比两品种杂交羔羊高 25％；四品种杂交羔羊又比三品种杂交羔羊高 18％。因此，在商品羔羊肉生产中，以三品种或四品种的杂交效果更好，更能提高养殖效益。

美国比较成熟的用于肥羔生产的杂交组合为：

萨福克羊 ♂×西部牧区羊 ♀（或德克萨斯州羊 ♀、塔基羊 ♀、哥伦比亚羊 ♀）
↓
兰德瑞斯羊 ♂×杂种一代 ♀
↓
汉普夏羊 ♂×杂种二代 ♀
↓
肥羔

（4）中国模式　由于我国各地的母本资源差异较大，因此，采用的杂交模式也不尽相同。

模式一：

无角陶赛特羊 ♂×小尾寒羊 ♀
↓
夏洛莱羊 ♂×杂种一代 ♀
↓
肥羔

模式二：

肉用美利奴羊 ♂×蒙古羊 ♀
↓
无角陶赛特羊 ♂×杂种一代 ♀
↓
肥羔

模式三：

萨福克羊 ♂×小尾寒羊 ♀
↓
夏洛来羊 ♂×杂种一代 ♀
↓
肥羔

模式四：

奶山羊 ♂×马头山羊 ♀
↓
波尔山羊 ♂×杂种一代 ♀
↓
肥羔

第十一节　提高母羊繁殖力的措施

母羊的繁殖力受遗传、营养、温度、年龄和季节等各种因素的影响，只有针对上述因素并采取有效的措施，才能提高母羊的繁殖力。

一、选择优良的肉羊品种

不同品种肉羊的繁殖力存在较大的差异。母羊繁殖率的差异是自然选择和人工选择的结果。例如，关中奶山羊的产羔率为 210%，波尔山羊的产羔率为 180%。因此，养殖场（户）养殖肉羊时，应选择繁殖率高、肉用体形明显的肉羊品种。

二、培育多胎品种并选留多胎母羊

在肉羊生产中培育生长发育快、肉用性能好、产羔率高和四季发情的品种十分重要。在同一品种中，选择一胎多羔的公、母羊后代作为种用也可提高繁殖力。一般肉羊产双羔或多羔的特点具有遗传性，选择产多羔公、母羊的后代繁殖生产，可保留母羊一胎多羔的生产特点。

三、坚持母羊满膘配种

营养条件也会影响母羊的繁殖力。配种前膘肥体壮的母羊，不仅发情正常、整齐，而且排卵数量增多，能够提高产羔率。因此，母羊在配种前的短期优饲可使母羊的双羔或多羔率增加，即在母羊配种前，每只母羊每天补喂精饲料 0.4～0.5 千克，可使母羊在第一个情期内发情率达到 95%以上，双羔或多羔率增加达 40%左右。

四、给发情母羊适时配种

给发情母羊适时配种是提高母羊繁殖力的重要措施。一般产冬羔的母羊，应适当提前给母羊配种（8～9 月较为合适），此时气温适宜，牧草生长旺盛且绝大多数牧草结下籽实，正是母羊上膘的最佳时节，母羊膘情好则发情正常、排卵多，公羊膘情适中则精液品质好，母羊的受胎和产羔率高。

五、调整羊群结构并实行密集产羔

提高适龄母羊在羊群中的比例，使其占到 60％以上。在增加成年母羊的基础上，应有计划地淘汰老龄母羊和不孕母羊，补充青年母羊，保持适龄母羊在羊群中的比例。一般 3 岁以上的母羊产双羔或多羔率高，因此 3～6 岁的母羊应占繁殖母羊群的 50％～65％。

密集产羔体系是进行现代集约化肉羊及肥羔生产的高效生产体系。在饲养管理条件较好的地区实行密集产羔，打破母羊季节性繁殖的特性，使母羊全年发情，均衡产羔，最大限度地发挥繁殖母羊的生产性能，均衡市场的羊肉供应，提高设备的利用率，降低固定成本支出，便于进行集约化管理。密集产羔体系包括母羊两年产三胎、三年产五胎、一年产两胎和连续产羔等形式。实行密集产羔的母羊，要求营养状况良好，年龄以 2～5 岁为宜，同时要求母羊的母性要好，泌乳量也应较高，能够满足其多羔哺乳的需要。

六、给母羊注射促性腺激素药物

一是注射垂体促性腺激素药物如促卵泡激素、促黄体激素等药物；二是注射非垂体促性腺激素药物如孕马血清等。母羊发情后 13～14 天，在母羊小腿内侧皮下注射孕马血清 8～10 毫升，隔日或连日再注射 8～10 毫升，经 3～4 天，母羊发情后即可输精或配种。

七、给母羊注射类固醇激素蛋白免疫制剂

使用中国农业科学院兰州畜牧研究所研制的双羔素，在母羊配种前，给每只母羊颈部皮下注射 2 毫升，隔 3 周再注射相同的剂量，母羊发情后输精或配种，可使母羊的双羔或多羔率提高 10％～20％。

八、推广和利用生物技术

近年来，生物技术在许多领域内的研究均取得了举世闻名的成就，其中有些成果已逐步应用到肉羊养殖生产中，如胚胎移植、性别控制和转基因技术等，对肉羊养殖表现出遗传改良的巨大潜力。在不久的将来，即可根据人类的需要改良现有肉羊品种和创造新的肉羊品种。

第五章　肉羊的饲草和饲料

第一节　青绿饲料的营养特点与利用

一、青绿饲料的营养特点

一切天然牧草、人工牧草、青刈饲料作物或各种绿色植物（包括青绿多汁饲料、野生青草、树叶和水生饲料）等均属于青绿饲料。青绿饲料量大、面广，能够较好地被肉羊所利用。

1. 水分含量高

一般青绿饲料的水分含量在85%左右，但每千克青绿饲料中仅含消化能1.26～2.51兆焦，因而仅靠青绿饲料作为肉羊的日粮是难以满足其热能需要的，必须配合其他能量含量较高的饲料组成肉羊日粮。

2. 适口性好

青绿饲料幼嫩多汁，纤维素含量低，适口性好，消化率高，营养比较均衡，若将青绿饲料按一定的比例加入到肉羊的日粮中，会使肉羊的整个日粮利用率提高。

3. 富含蛋白质

青绿饲料含有丰富的蛋白质，用青绿饲料作为肉羊的基础日粮，能基本满足肉羊在各种生理状态下对蛋白质的相对需要量，若按干物质计算，青绿饲料中粗蛋白质含量为20%左右，相当于玉米籽实中粗蛋白质含量的2.5倍，相当于大豆饼中粗蛋白质含量的一半。不仅如此，青绿饲料中的氨基酸组成也优于其他植物性饲料，不仅含有各种必需氨基酸，而且以赖氨酸、色氨酸的含量最高。据测定，青草中的蛋白质生物学价值比精饲料还要高25%以上，特别是青绿饲料叶片中叶绿蛋白的氨基酸组成近似于酪蛋白，对于肉羊的生长发育特别有利。

4. 富含多种维生素

青绿饲料中含有各种维生素，特别是胡萝卜素。据测定，每千克青草中含有50～80毫克胡萝卜素，不仅如此，维生素B族的含量也很丰富。例如，1千克青苜蓿中含有硫胺素1.5毫克、核黄素4.6毫克、烟酸18毫克。此外，还含有一定数量的维生素E、维生素K等。但青绿饲料中不含维生素D。一般而言，肉羊日粮中保持1/4左右的青绿饲料，基本上可满足肉羊对维生素的需要量。

5. 含有一定数量的雌性激素

青绿饲料中还含有一定数量的雌性激素，母羊经常采食青绿饲料，具有促进母羊发情的作用。

此外，青绿饲料中还含有钙、钾等碱性元素，但其含量的高低与青绿饲料的植物种类、土壤条件、施肥情况等有关。肉羊喜食青绿饲料，但在青绿饲料的利用上有很强的季节性，因此，养殖场（户）应想方设法延长青绿饲料的利用期。

二、青绿饲料的利用

1. 牧草

养殖肉羊在利用天然牧草或人工栽培牧草时，应注意把握以下几点。

（1）适时利用　一般天然牧草或人工栽培牧草在抽穗开花前利用比较合适。因此时牧草正处于生长旺盛期，幼嫩多汁，蛋白质含量高，按干物质计算可达到15%以上；牧草质嫩柔软，含粗纤维和木质素比较少，容易消化；牧草中含有多种维生素及磷和钙，产草量也高，如在牧草的幼龄期利用，虽然牧草的品质好，但牧草不仅产量低，而且也不利于牧草的再生；如牧草过老时利用，虽然牧草的产量高，但蛋白质的品质差，维生素含量低，特别是天然牧草，如过老时利用则木质化程度高，消化率下降。因此，对于天然牧草或人工栽培牧草，无论是放牧或青刈利用，均应做到适时。

（2）合理放牧　过度放牧是牧草退化的一个重要原因。肉羊放牧啃食牧草对牧草的影响大小，因牧草的种类而异，豆科牧草和高大禾本科牧草不同于较矮、分蘖较多的牧草，这类牧草不适合于肉羊的放牧啃食，如放牧啃食，因其牧草植物的叶面积减少，再生能力和在根部贮存养分的能力均下降，使之产草量也随之而减少，加之，肉羊放牧践踏导致部分植株死亡，使牧草的覆盖层变薄，在降雨量较少的干旱地区（或干旱季节），对牧草的生长危害则更为严重。而轻牧、放牧过少对部分牧草也不利，如在种植良好的早熟禾本科的草场，肉羊放牧啃食严重的放牧区域产草量反而比放牧过轻的区域高，在牧草种植的第三年末就会发现，肉羊放牧啃食较重的放牧区域与放牧啃食较轻的放牧区域比，其牧草的长势要好得多，杂草也较少，未经放牧啃食的牧草结穗多，适口性降低。因此，对于早熟的禾本科牧草，应适当地让羊群放牧啃食，以免其结穗。对于这类早熟的禾本科牧草，一般在春天当牧草长到10厘米以上后，再让羊群放牧啃食，而在霜冻到来之前应停止放牧，以利于草场的改良。为了合理地利用草场，对牧场应实行划区域轮牧。

（3）适宜的喂量　青绿饲料幼嫩多汁，粗纤维含量低，适口性好，肉羊很喜欢采食，对于一般羊群来讲，可让其大量地采食，但在夏秋季节，牧草正处于生长旺盛期，产草量大，但对于育肥后期的羊群、怀孕后期的羊群和处于配种期的种公羊，如大量地饲喂青绿饲料反而不利，对这类羊群应适当地控制青绿饲料的采食量，这是因为青绿饲料的水分含量高，其体积相对较大，如育肥后期的羊群、怀孕后期的羊群和处于配种期的种公羊采食青绿饲料过多，虽然有饱腹感，但干物质及其他养分的摄入量不足，对肉羊的育肥、怀孕母羊和胎儿的生长发育以及种公羊的配种均不利。因此，青绿饲料对肉羊的喂量应适宜。

(4) 防止中毒　春季牧草萌发，较幼嫩，如羊采食过量则易引起瘤胃胀气或中毒，因此，春季在羊群出牧前应先给羊喂以半饱的干草，经过 15～20 天的过渡，待羊的胃肠功能适应了青草的消化特点后再转入全天放牧，全天放牧时也应在出牧前适当补料。一般对羊的饲喂顺序是：先饮水，然后喂草，待羊吃到 5～6 成饱后，喂给混合精饲料，然后给羊喂饮淡盐水，待羊休息 15～20 分钟后出牧。这样既能防止羊群“跑青”掉膘，又能防止羊群采食过量嫩草而引起瘤胃胀气或中毒。对于农区利用田间杂草养羊，如稍有不慎，就会将受农药污染的田间杂草割回，让羊采食后，会引起羊农药中毒。因此，农区养羊防止农药中毒是肉羊生产中一个特别需要注意的问题。

2. 青刈饲草

青刈饲草直接喂肉羊，是舍饲养羊和半舍饲养羊的好办法。利用青刈饲草养羊，在很大程度上避免了羊群放牧践踏牧草而造成的牧场损失。但是，养殖场（户）对羊群饲喂青刈饲草，劳动力和设备费用较高，加之利用的时间有限，因而在肉羊养殖生产中，常采用青刈饲草和青贮饲草相结合的饲喂方法，既可有效地降低劳动力和设备费用，又可有效地保持青绿饲料的营养特点。

3. 其他饲草

青绿饲料除牧草和青刈饲草外，还有青绿树叶、菜叶等，均是肉羊喜食的青绿饲料。特别是刺槐树叶，蛋白质含量非常丰富，有条件的养殖场（户）应充分挖掘这一宝贵的蛋白质饲料资源。近年来，在我国的西南地区，大量地栽植刺槐放牧灌木丛林，即将栽植的刺槐树长到 1.5 米左右时，将其主干锯断，促使其形成灌木丛林。由于刺槐树根系发达，固沙性能好，不仅对防止土壤沙化有着重要的作用，而且也是肉羊优质的放牧林地。养殖场（户）可结合当地的实际情况，大量地种植刺槐林、狼牙刺灌木林是目前国内外林牧结合的好形式。

第二节　青贮饲料的调制与利用

一、青贮饲料的营养特点

青贮饲料是指将新鲜的青刈饲料、饲草、野草等，进行适当地风干后，切短装入青贮塔、窖或塑料袋内，使其隔绝空气，经过乳酸菌的发酵，制成一种营养丰富的多汁饲料。经过发酵好的青贮饲料，基本上保持了青绿饲料的原有特点，有青草“罐头”之美称。因而，在肉羊的养殖生产上应大力提倡推广。青贮饲料具有如下特点。

1. 青绿鲜嫩

青贮饲料可以有效地保持青绿植物的青鲜状态，使肉羊在青绿饲料缺乏的漫长冬春枯草季节也能吃到青绿饲料。青贮原料经过切短和填埋，使其尽量地排除空气，做到了密封，这样就减少和制止了植物细胞的呼吸作用，为乳酸菌（厌氧菌）

的生长发育和繁殖创造了适宜的环境。在乳酸菌的作用下，青贮原料内所含的糖分迅速分解并转化为乳酸，从而使青贮饲料内酸度提高，在pH值下降到4.0时，则抑制了所有微生物的生长繁殖，使青贮饲料不仅可以长期保存，而且还能够保持青绿植物的青鲜状态。

2. 营养价值高

青贮饲料可有效地保存青绿植物中的营养物质，其养分损失少，尤其是能有效地保存蛋白质和维生素（特别是胡萝卜素）。而一般青绿植物在成熟和晒干之后，由于失水，再加上叶片的脱落，其营养物质的损失为30%～50%，如果在贮存期间受到风吹、雨淋，导致发霉、腐败，其养分损失甚至会更大。若将青绿植物在青绿时期及时制成青贮饲料，其营养物质的损失一般不会超过10%，品质良好的青贮饲料，其养分仅降低3%左右。如每千克青贮玉米中含粗蛋白质20克、粗脂肪8～10克、粗纤维59～67克、无氮浸出物41～114克，其维生素含量也很丰富，其中含胡萝卜素11毫克、烟酸10.4毫克、维生素C 75.7毫克，同时还含有钙、铜、钴、锰、锌、铁等矿物质元素。此外，青绿植物在青贮过程中，由于微生物的作用还可使原本粗硬的秸秆如玉米秸和高粱秸以及某些野草的茎秆变软。同时，还可以增加青贮原料中维生素等营养成分，增加某些饲草的适口性，并降低有些饲草中的有害成分的含量和毒性，从而提高了整个饲料的营养价值。

3. 多汁且适口性好

青贮饲料一般含水量在70%左右，而干草的含水量仅有15%左右。经过青贮，不仅使得青绿植物的茎秆变得柔软，而且使青贮饲料具有酸香味，柔软多汁，增强其适口性，刺激肉羊的食欲，并刺激消化液分泌和胃肠的蠕动，提高青绿植物的消化率。因而青贮饲料是肉羊在冬春枯草季节良好的多汁饲料。

4. 消化率高

青贮饲料中不仅含有丰富的蛋白质、维生素、矿物质，而且鲜嫩多汁，含纤维素少，适口性强，易于咀嚼。以青贮饲料为主体的日粮饲喂肉羊，可以显著地提高其饲料的消化率，从而提高了日粮中总营养物质的消化率。因青贮饲料在羊胃内停留时间短，可减轻对羊前胃的压力，从而强化了肠道对饲料的消化能力。

5. 原料来源广

除了一些优良的牧草可以进行青贮外，一些肉羊平时不愿意采食或不能采食的野草、野菜、树叶等无毒的青绿植物，均可以采用青贮的方法变成肉羊良好的饲料。如马铃薯茎叶等具有特殊的气味，肉羊不喜欢采食，当青贮后，可变成酒糟味，其适口性大大地增强。

6. 经济实用

大力推广青贮饲料，是发展肉羊生产的重要技术措施。青绿植物和秸秆等经过青贮后，不仅能够很好地为养殖肉羊保存饲草，而且青贮饲料不怕火烧、雨淋、虫食和鼠咬，方便实用。经过一次贮存可以多年不坏，其贮存空间小，安全方便。

当然，制作青贮饲料需要有一定的设备，如青贮窖、塑料袋和加工机械，与田间晒制青干草和贮存青干草相比较，需要的成本相对较高，而且青贮饲料中的维生素 D 含量比晒干草要低得多。

二、青贮饲料的基本原理和发酵过程

1. 青贮饲料的基本原理

青贮饲料的基本原理是在密封的条件下，利用微生物的发酵作用，达到长期保存青绿饲料营养成分的一种方法。即将新鲜的植物紧实地堆积在密封的容器中，通过微生物（主要是乳酸菌）的厌氧发酵，使其原料中所含的糖分转化为有机酸（主要是乳酸），当乳酸在青贮原料中积累到一定浓度（0.65%～1.30%）时，就能抑制其他微生物活动，并制止原料中的养分被微生物分解破坏，从而使其得到很好的保存。当青贮原料 pH 值达到 3.8～4.4 时，乳酸菌也停止了活动，这就意味着发酵的结束。由于青贮原料是在密封且微生物停止活动的条件下贮存的，因此，可以长期保存而不变质。用不同方法贮存饲草时干物质、蛋白质和胡萝卜素的变化可见表 5-1。

表 5-1　不同方法贮存饲草时其营养物质含量的变化　　/%

贮存方式	干物质含量	蛋白质含量	胡萝卜素含量
刈割当时	100	100	100
青贮	84	84	28
棚内风干	81	76	7.5
田间晒制	75	69	3.0

2. 青贮饲料的发酵过程

（1）预备发酵期　切短的青贮原料在青贮容器内经过压实后，其植物的细胞仍然在继续进行呼吸。与此同时，附着在原料上的各种好氧性和厌氧性的微生物开始大量繁殖，其中包括各种腐败菌、酵母菌、肠道细菌和霉菌，而以大肠杆菌和产气杆菌占优势。随着植物呼吸作用的进行，以及各种酶的活动和微生物的发酵作用，经过 4～5 小时后，残存的氧气很快耗尽，形成厌氧环境，而产生大量的二氧化碳、氮和醇，同时，还产生一些有机酸如醋酸、琥珀酸和乳酸等，使得饲料变成了酸性。这样，就逐渐造成了不利于腐败菌和丁酸菌等微生物继续生长繁殖的条件，同时变成了有利于乳酸菌生长繁殖的环境。

在预备发酵期，植物细胞利用青贮饲料间的残存空气进行呼吸，主要是碳水化合物的氧化过程，产生二氧化碳和水。预备发酵期的时间长短，与原料的化学成分和填充的紧密程度有着密切的关系。一般含蛋白质高的牧草需要的时间较长，填充松软的比填充紧密的所需要的时间长。总体来说，预备发酵期的时间较短，一般在青贮后两天左右即可完成。

（2）酸化成熟期　乳酸菌在青贮的头 1～2 天内，其数量增长很快，往往在每毫升的汁液中从几亿增加到几十亿，由于乳酸菌的增多，产生了大量的乳酸，使饲草得以进一步酸化成熟，当pH值下降到4.5以下时，乳酸菌的活动也逐渐缓慢下来，青贮料便进入了完全保存期。其玉米青贮过程中微生物变化如表5-2所示。

表5-2 玉米青贮过程中微生物数量变化 /(个/克)

类型	天数					
	开始	0.6	4	6	20	45
乳酸菌	少	16×10^{8}	8×10^{8}	17×10^{7}	38×10^{5}	29×10^{5}
大肠杆菌	300	250	0	0	0	0
丁酸菌	100	100	0	0	0	0
pH值	5.9	—	4.5	4.0	4.0	4.0

（3）完成保存期　当乳酸菌产生的乳酸达到一定的浓度后，反过来对乳酸菌起到了抑制作用。当pH值下降到4.0～4.2时，青贮饲料中的乳酸菌数量也越来越少，使得青贮饲料在厌氧环境和酸性环境下成熟，并得以长期保存。此过程约需要1个月时间。青贮饲料在不同的发酵阶段，乳酸含量是不同的（如表5-3所示）。

表5-3 不同发酵阶段的乳酸含量（以100g青贮饲料计）

青贮天数	非挥发性酸总量/克	乳酸/克	非乳酸/克	青贮天数	非挥发性酸总量/克	乳酸/克	非乳酸/克
0	2.025	0.199	1.826	30	6.818	5.292	1.528
1	2.159	0.514	1.681	132	7.986	7.986	1.869
3	3.579	1.868	1.711				

三、影响青贮饲料质量的主要因素

从上述青贮原理和发酵过程中可见，制作青贮饲料的主要环节是利用乳酸菌在厌氧的环境下发酵，将糖分转变成乳酸并以乳酸作为一种防腐剂来长期保存饲料。因此，搞好青贮饲料的关键是为乳酸菌的繁殖创造条件。具体制作青贮饲料时应注意以下几个主要因素。

1. 青贮原料应有一定的含糖量

乳酸菌在厌氧的环境下发酵，其乳酸菌主要是依靠饲料中的糖分进行繁殖和产酸的，如果青贮原料中没有充足的糖分，就会使乳酸菌的数量下降，产酸量降低。因此，制作青贮饲料时，选择适宜制作青贮的原料非常重要，一般要求青贮原料的含糖量不得低于其原料鲜重的1.0%～1.5%。只有当含糖量达到此浓度时，才能使青贮原料在青贮过程中乳酸菌增多，形成大量的乳酸，并使pH值下降到4.2左右。当原料中含糖量大于最低需要含糖量时，则饲料易于青贮，如玉米茎叶、块根、块茎等含糖量较多的作物则是青贮的好原料，尤其是在乳熟期至蜡熟期的带棒玉米最为理想。容易青贮的饲料原料还有高粱秸秆、饲用甘蓝、菊芋等；当原料中含糖量低于最低需要含糖量时，乳酸菌的繁殖缓慢，则不易青贮且易于发生腐败，如含糖量较低的苜蓿、红三叶、白三叶、草木樨等豆科牧草，如用豆科牧草作为青贮原料时，则最好是在盛花期收获，按1∶2的比例掺入禾本科牧草或青玉米秸秆进行青贮为宜。

2. 青贮原料的含水量应适中

适宜于青贮原料中乳酸菌活动的水分为65%～75%，原料中的水分过多或过少均不利于青贮。如原料中水分过少，不仅青贮时不易压实，空气不易排除，而且植物体内的糖分也不易渗出来，则不利于厌氧的乳酸菌繁殖，相反则有利于好氧杂菌的繁殖条件，植物的饥饿代谢时间延长，其中有害微生物的活动不易被抑制，其结果会产生大量的热，形成“热青贮料”；如原料中水分过多，青贮原料中的汁液会受压流失，渗到窖底，并使饲料粘结成块，且使饲料酸度过大，形成“酸青贮料”。在生产实践中，对水分过大的原料，可采取适当地添加含水分少的原料如半青干草、麦麸、草糠等，对水分过小的原料，可采取适当地添加含水分大的原料如鲜青草类。同时青贮原料水分的把握还应视原料的质地而具体掌握，如玉米秸、高粱秸等质地粗硬且不易压实的原料，其水分的含量应适当地高一些，而质地相对柔软的原料如薯蔓、树叶、天然牧草等的水分的含量则应适当地低一些。

3. 青贮饲料的贮存密度应适当

青贮饲料的原料水分含量较低时，其贮存的密度应适当地高些，如水分含量较高时，其贮存密度不宜太大，以免因发酵汁过多而造成青贮原料中营养物质的损失。如含水量为80%的玉米秸，当每立方米分别贮存500、600、700和800千克时，青贮饲料中干物质的含糖量依次为2.6%、4.7%、1.0%和0.5%，有机酸的含量依次为13.0%、16.6%、18.5%和16.2%，有机酸中的乳酸含量相应为3.0%、4.9%、6.0%和9.4%，其干物质的损耗则依次为2.7%、2.6%、3.1%和3.6%。

4. 青贮饲料时环境气温应适宜

青贮饲料时的适宜环境气温为26～37℃，其气温适宜，乳酸菌的生长和繁殖就会很快占据主导地位，抑制其他一些杂菌的活动繁殖，如气温过低或过高，则均不利于乳酸菌的生长和繁殖，从而影响到青贮饲料的品质。因此，在制作青贮饲料时，应注意选择适宜的季节和天气。

5. 青贮饲料的内环境应高度厌氧

乳酸菌是厌氧性细菌，如果青贮原料内有较多的空气时，就会影响到乳酸菌的生长和繁殖，反而会使腐败菌等有害微生物活跃起来，其青贮原料就会变质。因此，青贮原料应切短、压实，并密封好，并尽可能给内环境创造高度厌氧的条件。

6. 青贮过程应尽快进行

切短的青贮原料应及时装窖，如原料堆放时间过长，就会导致其大量产热，既损失原料中的养分，又影响青贮饲料的质量，同时如果拖延青贮饲料的封窖，对表层饲料也有不良影响，其密封后的下层饲料也会变质，发生蛋白质腐败分解及糖分氧化，导致温度上升，使细菌群落发生改变。因此，青贮饲料时，必须尽可能缩短原料的装窖时间，并在装窖的过程中逐层踩紧压实，排除空气，封严四周，防止透气，尽可能创造厌氧环境，促进乳酸菌迅速繁殖和有机酸的积累，抑制好氧性微生物的活动，缩短预备发酵期，使青贮原料尽快成熟酸化。

7. 保障饲料青贮的安全

饲料在青贮发酵过程中，会产生大量的二氧化碳，特别是某些青贮作物在生长期施用了大量的氮肥，其植物内含氮量增高，导致其中的硝酸盐含量增高，在一定的条件下，原料中的硝酸盐转变成氧化氮和二氧化碳，其氧化氮和二氧化碳呈黄色，毒性极大，一般在填装原料的头两天，青贮窖内开始产生这些有害气体，随后逐渐下降，如有不慎可能危及到人和动物的生命。因此，为了保障操作人员安全，青贮原料装窖后的 7 天内，除非用鼓风机彻底排出气体，否则人和动物随意进入青贮塔或青贮窖内均会有中毒的危险。

四、青贮饲料的青贮设备

目前我国一般多采用青贮壕、青贮窖，也可采用塑料薄膜在地面上青贮。其青贮窖的窖型有地下式、半地下式和地上式多种。半地下式窖一般地下部分 0.5 米，地上部分 1.5 米。近年来，也有养殖场（户）将青贮原料堆放在水泥地面上，并堆成长方块的面包形，用双层塑料薄膜覆盖，封严四周，防止透气，尽可能创造厌氧环境，也取得了良好的青贮效果。因此，无论采用哪一种青贮方式，均要符合下列要求。

① 地势高燥，土质坚实，窖底离地下水位在 0.5 米以上；

② 窖的形状以长方形为最佳，要求窖壁光滑，窖口上大下小，且适当倾斜，四周应呈圆弧形，窖底平坦；

③ 建筑材料最好选择砖混结构，如果暂不具备条件时，也可选择土窖并在底部和四周铺垫塑料薄膜，尽可能避免青贮原料与土墙壁的接触。

五、青贮饲料的调制方法

1. 清理青贮设施

青贮设施在使用之前，应进行彻底的清理并晒干。

2. 青贮原料的选择

常见的青贮原料主要有玉米全株青贮（或甜高粱青贮）、玉米秸秆青贮、牧草青贮、混合饲草青贮和半干草青贮等。饲草适时收割是保证青贮原料质量最主要的因素之一，因此，选择饲草的适时收割时间，不仅要考虑饲草单位面积营养物质收获量的多少，而且要考虑饲草中的糖分和水分是否适宜于青贮。一般玉米全株青贮应在蜡熟期收割，禾本科牧草应在抽穗期收割，豆科牧草应在开花初期收割。其收割好的原料应及时运送到青贮现场予以青贮。

3. 青贮原料的切短

青贮原料在青贮前均应切短，一般肉羊用青贮原料应切短为 3～5 厘米，以利于青贮时的压实和青贮后肉羊的采食利用。

4. 调整青贮原料的含水量

一般测定青贮原料水分含量的简易方法是用手捏青贮原料，以指间水湿不滴水为宜。若青贮原料含水量过高，可适当地晾晒；若青贮原料含水量过低，可适当地加水后青贮。

5. 装窖

装窖前，应先在窖底铺垫 10 厘米左右厚的麦秸（如为土窖应铺垫塑料薄膜），原料在装窖时，应边装窖边压实，一般每装 10～20 厘米压实一次，在压实时，特别要注意压实窖的边缘和四周。如较大的青贮窖还可使用机械（如拖拉机）碾压。装窖时要保持青贮原料清洁，防止混进泥沙。

6. 封窖

当青贮原料装填到高出窖面 1 米左右后，可在上面盖上塑料薄膜或 15～30 厘米厚的麦秸，压紧，然后在上面压一层厚 30 厘米左右的湿土。经过发酵，当青贮原料下沉后，应随时用湿土填平。为了防止雨水浸入，青贮窖的周围应挖好排水沟。

六、常见的青贮饲料种类

1. 玉米青贮饲料

玉米青贮饲料是指种植专用青贮玉米品种，在其蜡熟期收割，将其茎、叶、果穗一起切短调制的青贮饲料。这种青贮饲料营养价值高，每千克相当于 0.4 千克左右的优质干草，是目前世界上广泛采用的青贮饲料。其特点是：①产量高，一般每公顷产量可达到 50000～60000 千克，少数高产地块甚至可达到 80000～100000 千克，特别是北方地区，一般玉米青贮饲料的产量要高于其他作物；②营养较丰富，可用于冬春季节补充肉羊青饲料的不足；③适口性好，青贮玉米饲料含糖量高，制成的优质青贮饲料具有酸甜清香味，且酸度适中（pH 值 4.2 左右），肉羊经过一段时间的采食习惯后，很喜爱采食。

2. 玉米秸秆青贮饲料

收获玉米籽实后，用玉米秸秆青贮，由于其玉米秸秆的水分损失达 20%～30%，因此这类玉米秸秆在制作青贮饲料时，需要适当地添加水分或其他青绿植物，使其含水量达到 70%左右才能保证青贮质量。在生产实践中，为了保证收获籽实后的玉米秸秆的青贮质量，玉米籽实收获后应尽可能及早青贮，且以玉米秸秆越绿越好，其叶片越多越好。在我国的华北、华中农作物一年两熟的地区，夏玉米收获后，其叶片仍然保持青绿，茎、叶水分含量较高，是调制肉羊青贮饲料较好的原料。

3. 牧草青贮

一些多年生牧草如苜蓿、草木樨、沙打旺、红三叶、白三叶、多年生黑麦草、鸭茅、苇状羊茅等，不仅可以调制青干草，而且可以调制成青贮饲料。如将牧草调制成青贮饲料，既可以减少牧草中营养成分的损失，又可以节省调制青干草的费用，可一举多得。而在生产中用牧草青贮时，则应注意以下技术环节。

（1）应根据牧草茎秆的柔软程度决定其切短长度　一般禾本科牧草和一些豆科牧草（如苜蓿、红三叶、白三叶等）的茎秆较柔软，可切短为 3～5 厘米长。沙打旺、红豆草等茎秆较粗硬的牧草，应切短为 1～2 厘米长。

（2）豆科牧草不宜单独青贮　一般豆科牧草中粗蛋白质含量较高，糖分含量较低，满足不了发酵过程中乳酸菌对糖分的需要。为了增加青贮豆科牧草中的糖分含量，可采用豆科牧草与禾本科牧草或饲料作物进行混合青贮，如添加 1/4～1/3 的青割玉米、苏丹草、甜高粱等，切短后一并与豆科牧草充分混合后青贮，其青贮效果较好。如果当地有制糖厂的副产品如甜菜渣（要求新鲜）、糖蜜、甘蔗上梢和甘蔗叶片等，也可以混合在豆科牧草中，进行混合青贮。

（3）禾本科牧草应与豆科牧草混合青贮　禾本科牧草有些水分含量稍低（如披碱草、老芒麦），糖分含量稍高，而豆科牧草水分含量稍高（如苜蓿、红三叶、白三叶），二者进行混合青贮，其优劣可以互补，且营养又能平衡，所以，在建立人工草地时，就应考虑种植混播牧草，以便于收割和青贮。

4. 藤蔓和叶菜类青贮

这类青贮原料主要有红薯蔓、花生蔓、甜菜叶、甘蓝叶、白菜等，除花生蔓含水量较低外，其他几种原料的含水量均较高。因此，在制作青贮饲料时，应先晾晒，再与其他低水分的原料或粉碎的干饲料实行混合青贮。

5. 混合青贮

所谓混合青贮是指由两种或两种以上的青贮原料混合在一起制作的青贮饲料。这类青贮饲料除了禾本科牧草与豆科牧草混合、高水分饲料与干饲料混合青贮外，还有糖渣饲料与干饲料混合青贮。其混合青贮的优点是有利于乳酸菌的繁殖生长，青贮饲料营养丰富，且质量高。

6. 野草、树叶青贮

一般在 8 月下旬或 9 月上旬收割野草时，可将各种野草（无毒，且处于抽穗前）进行混合收割并混合装窖，这种以各种野草混合青贮的饲料其营养价值比单一种类的青贮营养更丰富。树叶青贮应乘其保持青绿时进行青贮。

七、青贮饲料的有效利用

1. 开窖使用时间不宜过早

青贮饲料应青贮 40～60 天后，待饲料发酵成熟、产生足够的乳酸，且具备抗有害细菌和霉菌的能力后，才能开启利用。

2. 开窖应分段取用

开窖时，应从一端开始，首先揭去上面覆盖的土、草、塑料薄膜和霉变的饲料层，再由上而下垂直取用。每次取用后，应及时用塑料薄膜覆盖取用的部位。

3. 肉羊初期饲喂青贮饲料不宜过多

用青贮饲料饲喂肉羊，初期可混拌于其他饲料中一起饲喂，经过一段时间的饲喂后再逐渐增加其饲喂量，一般成年羊的日饲喂量为1～2千克，并应分次饲喂。由于青贮饲料中含有大量的有机酸，具有轻泻的作用，因此，患有肠炎、腹泻的羊和怀孕后期的母羊应少喂或停喂，尤其是产前半个月内的怀孕母羊更应停喂。肉羊在饲喂青贮饲料时，最好在饲喂肉羊的精饲料中添加1%～2%碳酸氢钠，以防止羊发生酸中毒。羔羊因瘤胃功能不健全，应少喂或慎喂。如果青贮饲料中酸度过大，可用5%～10%的石灰乳加以中和。

4. 严禁给肉羊饲喂霉变青贮饲料

如果肉羊在饲喂青贮饲料后出现腹泻现象，应立即停喂青贮饲料并查找原因，如果发现青贮饲料发生霉变，应坚决弃之不用。

5. 严防青贮饲料二次发酵

青贮饲料二次发酵又称为好氧性腐败。一般是在温暖季节开启青贮窖后，由于空气随之进入，好氧性微生物开始大量繁殖，青贮饲料中养分遭到大量损失而出现好氧性腐败，产生大量的热。为了避免青贮饲料发生二次发酵，应采取以下技术措施。

（1）适时收割青贮原料　用作青贮饲料的原料最好在降霜前收割，收割后立即下窖贮存，如果原料在降霜后青贮，则乳酸菌的发酵就会受到抑制，即会导致青贮饲料中的总酸量减少，青贮饲料开窖后就易发生二次发酵。

（2）计算好青贮饲料的日需要量　养殖场（户）应针对肉羊的饲养数量，计算好青贮饲料的日需要量，并合理地安排其青贮饲料的日取出量。同时，在建青贮设施时，可用塑料薄膜将青贮窖分隔成若干个小区，并实行分区取料，以避免其他小区的青贮饲料发生二次发酵。

第三节　能量饲料及其籽实饲料的加工调制

凡每千克饲料的干物质中含消化能10.46兆焦以上，或蛋白质含量低于20%、粗纤维含量低于18%的饲料均属于此类饲料。主要包括谷物籽实类饲料和糠麸类饲料。能量饲料具有容易消化吸收、适口性好、粗纤维含量低且能量含量高、蛋白质含量适中、易于保存等特点，是肉羊热能的主要来源之一。能量饲料一般在肉羊精饲料中占60%～80%，而在夏秋季节饲喂肉羊时，其能量饲料的配合比例可以适当地低一些，在冬春季节饲喂肉羊时，则配合比例可以适当地高一些。

一、谷物籽实类饲料

1. 玉米

玉米是禾本科谷物籽实类饲料中淀粉含量最高的饲料，其70%左右为无氮浸出物，几乎全是淀粉，粗纤维含量极低。用玉米饲喂肉羊容易消化，其有机物的消化率达到90%左右。但玉米的缺点是蛋白质含量低，而且主要由生物学价值较低的玉米蛋白和谷蛋白组成，其胡萝卜素含量较低。所以，用玉米饲喂肉羊时，最好应搭配豆饼等其他蛋白质含量较高的饲料，并适当地补充钙质。如给肉羊过量地饲喂玉米，则可能引起羊瘤胃酸中毒。

2. 大麦

大麦是重要的谷物籽实类饲料之一，全世界的总产量仅次于小麦、大米和玉米，而居于谷物籽实类饲料的第四位。大麦粒（脱壳）含水分11%、粗蛋白质11%、粗脂肪12%、粗纤维6%、粗灰分3%。大麦中的蛋白质含量高于玉米，且大部分氨基酸（除蛋氨酸、甲硫氨酸外）均高于玉米，但利用率比玉米低。由于大麦的外皮中含有一定量的单宁，因此具有酸涩味。大麦中的热能含量不及玉米，而且非淀粉多聚糖（NSP）总量达16.7%左右（其中水溶性多聚糖为4.5%左右），由于水溶性多聚糖具有黏性，可减缓羊消化道中消化酶及其底物的扩散速度，并阻止其相互作用，降低底物的消化率，同时也阻碍可消化养分接近小肠黏膜表面，影响其吸收。因此，大麦用作肉羊的饲料时，以不超过日粮总量的20%为宜，而且应与其他谷物籽实类饲料合理搭配使用。

3. 小麦

小麦的营养价值与玉米相似，全粒中粗蛋白质含量为14%左右，最高可达到16%，粗纤维含量为1.9%，无氮浸出物含量为67.6%。小麦中虽然也含有11.4%的多聚糖，水溶性多聚糖为2.4%，但其黏度低于大麦。因此压扁的小麦可代替肉羊精饲料中50%以上的玉米。

4. 高粱

高粱亦属于禾本科类植物籽实，高粱和玉米间有很高的替代性，高粱籽实所含养分以淀粉为主，占65.9%～77.4%，蛋白质含量8.4%～14.5%，略高于玉米，粗脂肪含量较低，为2.4%～5.5%。与谷物籽实类饲料相比较，高粱的营养价值较低，其主要表现在蛋白质含量较低，赖氨酸含量一般只有2.18%左右。高粱因含有带苦味的单宁，使得蛋白质及其氨基酸的利用率受到了一定的影响，但不同高粱品种的单宁含量有明显的差异，一般白色杂交高粱的颖壳和籽实易于分离，单宁含量较低，其质量明显优于褐色高粱。褐色高粱的单宁含量高达1.34%左右，是白色杂交高粱的23倍左右，而且颖壳和籽实包得很紧，味苦，适口性差，饲喂肉羊后容易引起便秘，因此，褐色高粱很少用于饲喂肉羊。

5. 燕麦

燕麦的营养价值低于玉米，虽然燕麦中的蛋白质含量较高（9%～11%），且富含B族维生素，但其燕麦中的粗纤维含量高达13%左右，能量含量较低，脂溶性维生素和矿物质含量也较少。因此，燕麦用作肉羊的饲料时，则以不超过日粮总量的20%为宜，而且应与其他谷物籽实类饲料合理搭配使用。

二、糠麸类饲料

1. 麸皮

麸皮通常是指小麦麸。小麦麸的营养价值是随小麦出粉率的高低而变化的，平均含粗蛋白质15.7％、粗纤维8.9％、粗脂肪3.9％、总磷0.92％。麸皮质地疏松，容积大，具有轻泻作用，是母羊产前和产后的优良饲料。

2. 米糠

米糠通常是指大米糠。米糠中粗蛋白质含量为12.8％、粗脂肪16.5％、粗纤维5.7％，是一种蛋白质含量较高的能量饲料。但米糠中蛋白质品质较差，除赖氨酸外，其他必需氨基酸含量均较低。米糠中磷多钙少，且其植物磷占其总磷的80％以上，米糠中不饱和脂肪酸含量较高，易于氧化变质，不易于长期贮存。

3. 玉米糠

玉米糠通常是指玉米皮，是玉米制粉过程中的副产品，主要包括玉米的外皮、胚、种脐和少量的胚乳。玉米糠中的粗蛋白质含量为9.9％、粗纤维9.5％，磷多（0.48％）钙少（0.08％）。玉米糠质地蓬松，吸水性强，如肉羊干喂后饮水不足，则容易引起羊便秘，因此，用玉米糠饲喂肉羊时应加水湿拌。一般肉羊配合饲料中的推荐用量以10％～15％为宜。

三、籽实饲料的加工调制

1. 粉碎

籽实饲料虽然可以直接饲喂肉羊，但直接饲喂其消化率低，特别是籽实饲料的外皮，羊则更不易消化，如给羊直接饲喂则会导致籽实饲料的极大浪费。而籽实饲料经过粉碎后，不仅有利于羊的咀嚼，而且籽实饲料经过粉碎后其表面积可大大地增大，有利于与消化液的接触，从而提高了羊对籽实饲料的消化率，但饲喂肉羊的籽实饲料也不可粉碎得过细，如籽实饲料粉碎得过细，反而会导致羊咀嚼不充分，唾液混合不均匀，同时还会影响羊的反刍，从而会影响饲料的消化率，严重时，还会导致羊发生瘤胃迟缓或真胃迟缓。如用小麦和大麦籽实给肉羊饲喂时，则以压扁后饲喂为宜。

2. 蒸煮和焙炒

豆科类籽实饲料粗蛋白质含量丰富，但其含有胰蛋白酶抑制素，可抑制动物对豆科类籽实饲料中蛋白质的消化和利用，对豆科类籽实饲料进行蒸煮和焙炒后，可破坏其胰蛋白酶抑制素的作用，提高豆科类籽实饲料的消化率和适口性；禾本科类籽实饲料淀粉含量较多，对禾本科类籽实饲料进行蒸煮和焙炒后，可使禾本科类籽实饲料中的部分淀粉糖化，并转变成糊精，且产生香味，有利于肉羊的消化。

3. 发芽

籽实饲料经发芽后，可作为肉羊的维生素补充饲料，在生产实践中运用最广泛的是以大麦等禾本科类籽实为原料而制作的发芽饲料。其发芽饲料的制作方法是：

先将籽实饲料用15℃左右的温水或冷水浸泡12～24小时，待幼芽即将突破种皮时，将其捞出摊放在木盘或细筛内，厚3～5厘米，上面覆盖湿润的麻袋或草席，并经常喷洒清水以保持湿润，其发芽饲料的制作时间常因发芽时的室温高低和发芽饲料的生长快慢而决定，如在20～25℃的室温条件下，一般经过5～8天即可制作成羊用发芽饲料。若养殖场（户）因养殖肉羊需要制作大量的发芽饲料，可使用制作发芽饲料的专用木盘和木架，以利于提高制作籽实发芽饲料的生产效率。

4. 制作颗粒饲料

颗粒饲料是根据肉羊的营养需要，按照一定的饲料配比搭配，并将其原料进行粉碎后，经过充分混合均匀，再经过压缩机加工而成。颗粒饲料也是肉羊的一种全价配合饲料，不仅具有饲喂方便、适口性好、营养全面、可减少饲料浪费等优点，而且羊采食后，咀嚼时间长，有利于消化吸收。颗粒饲料可以直接饲喂肉羊，尤其适合于饲喂羔羊。

第四节 蛋白质饲料

凡饲料干物质中粗蛋白质含量在20%以上、粗纤维含量小于18%的饲料均属于此类饲料。主要包括植物性蛋白质饲料和动物性蛋白质饲料两大类。在草食动物饲养中，可用非蛋白质含氮饲料代替一部分蛋白质饲料。

一、植物性蛋白质饲料

1. 豆科类籽实及其副产品

包括大豆、蚕豆、豌豆及其豆渣、豆浆等豆科籽实类副产品。豆科类籽实中粗蛋白质含量丰富，一般占干物质的20%～40%；必需氨基酸如赖氨酸含量较高，因而蛋白质品质较好。大豆含能量较高，每千克含消化能16.74兆焦以上。大豆因富含具有完全价值的蛋白质，因而成为肉羊理想的植物性蛋白质饲料。但因豆科类籽实中含有胰蛋白酶抑制素，可抑制动物对豆科类籽实中的蛋白质的消化和利用，因此，用豆科类籽实及其副产品饲喂肉羊时，应事先进行加热处理后熟喂，这样不仅可以破坏其胰蛋白酶抑制素，而且能增强其适口性，提高肉羊对其所含蛋白质的消化率和利用率。

2. 油饼类饲料

包括大豆饼、花生饼、菜籽饼和棉籽饼等。油饼类饲料的营养价值很高，粗蛋白质含量达31%～40.8%，氨基酸组成也较完全，其粗蛋白质的消化率和利用率均较高。

（1）大豆饼　油饼类饲料中数量最多的一类饲料，一般粗蛋白质含量在40%以上，其中必需氨基酸的含量很高，是生物学价值最高的一种植物性蛋白质饲料。

（2）花生饼　营养价值较高，粗蛋白质含量可达44%～47%。与大豆饼相比较，花生饼中的精氨酸含量较高，但其他必需氨基酸（特别是赖氨酸）缺乏，同时因其花生皮中的单宁含量较高，肉羊对花生饼的消化率较低，且花生饼易感染黄曲霉菌，导致花生饼较难以贮存。

(3) 棉籽饼　粗蛋白质含量仅次于大豆饼，蛋氨酸、色氨酸含量高于大豆饼，但缺乏赖氨酸、钙、维生素 A 和维生素 D，且棉籽饼中还含有棉酚等有毒物质。

(4) 菜籽饼　蛋白质含量为 34%～38%，可消化蛋白占 27.8%，赖氨酸含量丰富，烟酸含量也高于其他油饼类饲料。但菜籽饼中含有芥子苷等有毒物质。

在各类油饼类饲料中，花生饼可以单独饲喂肉羊，但要注意防止霉变；大豆饼用水浸泡后与其他青饲料、精饲料搭配饲喂肉羊，其饲喂效果甚好。用棉籽饼和菜籽饼饲喂肉羊时应事先进行脱毒处理，一般棉籽饼的脱毒方法是以煮沸法效果较好；菜籽饼的脱毒方法较多，一般养殖户可用坑埋法，但最好是使用生物脱毒法脱毒。棉籽饼和菜籽饼在饲喂肉羊的饲料中以配合用量不超过 8%为宜。

二、动物性蛋白质饲料

主要指乳和乳品加工业的副产品、禽产品、渔业加工副产品和养蚕业副产品等。如牛乳、鸡蛋、鱼粉、蚕蛹等。动物性蛋白质饲料中的蛋白质含量很高，一般占干物质的 50%～85%，且粗蛋白质的品质好，所含必需氨基酸齐全，生物学价值高，消化率高；钙、磷比例适当，能被动物充分消化利用；富含 B 族维生素，特别是维生素 B_{12} 含量较高。

其动物性蛋白质饲料宜作为配种期公羊、泌乳母羊、生长期羔羊以及弱羔、病羔的蛋白质补充饲料。在饲喂时，应合理控制其用量，一般以占日粮的 10%左右为宜，而且应注意防止动物性蛋白质饲料的霉变。

三、非蛋白质含氮饲料

尿素、双缩脲及某些铵盐均是目前广泛应用的非蛋白质含氮饲料，它们是简单的纯化学物质，对肉羊没有能量的营养效应。由于肉羊瘤胃中的微生物能有效地利用非蛋白氮合成易被消化吸收的菌体蛋白质，所以，非蛋白质含氮饲料对肉羊具有较高的营养价值。如 1 千克尿素加上 6 千克玉米，在瘤胃微生物的作用下，可产生相当于 7 千克左右豆粕的蛋白质营养。

非蛋白氮具有价格低、含氮量高、来源广的特点，既可混合于精饲料中（除氨水以外），也可与青贮饲料、干草混合后给肉羊饲喂，但使用量不可过大，一般成年羊每天可饲喂尿素 10～15 克。在给肉羊饲喂时，可将尿素均匀地混合在精饲料或切短的秸秆、干草中，但不可与含油脂较高的豆饼等混合饲喂，且在饲喂后不宜立即饮水，每天应将饲喂的尿素分 2～3 次喂给，严禁将尿素集中一次性给肉羊饲喂，避免给羊一次性饲喂尿素过多，造成尿素在羊的瘤胃中的浓度过大，分解氨过多而引起氨中毒。肉羊在饲喂添加有尿素的饲料时，其饲喂量应由少到多逐渐增加，以增强其瘤胃内微生物的适应能力和合成作用，一般肉羊在饲喂添加含有尿素饲料的适应时间以 6～8 周为宜。如将尿素添加在青贮饲料中，可提高青贮饲料中的蛋白质水平，一般每1000千克青贮饲料的原料中添加尿素5～6千克，即先将溶于水中的尿素均匀地喷洒在青贮饲料的原料中，然后再装窖青贮即可。如果将尿素与糊化了的淀粉制作成颗粒饲料，则饲喂肉羊的效果更好。

而长期饲喂非蛋白氮的肉羊会影响其羊肉的风味，因此，育肥肉羊在屠宰前1个月左右应停止饲喂含有尿素的饲料。

第五节　矿物质饲料

肉羊常用的矿物质饲料主要有食盐、贝壳粉、蛋壳粉、石粉和磷酸氢钙等。这类饲料不含蛋白质和能量，只含有矿物质。具有刺激肉羊食欲、提高饲料适口性、补充钙和其他矿物质元素的作用。

对任何一只羊来讲，食盐是最需要补充的矿物质饲料，一般一只成年羊日需要食盐5～10克，但各种饲料原料的含盐量（主要是钠）均较少，尤其是牧草中的含钠量则更少，远远不能满足羊体生长发育的需要，因此，在饲喂肉羊时，必须给肉羊补充食盐，在一些高原的缺碘地区和北方地区养羊，最好应给肉羊补充硒碘盐。肉羊补盐的方法多种多样，常见的有饮水补盐、饲料补盐、自由啖盐和盐砖补盐等。

1. 饮水补盐

一般在肉羊的每千克饮水中加入食盐0.5～1克，并经溶解和搅拌均匀后让羊自由饮用。在春末和夏初，牧草幼嫩、水分含量较高，钠含量较低，而且羊的饮水量不大，可将肉羊饮水中的食盐添加量调整为每千克饮水中加入食盐1克左右；而在肉羊精饲料日饲喂量较大或粗饲料以青干草为主的舍饲条件下，则可将肉羊饮水中的食盐添加量调整为每千克饮水中加入食盐0.5克左右。

2. 饲料补盐

为了给肉羊补盐，通常可在补喂肉羊的配合饲料中加入1%～2%的食盐。而补喂肉羊饲料中的食盐添加量则取决于配合饲料的日饲喂量、饮水量和日粮组成。一般成年羊饲料中补盐的添加量应控制在0.5%左右，羔羊应控制在1%左右。

3. 自由啖盐

即将食盐单独放在专用盐槽内让肉羊自由舔食，即为所谓的“啖盐”。

4. 盐砖补盐

盐砖是以食盐为载体，添加钙、磷、碘、铜、锌、铁、硒等元素，经过一定的加工而成。使用时可将其吊挂在羊舍或运动场内，任羊自由舔食。

第六节　维生素补充饲料和饲料添加剂

一、维生素补充饲料

维生素主要存在于青绿饲料中。在冬春季节，青饲料缺乏时，维生素不足，则严重影响肉羊的生长发育。胡萝卜、优质牧草、树叶和发芽饲料均含有大量的胡萝卜素和维生素 E，可用作种公羊、泌乳母羊以及羔羊的维生素补充饲料，其饲喂效果很好。一般每只羊的日喂量以 0.5～1 千克为宜。

二、饲料添加剂

通常为了满足肉羊的营养需要，完善其日粮的全价性，或者为了达到促进肉羊的生长发育、防止肉羊的某些疾病、减少肉羊的饲料在贮存期间的营养物质损失、改善肉品品质的目的，在肉羊的日粮中添加一些矿物质、维生素、生长促进剂或抗氧化剂等微量物质，这些添加的物质即为饲料添加剂。

肉羊的饲料添加剂可分为两大类，一类是对肉羊具有营养性，这类饲料添加剂主要包括矿物质添加剂和维生素添加剂；另一类是非营养性，这类添加剂主要包括生长促进剂、驱虫保健剂、化学防腐剂和调味剂等。肉羊常用饲料添加剂主要有以下品种。

1. 莫能菌素

又称为瘤胃素、莫能菌素钠、孟宁素。莫能菌素的作用是控制和提高肉羊瘤胃的发酵效率，提高其增重速度和饲料转化率。一般莫能菌素在肉羊日粮中的添加量为 25～30 毫克。使用时应充分搅拌均匀，且给肉羊的饲喂量应由少到多逐渐增加到规定的剂量。据饲喂试验，在肉羊饲料中添加莫能菌素，其日增重可比对照组提高 16%～32%，饲料转化率提高 3%～19%。

2. 矿物质添加剂

矿物质添加剂是育肥肉羊不可缺少的营养物质。养殖场（户）除了在肉羊日粮中添加当地常用的饲料添加剂以外，还应在羊舍或运动场内吊挂盐砖，任羊自由舔食，以补充肉羊钙、磷、碘、铜、锌、铁、硒等元素。

3. 抗菌促生长剂

常用的肉羊抗菌促生长剂有喹乙醇、杆菌肽锌。肉羊饲料中添加抗菌促生长剂，能够选择性地抑制致病性大肠杆菌，而不影响肉羊体内正常的菌落群，同时抗菌促生长剂还能影响肉羊机体的代谢，促进蛋白质的同化作用，从而促进肉羊的生长。一般肉羊每千克日粮干物质中喹乙醇的添加量为 50～80 毫克，杆菌肽锌的添加量为 10～20 毫克。在给肉羊添加抗菌促生长剂时，应充分搅拌均匀，且给肉羊的饲喂量应由少到多逐渐增加到规定的剂量。据饲喂试验，在羔羊饲料中添加喹乙醇，其羔羊的日增重可比对照组提高 5%～10%，每千克增重可节省饲料 6%左右。

4. 饲料缓冲剂

常用的肉羊饲料缓冲剂有碳酸氢钠和氧化镁。一般在肉羊实施强度育肥时，往往是将肉羊日粮中的精饲料比例加大，粗饲料的饲喂量适当地减少，在这种饲喂方式的情况下，其机体代谢会产生过多的酸性物质，造成肉羊胃肠对饲料的消化能力减弱，如在实施强度育肥的肉羊饲料中添加饲料缓冲剂，则可增加其肉羊瘤胃中的碱性蓄积，使瘤胃环境更适合于微生物的生长繁殖，并能增加肉羊的食欲，从而提高饲料的消化利用率。在给肉羊添加饲料缓冲剂时，应将其均匀地搅拌于饲料中，且添加量应由少到多逐渐增加，以免突然增加饲喂量而造成肉羊的采食量下降。一般碳酸氢钠给肉羊的饲喂量为混合精饲料的1.5%～2%，或占整个日粮干物质的0.75%～1%；氧化镁给肉羊的饲喂量为混合精饲料的0.75%～1%，或占整个日粮干物质的0.3%～0.5%。据饲喂试验表明，在肉羊实施强度育肥时，用碳酸氢钠和氧化镁联合使用时则饲喂效果更好，其碳酸氢钠和氧化镁的饲喂比例以(2～3)：1为宜。

第七节　粗饲料及其秸秆氨化处理技术

凡饲料干物质中含有18%以上的粗纤维及其净能含量较低的饲料均属于此类。这类饲料来源广，种类多，主要包括青干草、农作物秸秆和树叶类等，农作物秸秆在粗饲料中所占的比例较高，而大多数农作物秸秆的蛋白质含量低，粗纤维含量高，而且质地粗硬，木质化程度高，消化率低。在通常情况下，如肉羊单独饲喂农作物秸秆饲料则难以满足其对能量和蛋白质的需要，因此，农作物秸秆饲料在饲喂肉羊前需要进行必要的加工调制处理。

一、青干草

青干草是由栽培的牧草或野生青草刈割后经自然干燥或人工干燥后所得。青干草按植物种类又可分为豆科青干草和禾本科青干草。

1. 豆科青干草

豆科青干草如苜蓿、沙打旺、草木樨、红三叶、白三叶、毛苕子等。这类青干草中一般粗蛋白质含量为12%～18%，并且含有丰富的钙、磷、粗脂肪、胡萝卜素、维生素K、维生素E和B族维生素等，可以代替肉羊的部分精饲料或补充肉羊精饲料中蛋白质的不足。

2. 禾本科青干草

禾本科青干草来源广、数量大、适口性好、易干燥且不易落叶，如大麦草、燕麦草、黑麦草等谷物类植物和野燕麦草、马唐草等野草类。这类青干草中粗纤维含量高，粗蛋白质（一般含有8%～12%）和维生素含量均低于豆科青干草。因此，用禾本科青干草饲喂肉羊时，最好与豆科青干草搭配使用或适当地增加肉羊的精饲料喂量。

二、秸秆和秕壳类

这类饲料主要是指农作物收获籽实后的茎秆、叶片及其皮壳等，如玉米秸、麦秸、稻草、谷草、豆秸、豆荚、花生蔓等。由于农作物秸秆通常是在成熟后收割，其大多数农作物秸秆的蛋白质含量较低，粗纤维含量较高，而且质地粗硬，木质化程度高，消化率低（其主要农作物秸秆的营养成分及瘤胃干物质降解率如表5-4所示）。在通常情况下，肉羊单独饲喂秸秆饲料难以满足其肉羊对能量和蛋白质的需要，而且不同农作物秸秆的可食性差异较大，因此，在生产中应对秸秆饲料进行适当地加工处理，并选择与其他饲料原料给肉羊配合使用。

表 5-4 主要农作物秸秆的营养成分及瘤胃干物质降解率 /%

营养成分	稻草	麦秸	玉米秸	花生蔓
干物质(DM)	90.6	90.3	96.1	88.0
粗蛋白质(CP)	4.7	4.4	9.3	11.2
中性洗涤纤维(NDF)	67.2	69.1	71.2	36.6
酸性洗涤纤维(ADF)	46.3	54.9	38.2	27.9
细胞内溶物(NDS)	32.8	30.9	28.8	63.4
酸性洗涤木质素(ADL)	5.2	7.9	4.6	8.0
纤维素(CEC)	33.8	43.2	32.9	19.0
半纤维素(HC)	20.9	14.2	32.5	8.7
干物质瘤胃降解率(DML)	42.2	51.0	46.9	77.2

三、树叶类

树叶被看着是空中绿色饲料工厂生产的产品。许多树叶均可用作肉羊的饲料，不仅营养丰富，有些树叶经过加工调制后，成为了肉羊较好的蛋白质和维生素的饲料来源。一般可用作饲料的树叶主要有槐树叶、桑树叶、香椿叶和松针等。

对于树叶来说，不同季节采集的树叶其营养成分差异很大，一般桑树叶在春、夏、秋季均可采集。紫穗槐和洋槐叶，北方地区一般在7月底至8月初采集。而对一般树叶来说，春季采集的幼嫩鲜树叶的适口性好，营养价值较高，夏季采集的鲜树叶则次之，而秋季采集的落叶则品质最差。以槐树叶为例，春季采集的粗蛋白质含量为27.2%左右，而秋季采集的粗蛋白质含量仅有19.3%左右。

四、秸秆氨化处理技术

1. 秸秆氨化处理的意义

秸秆氨化处理，是在农作物秸秆中加入一定比例的氨水、液氨、尿素或尿素溶液等，以改变其秸秆的结构形态，提高肉羊对秸秆的消化率和秸秆的营养价值的一种化学处理方法。它是迄今最经济简便，而又实用的处理方法。此种处理方法简单易行，成本低廉，不污染环境，各种农作物秸秆均可进行处理。据分析，秸秆氨化处理具有以下优点。

（1）可提高秸秆的营养价值　经过氨化处理的秸秆，可将秸秆中有机物的消化率提高10%～20%，粗蛋白质的含量提高4%～6%，并使秸秆中的粗蛋白质超过了羊饲料中蛋白质含量不得低于8%的限定值，其总营养价值可提高1倍左右。

（2）可提高秸秆的消化利用率　秸秆经氨化处理后变得软化了，且具有糊香味，肉羊特别爱吃，一般肉羊的采食量可提高20%～40%，其氨化秸秆比未氨化秸秆的消化率提高10%～20%，从而使得秸秆中潜在的部分营养物质能够被肉羊所利用。

（3）对环境不产生污染　氨化秸秆饲喂肉羊，过量的氨很快可以散发掉，肉羊尿液中含氮量也有不同程度地提高，不对土壤造成污染，反而会使土壤中的营养成分得以增加。

（4）具有杀虫抗菌作用　氨是一种抗霉菌的保存剂，经氨化处理的秸秆可杀死秸秆中的一些虫卵和病菌，减少羊的疾病发生，并能使含水量在30%左右的秸秆得以很好的保存而不发生霉变。另外，经氨化处理的秸秆还能杀死秸秆中夹杂的杂草籽，使其丧失发芽能力，从而达到控制农田杂草的作用。

（5）氨化处理秸秆成本低，制作方法简便　氨化处理秸秆投资少，设备比较简单，操作方法容易掌握，适宜于广大农村养殖场（户）广泛使用。

2. 秸秆氨化处理的原理

秸秆氨化处理可以用来提高秸秆的消化率、营养价值和适口性。其处理的效果主要由氨化中的三种作用的结果决定，即碱化作用、氨化作用和中和作用。

（1）碱化作用　氨溶于水后产生的氢氧根是碱性物质，其氢氧根能使秸秆中的木质素与纤维素之间的酯键断裂，破坏其镶嵌结构，促使其木质素与纤维素、半纤维素分离，且可使被分离出的纤维素及半纤维素部分分解，并呈现细胞膨胀、结构疏松，羊采食后，在瘤胃中与微生物直接接触，纤维素酶将其分解成机体可消化利用的营养物质，同时还有少部分木质素被溶解，形成羟基木质素，从而提高了秸秆的消化率。

（2）氨化作用　当氨遇到秸秆时，即可与秸秆中的有机物质发生化学反应，氨吸附在秸秆上形成一种非蛋白氮化合物，而这种非蛋白氮化合物是肉羊瘤胃中微生物的氮素营养源，在瘤胃中酶的作用下，氨与瘤胃中的有机酸作为营养物，可被瘤胃微生物所利用，并同碳、氧、硫等元素合成氨基酸，进一步合成菌体蛋白质，而被消化利用。

尽管瘤胃微生物可利用氨合成蛋白质，但非蛋白氮在瘤胃中分解速度过快，特别是在饲料中可发酵能量不足的情况下，则不能被微生物所利用，多余的氨则被瘤胃壁吸收，因此，直接给羊饲喂氨有中毒的危险。而通过氨化处理的秸秆，可延缓氨的释放速度，从而促进瘤胃内微生物的活动，则进一步提高了秸秆的营养价值和消化率。

（3）中和作用　秸秆在氨化处理时，其氨与秸秆中的有机酸结合，消除了醋酸根，中和了秸秆中的潜在酸度，造成了适宜于瘤胃微生物繁殖的碱性环境，同时，铵盐又可改善秸秆的适口性，因而提高了肉羊对秸秆的采食量和利用率。

3. 秸秆氨化处理方法

（1）堆垛氨化法　也称堆贮法或垛贮法，是将秸秆堆垛在一起，并用塑料薄膜密封，然后再注入氨化剂进行氨化处理的一种方法。其处理步骤如下。

① 氨化前的准备

场地及秸秆准备：堆垛场地应选择在交通方便、向阳、背风及排水良好的地方，地面要求平整，中部微凹陷，以利于氨水蓄积。秸秆应选择新鲜、干净、干燥，且色泽鲜亮，不可使用发霉变质的秸秆进行氨化。秸秆在氨化前应切（铡）短，并将其含水量调节为40%左右后，再混匀打垛。

氨化剂及其用量：目前，我国氨化秸秆的主要氨化剂有尿素、氨水、液氨和碳酸氢铵等（秸秆堆垛氨化最好使用氨水或液氨处理，这种氨化剂效果好，作用快，价格便宜，尤其是液氨为最经济的氨源，应用较为广泛）。因各种氨化剂的使用量不同，在氨化前应根据氨化秸秆的数量准备好足够的氨化剂。

塑料薄膜选择：应选用无毒、抗老化和密封性能好的聚乙烯塑料薄膜，厚度以不低于0.2毫米为宜。氨化秸秆时，应严禁使用聚氯乙烯塑料薄膜，以防毒害。聚乙烯塑料薄膜的大小可依秸秆垛体大小而定。

注氨管：注氨管一般以无缝钢管为佳，要求管径30毫米，管长3米左右，并在钢管前端2米左右留有许多2毫米左右的小孔，且小孔呈螺旋线状排列。注氨管常以三根为一组使用。注氨管的末端用橡皮软管连接在氨水罐的配管上或氨水罐车上。如用尿素溶液进行氨化作业时，还应配备水桶、喷壶及磅秤等设备。

② 氨化步骤

铺膜：将塑料薄膜就地铺好，将长度方向折叠三折置于上风头，余下的2/5铺在场地地面上。地面要求平整，地势稍高，但其中部要微凹陷，以利贮蓄氨水。塑料薄膜要求无破损、无漏洞。

堆垛：将切（铡）短的麦秸、稻草、玉米秸等，堆垛在用塑料薄膜铺底的场地上，压实，其塑料薄膜四周可留出45～75厘米的边，以用于上下折叠压封。采用氨水处理时，可一次堆垛到顶，顶部堆成凸形或脊形，以防积水。用无水氨处理时，在堆垛的过程中，可将注氨管置放于垛中，以备注氨。如插注氨管时，可先在垛内放置1根木棒，待注氨时抽出插入注氨管。垛好秸秆后，盖上塑料薄膜，并三面封严。

注氨或喷洒尿素溶液：氨罐车可停放在堆垛的上风头，将注氨管从未封的一面插入秸秆垛内，可同时用3根注氨管插入注氨，注氨完毕，将注氨面上的塑料薄膜对折叠后用湿土压严或用泥土抹封严密。使用钢瓶时，应将钢瓶卧放，使液阀、气阀上下垂直在一条线上。用尿素处理秸秆时，应每堆垛秸秆30～50毫米高，喷洒一次尿素溶液。注入氨水最常用的浓度为20%，注氨水量为秸秆干物质量的3%，其含氮量为165%～198%，相当于粗蛋白质10.29%～12.35%。如喷洒尿素溶液则最常用的浓度为1%～2%，在喷洒时，应尽可能分层、均匀、细雾化地喷洒在秸秆上。

秸秆在氨化处理期间的管理：在整个秸秆氨化处理过程中（一般在夏秋高温季节氨化发酵处理7天左右，冬春寒冷季节氨化发酵处理30天左右），应加强全程式管理，以防人畜和冰雹、雨雪等的破坏，防止渗入雨水而引起秸秆霉变。

氨化秸秆的饲用：氨化秸秆处理成熟后，可将覆盖的塑料薄膜掀开一边，并充分放走余氨，经 1～3 天后即可给肉羊饲喂。如果暂时不给肉羊饲用时，可暂时不要开封，密封贮存不会变质。启封后的氨化秸秆，最好在不超过一个月内饲喂完毕，以防止秸秆中的营养物质损失过多。同时应防止风吹雨淋。

（2）窖贮氨化法　是指在用水泥制成的窖内进行秸秆氨化处理的一种方法。此法是我国目前农区推广应用较普遍的一种秸秆氨化处理方法。其窖贮氨化的优点是以水泥制成的窖进行秸秆氨化处理，可以节省塑料薄膜，占地也少，而且可以防鼠害。另外，还可以一窖多用，既可用来氨化秸秆，也可用来青贮饲料，并且可以长年使用。窖的大小可根据需要设计，窖的形式多种多样，可建在地上、地下或半地下，一般以建成长方形为好。若在窖的中间砌一隔墙，建成双联窖（俗称鸳鸯窖）则更好。双联窖可轮换处理秸秆，一个两立方米的窖可装麦秸 300 千克左右，大概可供 10 只羊采食一个月。若用此窖进行饲料青贮，还可减轻取用青贮饲料喂羊过程中的二次发酵。窖贮氨化饲料的具体操作方法如下。

① 切短秸秆：将秸秆切（铡）成 2～3 厘米左右，较为粗硬的秸秆如玉米秸则应切（铡）得更短些，而较柔软的秸秆则可切（铡）得稍长些。

② 喷洒氨化剂：将尿素（或碳酸氢铵）溶于水中，搅拌至完全溶化后，再用喷雾器（或喷壶）均匀地喷洒到秸秆上，并边喷洒边搅拌，喷洒一层，踩压一层，一直到窖顶装满后用塑料薄膜覆盖密封，再用细土压好。

③ 氨化剂的用量：尿素分解为氨的速度，与环境温度、秸秆内生物酶的多少有关。温度越高，则尿素分解为氨的速度越快，则氨化剂的用量越少。因此，在不同季节和不同温度下，同一重量的秸秆氨化所需用的尿素（或碳酸氢铵）的用量则有所不同，一般每 50 千克秸秆可用尿素 1.5～2.5 千克（或碳酸氢铵 5～6 千克），而气温较低时则应适当地增加其氨化剂的用量。为了促进氨化剂（尿素或碳酸氢铵）的分解加快，在氨化秸秆的原料中适当地添加生物酶含量丰富的原料如黄豆面等，则秸秆氨化的效果更佳。

④ 氨化时间：尿素（或碳酸氢铵）氨化秸秆所需要的时间大体与液氨氨化的时间相同或稍长，一般在夏秋高温季节氨化发酵 7～10 天，冬春寒冷季节则需要 30～45 天。

秸秆氨化除用堆垛或窖贮外，还可用塑料袋或水缸等进行氨化。

（3）氨化炉氨化法　是指利用氨化炉装置进行秸秆氨化处理的一种方法。其氨化炉的结构由炉体、加热装置、空气循环系统、电气控制装置和料车等组成。国内常用的有两种氨化炉：一是土建式氨化炉，即用砖砌墙，泡沫水泥板做顶盖，整个炉内水泥抹面，仅在一侧装门，门上镶嵌岩棉毡，并包上铁皮。炉内尺寸为 3 米×2 米×2 米，一次可氨化秸秆量为 600 千克左右，在左右两侧的下部分别安装有 4 根 12 千瓦的电热管，合计功率为 9.6 千瓦。后墙中央上下各开一个风口，与墙外的风机和管道相连，加温的同时开启风机，使室内氨的浓度和温度均匀。二是集装箱式氨化炉，即利用淘汰的集装箱改装，改装时将其内壁涂上耐腐蚀材料，然后用

80 毫米厚的岩棉毡镶嵌起来，表层覆盖塑料薄膜，外罩玻璃纤维加以保护，以达到隔热保温的效果。在右侧的后部装上 8 根 15 千瓦的电热管，合计功率 12 千瓦。在对着电热管的后壁上下各开一个风口，与壁外的风机和管道相连，在加温过程中，风机吹风使箱内的氨浓度及温度均匀。一次可氨化秸秆 1200 千克左右，集装箱内部尺寸为 6 米×2 米×2 米。其操作方法如下。

① 秸秆装炉：将秸秆打成捆装入炉内；或在炉内外地面铺设轨道，将秸秆装入料车，压实后推入炉中进行快速氨化处理。

② 注氨：秸秆装入氨化炉后，应关门密封，立即注氨，切防时间过长导致秸秆霉变。

③ 加热：注氨后 1～2 小时，待氨气溶于秸秆的水分中后进行加热。先启动通风机，然后接通电热器。一般炉温调节到 85～90℃，使氨气在炉内环流 12 小时左右，然后关掉风扇和加热器，继续密封 5～6 小时（闷炉）后，开门放氨即可。

4. 影响秸秆氨化效果的因素

影响秸秆氨化效果的因素较多，归纳起来主要有以下几个因素。

（1）氨化温度　氨化处理秸秆要求有较高的温度，一般温度越高，氨化作用越快。如液氨注入秸秆垛中后，其温度的上升决定于氨化开始后的温度、氨的剂量、水分含量和其他一些因素，但温度是最重要的因素，一般应控制在 40～60℃内。而在秸秆垛中温度最高的是在草垛的顶部，1～2 周后下降并接近周围环境温度，其周围环境温度也对氨化起着重要的作用。所以氨化秸秆应在农作物秸秆收割后不久、气温相对较高的时候进行最为适宜。

（2）氨化时间　其秸秆氨化处理的时间长短决定于氨化时的温度。一般氨化时温度较高则氨化处理的时间就越短，反之，则氨化时间就相对较长。而在使用尿素处理的秸秆，因其有一个分解的过程，一般比用氨水处理的要延长 5～7 天。

（3）秸秆中的含水量　秸秆中含有一定的水分，有利于增强其有机物的消化率，但水分过大容易造成秸秆发生霉变，因此，在不致于引起秸秆霉变的条件下，应尽量提高其氨化秸秆中的含水量。据试验，秸秆氨化以含水量在 15%～20%较为合适；用尿素与碳酸氢铵处理秸秆则以秸秆的含水量在 45%左右较为合适。

（4）秸秆的类型　由于各类秸秆的营养价值（主要是消化率）不同，其氨化效果也不尽相同。在禾本科谷物类秸秆中，一般燕麦秸较大麦秸易于消化，大麦秸又较小麦秸易于消化。黑麦秸的有机物消化率平均为 42%，与小麦秸接近。粗蛋白质含量也以燕麦秸和大麦秸为高。稻草则与其他谷物类秸秆相反，其茎秆的消化率比叶子高，稻草中含有相当多的硅，而木质素含量则较少。谷草和荞麦秸的消化率和营养价值较高，均在小麦秸之上。而玉米秸的营养含量与消化率均优于其他秸秆，因其含有较多的生物酶，适于用尿素处理。除禾本科谷物类秸秆外，向日葵秸秆、蚕豆秧（带叶）其营养价值均不错，也可氨化处理作为肉羊的饲料。

5. 氨化秸秆饲料的保存

（1）经常检查　氨化秸秆在垛中或窖贮中，或在其他容器中均可保存很长的时间，只要塑料薄膜或容器不破、不漏氨，就不会发生饲料霉败变质现象。但氨化处理过程中必须经常检查，防止鼠害、人畜践踏和风吹雨淋损坏塑料薄膜。一旦发现有破损现象，必须立即进行修补。

（2）适时开窖饲用　秸秆氨化成熟后即可开窖或开垛饲喂肉羊。但如果是使用液氨处理的秸秆，其秸秆中的含水量在20％以上时，则应先打开一部分，晾晒1～2天，待放走余氨后再给肉羊饲喂，给肉羊饲喂完毕后再打开下一部分晾晒后再喂，且依此循环饲用。如果是用尿素或其他氨源处理的秸秆，其含水量相对较大，应将垛顶（窖顶）的塑料薄膜全部取掉，将整垛（整窖）的草全部晾晒，干燥后放入草棚或房舍内备用。如用氨化炉处理的秸秆饲料则可贮存一个月左右，但经过氨化处理的秸秆切不可贮存时间过长，以免其营养价值降低。

（3）打捆　为了便于秸秆饲料的搬运和贮存，经氨化处理并晾晒放氨后的秸秆饲料最好打成捆，并根据需要，可用秸秆压捆机将处理好的秸秆压成直径12厘米、长50厘米、密度为500～800千克/米^{3}的草捆，放入草棚或房舍内备用。

6. 氨化秸秆饲料的品质鉴定

氨化秸秆饲料在饲喂肉羊之前应进行品质检验，评定其品质好环，以确定能否用于饲喂肉羊。其鉴定方法主要有感官鉴定法、化学分析鉴定法和生物技术鉴定法三种。

（1）感官鉴定法　主要是根据氨化秸秆饲料的颜色、软硬度、气味等来鉴定氨化秸秆的好坏。一般氨化好的秸秆，质地变软，颜色呈现棕黄色或浅褐色，释放余氨后气味糊香。如果秸秆变为白色、灰色，甚至发黑、发熟、结块，并有腐烂味，说明秸秆已经霉变，不能用于饲喂肉羊。如果秸秆的颜色与氨化前没有变化，则说明秸秆氨化处理的时间较短，没有氨化成熟，需要继续氨化处理。

（2）化学分析鉴定法　通过分析秸秆氨化前后各项主要指标，如干物质的消化率、粗蛋白的含量等，鉴定秸秆质量的改进幅度。据报道，利用青贮窖氨化处理秸秆，其液氨剂量为秸秆重的3％，氨化后的麦秸、稻草和玉米秸的粗蛋白质含量分别可提高544％、398％和502％，消化率可分别提高10.28％、24％和18％。化学分析鉴定法虽然能够准确地测定出秸秆中的营养成分，如粗纤维、粗蛋白等的准确含量，但不能全面地评价秸秆的营养价值，也不能反映肉羊采食量的大小。

（3）生物技术鉴定法　是采用反刍动物瘤胃瘘管尼龙袋测定秸秆消化率的方法。据报道，用该方法测定秸秆干物质在瘤胃中的降解率，其测定结果表明，氨化麦秸最大降解率为77.06％，而未氨化麦秸的降解率则为52.08％，麦秸氨化后的降解率提高了24.98％。其生物技术鉴定法在反刍动物瘤胃中进行消化试验，既可反映氨化秸秆的消化率，又可反映氨化秸秆的消化速度。

7. 肉羊饲喂氨化秸秆饲料时的注意事项

（1）释放余氨　氨化秸秆成熟后，应充分地释放余氨，需经过1～3天后的晾晒后方可用于饲喂肉羊，切不可用未放尽余氨的秸秆饲料饲喂肉羊，以免引起肉羊发生氨中毒。

（2）逐渐饲喂　开始使用氨化秸秆饲喂肉羊时，应有一个过渡期，切防操之过急，影响肉羊的育肥或产奶效果。尚未断奶的羔羊，因其瘤胃中的微生物区系尚未形成，如羔羊进食氨化饲料后，不仅不易消化，还易引起羔羊中毒。因此，尚未断奶的羔羊，应严禁饲喂氨化饲料。

（3）饲喂次数　一般肉羊每天饲喂氨化饲料以 3 次为宜，且每次饲喂的间隔时间应大致相等，舍饲和半舍饲的肉羊以每天的采食时间在 7 小时左右为宜，对泌乳母羊可适当地增加其饲喂次数和延长饲喂时间。此外，对于已经习惯于采食氨化饲料的羊群，在使用氨化饲料饲喂时，除了定时饲喂外，还可在运动场内设置补饲槽，并放置氨化饲料，任其自由采食。

（4）补充营养物质　为了使肉羊获取的营养物质更趋于平衡，羊群在饲喂氨化饲料的同时，应尽可能地补充维生素、矿物质和能量饲料等，如适当地搭配胡萝卜、青草和青贮饲料，添加一些玉米、麸皮等精饲料。一般肉羊饲喂氨化饲料与能量饲料的混喂比为 100∶（2～3）较为合适，同时还应注意对肉羊补充钙、磷等矿物质。

（5）保证充足的饮水　肉羊在饲喂氨化饲料期间，应保证供给充足的饮水，在冬春天气寒冷时，可供给肉羊 20℃以上的温水，一般养殖场（户）给羊群供水的方式有定时给水和自由饮水两种，如采用定时给水则可在羊群喂食后供给，而自由饮水则可设置专用饮水器供给。

（6）防止肉羊中毒　肉羊饲喂氨化饲料（特别是最初几天或肉羊饲喂了释放余氨未尽的氨化饲料）则不宜饲喂过多，应严格掌握其用量。如一旦发现肉羊有中毒现象时，应立即停喂氨化饲料，检查分析其中毒原因，并及时对中毒羊加以救治。

第六章　肉羊的营养需要与日粮配合

肉羊在饲养过程中，需要从饲料中摄取各种养分，包括能量、蛋白质、矿物质、维生素和水分。其营养需要则是指肉羊在生活、生长、繁殖和生产（包括产肉、产乳和产毛等）过程中对能量、蛋白质、矿物质和维生素等营养物质的需要量。根据肉羊营养需要的目的，可将其营养需要分为维持营养需要和生产营养需要两部分，其肉羊的生产营养需要主要指繁殖、生长、泌乳、育肥和产毛等的需要。

第一节　肉羊生产的营养需要

一、维持营养需要

肉羊维持正常生命活动所需的营养物质的量即称为维持营养需要。如空怀母羊，虽然不生产，但必须维持其正常的消化、呼吸、循环以及维持体温等生命活动，故需要从饲料中吸收碳水化合物等营养物质，经代谢作用产生热能，并维持最低的消耗和需要。肉羊需要的热能与其活动程度有着密切的关系，其肉羊放牧的热能消耗要比舍饲条件下的热能消耗高50％～100％。

在肉羊维持饲养的过程中，蛋白质占有极其重要的地位。肉羊体内的各种酶、内分泌活动、各组织活动器官的细胞更新，均需要蛋白质。按肉羊的体重计算，每千克活重每天若排出内源氮0.03克，则每千克活重每天必须从饲料中采食可消化的氮0.05～0.06克。那么，60千克体重的成年母羊，每天则需要可消化蛋白质60克左右。

在肉羊维持饲养的过程中，维生素A、维生素D及其钙、磷等矿物质均是必需的，如果饲料中缺乏这些营养物质，就不能维持机体组织器官的正常活动。

二、繁殖营养需要

公母羊在繁殖期不仅需要供给足够的能量，而且还需要供给充足的粗蛋白质。如公羊的精液中含有白蛋白、球蛋白、核蛋白和黏液蛋白，这些高质量的蛋白质均需要直接取自于饲料，如饲料中蛋白质供给不足或饲料中供给质量不高的蛋白质均会导致公羊的性欲下降，精液品质变差；如母羊饲料中蛋白质供给不足或供给质量不高的蛋白质还会导致母羊的阴道、子宫、胎盘黏膜角质化，并影响到母羊的受胎率，且母羊在怀孕早期容易流产，对生殖疾病的抵抗力减弱等。公母羊脂肪摄入量不足，也会妨碍羊的繁殖性能。

母羊在妊娠期需要足够的营养物质，供给胎儿生长发育，同时也为母羊产后泌乳贮备营养物质。如母羊在妊娠早期营养物质供给不足会造成母羊怀孕早期流产或胎儿被母体吸收。胚胎在母羊妊娠前期发育较慢，一般为胎儿初生重的10%左右，在妊娠后期则发育较快，营养物质的需要量也越来越高。胚胎在各个不同时期的发育有其阶段性，如营养物质供给不足就可能引起胚胎畸形或发育不良，而且在母羊妊娠期导致的后果在羔羊出生后则很难得以纠正。母羊在妊娠期胎儿的总增重可达到6～9千克，双羔或三羔的增重可达到12～15千克以上。胎儿在发育过程中需要的蛋白质较多，其纯蛋白质总量可达到1.5～2.2千克，其中80%左右是在妊娠后期沉积的。母羊在妊娠后期的热能需要量比不孕母羊高出15%～20%，因此在母羊妊娠期也应提供一定量的能量物质。妊娠期母羊对钙、磷的需要量也较大，一般体重在60千克的妊娠母羊，每天钙的需要量为9克，磷的需要量为4～5克。另外，母羊在妊娠期维生素A和维生素D也不可缺乏，否则，不仅会导致母羊的体质瘦弱，分娩后泌乳量不足，而且还会导致所产的羔羊体质软弱无力，抵抗力下降。

三、生长发育营养需要

羔羊从出生到配种阶段的生长发育较快，经过哺乳阶段和育成阶段，其新陈代谢旺盛，对营养物质的需要不仅要讲究数量，而且还要保证其质量。

羔羊哺乳期的长短应根据羔羊的饲养方式、饲养管理水平等来具体确定，通常为2～3个月。羔羊在哺乳前期生长发育的营养需要主要是靠母乳，而后期则部分靠母乳和部分靠饲喂的饲料。羔羊在哺乳期平均日增重可达到200～400克，其补喂饲料的蛋白质质量要求较高，以加快羔羊的生长发育。进入育成期的羔羊主要靠饲料摄取营养物质，其生长发育虽然没有哺乳期快，但一般在9月龄以前，如果饲养管理条件良好，则日增重可达到150～200克。羔羊在生长发育阶段营养充足与否，将直接影响其增重。

肉羊体躯各个部位的生长发育程度是不一致的，如头部、四肢及皮肤发育较早，胸腔、骨盆、腰部和肌肉组织等其他部分生长发育比较慢，发育较晚。处于育成阶段的肉羊其营养供给应先好后差，以促进早期发育的组织生长，并抑制晚期发育的组织和部位生长。一般四肢较长但胸腔窄浅的成年母羊就是由于羔羊在哺乳期营养较好，而在育成期营养较差造成的，如这种体形一旦形成，就会影响其母羊的生产性能，以后再加强营养也难以补偿。因此，处于育成期的羊一定要保证优质蛋白质、钙、磷和维生素A、维生素D等的供应，以满足其体躯发育和骨骼迅速生长的需要。

四、母羊泌乳营养需要

母羊在泌乳期增重十分迅速，其日增重可高达400克以上。为了保证哺乳母羊本身增重和泌乳的需要，必须给泌乳母羊提供足够的营养，才能保证其快速增长的羔羊哺乳需要。据研究，羔羊平均每增重 100 克，母羊约需要 4.186 兆焦的消化能、36 克可消化粗蛋白、1.9 克钙和 1.2 克磷，以及足量的维生素和微量元素。泌乳母羊需要的这些营养均必须从饲料中有效地供给，否则难以满足泌乳母羊泌乳的营养需要。

五、肉羊育肥营养需要

肉羊育肥就是在一定的时间内，增加肉羊体内的肌肉和脂肪，并有效地改善肉羊的肉品品质。其肉羊育肥增加的肌肉组织，主要是蛋白质，其中也有少量的脂肪（1%～6%），其增加的脂肪，主要蓄积在皮下结缔组织、腹腔（肠网膜）和肌肉组织中。

给育肥肉羊提供的营养物质必须超过其肉羊本身维持营养的需要量，才有可能在肉羊体内生长肌肉和沉积脂肪。羔羊的增重来源于生长和育肥两个方面，生长的增重是肌肉组织和骨骼的增长，育肥的增重则仅限于脂肪的增加，不包括生长的部分。因此，育肥羔羊比育肥成年羊需要更多的营养物质。就育肥效果来讲，育肥羔羊比育肥成年羊更加经济，这主要是羔羊的增重比成年羊快，而且饲料报酬高。如育肥同一体重（如 40 千克）的幼龄羊和成年羊，幼龄羊每天需要蛋白 100～120 克，需要饲料 1.2～1.4 千克，而成年羊则每天需要蛋白 100～150 克，需要饲料 1.5～1.8 千克。

据研究，肉羊的营养需要与其品种、生产用途、饲养方式、生产性能、环境等有着密切的关系，尤其与气温的关系更为密切。就能量和蛋白质而言，寒冷地区饲养肉羊的营养需要量要高于炎热地区，羔羊在生长期的营养需要高于成年羊，其营养需要的特点是蛋白质的需要量要求较高，尤其是肉羊在放牧的条件下一定要注意补给足量的蛋白质。

第二节　肉羊的饲养标准

肉羊的营养需要，是指肉羊每天对能量、蛋白质、矿物质和维生素等养分的需要，可以说是肉羊实现某种特定生理功能（如增重、泌乳、妊娠等）的群体平均需要量。而饲养标准则是对肉羊所需要的一种或多种养分在数量上的叙述或说明，是在肉羊营养需要的基础上，考虑到个体在需要量上的差异，增加了一定的安全量，是生产中要给予肉羊提供的营养物质量（即供给量）。肉羊的饲养标准一般用各种养分的数量或者以其占有日粮的比例来表示。由于羊群的性别、饲料原料、饲养方式等方面存在的差异，而在生产实践中，只能将肉羊的饲养标准看成是饲养实践的指南，而不应看成一成不变的规定，必须在生产实践中予以灵活运用。因我国肉羊生产目前还没有一个现成的、规范化的饲养标准，现将美国 NRC 有关肉羊饲养标准以及内蒙古畜牧兽医研究所研制的肉羊饲养标准，并结合生产实践引录如下，以供参考。

一、育成及空怀母羊的饲养标准（见表 6-1）

表 6-1 育成及空怀母羊的饲养标准（每只每天）

月龄	体重/千克	风干物质/千克	消化能/兆焦	可消化粗蛋白/克	钙/克	磷/克	食盐/克	胡萝卜素/毫克
4～6	25～30	1.2	10.9～13.4	70～90	3.0～4.0	2.0～3.0	5～8	5～8
6～8	30～36	1.3	12.6～14.6	72～96	4.0～5.2	2.8～3.2	6～9	6～8
8～10	34～42	1.4	14.6～16.7	73～95	4.5～5.5	3.0～3.5	7～10	6～8
10～12	37～45	1.5	14.6～17.2	75～100	5.2～6.0	3.2～3.6	8～10	7～9
12～18	42～50	1.6	14.6～17.2	75～95	5.5～6.5	3.2～3.6	8～11	7～9

母羊在秋季配种时应保持中等以上的营养水平，在配种前 5～6 周应加强营养，一般应高出饲养标准 20%～30%，应特别注意青绿多汁饲料和蛋白质、矿物质饲料的补充。

二、怀孕母羊的饲养标准（见表 6-2）

表 6-2 怀孕母羊的饲养标准（每只每天）

妊娠期	体重/千克	风干物质/千克	消化能/兆焦	可消化粗蛋白/克	钙/克	磷/克	食盐/克	胡萝卜素/毫克
怀孕前期	40	1.6	12.6～15.9	70～80	3.0～4.0	2.0～2.5	8～10	8～10
	50	1.8	14.2～17.6	75～90	3.2～4.5	2.5～3.0	8～10	8～10
	60	2.0	15.9～18.4	80～95	4.0～5.0	3.0～4.0	8～10	8～10
	70	2.2	16.7～19.2	85～100	4.5～5.5	3.8～4.5	8～10	8～10
怀孕后期	40	1.8	15.1～18.8	80～110	6.0～7.0	3.5～4.0	8～10	8～12
	50	2.0	18.4～21.3	90～120	7.0～8.0	4.0～4.5	8～12	8～12
	60	2.2	20.1～21.8	95～130	8.0～9.0	4.0～5.0	8～12	8～12
	70	2.4	21.8～23.4	100～140	8.5～9.5	4.5～5.5	8～12	8～12

母羊在怀孕前期（怀孕 1～3 个月），应保持良好的体况。如果母羊膘情不佳，应在其营养需要量的基础上增加 20%～30%的营养物质。

母羊在怀孕后期（怀孕 4～5 个月），应将母羊的能量需要量增加 30%～40%，可消化粗蛋白增加 40%～60%，同时应适当地增加钙和磷的需要量。

三、哺乳母羊的饲养标准（见表 6-3、表 6-4）

哺乳母羊的营养需要取决于母羊的泌乳量，母羊的泌乳量越高，其羔羊的平均日增重就越大。因此，根据初生羔羊 20～25 天泌乳期的日增重，可以确定母羊的营养需要量。

表 6-3 哺乳母羊的饲养标准（每只每天）

体重/千克	风干物质/千克	消化能/兆焦	可消化粗蛋白/克	钙/克	磷/克	食盐/克	胡萝卜素/毫克
40	2.0	18.0～23.4	100～150	7.0～8.0	4.0～5.0	10～12	6～8
50	2.2	19.2～24.7	110～190	7.5～8.5	4.5～5.5	12～14	8～10
60	2.4	23.4～25.9	120～200	8.0～9.0	4.6～5.6	13～15	8～12
70	2.6	24.3～27.2	120～200	8.5～9.5	4.8～5.3	13～15	9～15

表 6-4 双羔和保证羔羊日增重 300～400 克时母羊饲养标准

体重/千克	风干物质/千克	消化能/兆焦	可消化粗蛋白/克	钙/克	磷/克	食盐/克	胡萝卜素/毫克
40	2.8	21.8～28.5	150～200	8.0～10.0	5.5～6.0	13～15	8～10
50	3.0	24.3～29.7	180～220	9.0～11.0	6.0～6.5	14～16	9～12
60	3.0	24.7～31.0	190～230	9.5～11.5	6.0～7.0	15～17	10～13
70	3.2	25.9～33.5	200～240	10.5～12.0	6.2～7.5	15～17	11～15

四、育成公羊的饲养标准（见表 6-5、表 6-6）

表 6-5 不同月龄的育成公羊每增重 100 克的营养需要量

月龄	4～6	6～8	8～10	10～12	12～18
消化能/兆焦	3.22	3.89	4.27	4.90	5.94
可消化粗蛋白/克	33	36	38	40	46

表 6-6 育成公羊的饲养标准（每只每天）

月龄	体重/千克	风干物质/千克	消化能/兆焦	可消化粗蛋白/克	钙/克	磷/克	食盐/克	胡萝卜素/毫克
4～6	30～40	1.4	14.6～16.7	90～100	4.0～5.0	2.5～3.8	6～12	5～10
6～8	37～42	1.6	16.7～18.8	95～115	5.0～6.3	3.0～4.0	6～12	5～10
8～10	42～48	1.8	18.8～20.9	100～125	5.5～6.5	3.5～4.3	6～12	5～10
10～12	46～53	2.0	20.9～23.0	110～135	6.0～7.0	4.0～4.5	6～12	5～10
12～18	53～70	2.2	23.0～23.8	120～140	6.5～7.2	4.5～5.0	6～12	5～10

公羊正常生长发育所需要的营养物质要比母羊多一些，因此公羊、母羊、羔羊应分开饲喂。对于去势阉羊以母羊的营养标准确定。

五、育肥羊的饲养标准（见表 6-7、表 6-8、表 6-9）

为了合理地利用草地、牧场，减少羊群在越冬期间发生死亡，应尽可能当年育肥当年出栏。其肉羊育肥常见的有两种育肥方式，一种是以放牧为主适当地补喂精饲料，一种是采取强度育肥方式。

表 6-7　育肥羔羊的饲养标准（每只每天）

月龄	体重/千克	风干物质/千克	消化能/兆焦	可消化粗蛋白/克	钙/克	磷/克	食盐/克	胡萝卜素/毫克
3	25	1.2	10.0～14.0	80～100	2.0～3.0	1.0～2.0	3～5	2～4
4	30	1.4	14.0～16.7	90～150	3.0～4.0	2.0～3.0	4～8	3～5
5	40	1.7	16.7～18.8	90～140	4.0～5.0	3.0～4.0	5～9	4～6
6	45	1.8	18.8～20.9	90～130	5.0～6.0	4.0～5.0	6～9	5～8

表 6-8　成年育肥羊的饲养标准（每只每天）

体重/千克	风干物质/千克	消化能/兆焦	可消化粗蛋白/克	钙/克	磷/克	食盐/克	胡萝卜素/毫克
40	1.5	19.5～19.2	90～100	3.0～4.0	2.0～2.5	5～10	5～10
50	1.8	19.7～23.0	100～120	4.0～5.0	2.5～3.0	5～10	5～10
60	2.0	20.9～27.2	110～130	5.0～6.0	2.8～3.5	5～10	5～10
70	2.2	23.0～29.3	120～140	6.0～7.0	3.0～4.0	5～10	5～10
80	2.4	25.5～30.2	130～160	7.0～8.0	3.5～4.5	5～10	5～10

表 6-9　去势公羊的饲养标准（每只每天）

体重/千克	风干物质/千克	消化能/兆焦	可消化粗蛋白/克	钙/克	磷/克	食盐/克	胡萝卜素/毫克
40	1.3	10.5～13.0	50～80	1.8～2.5	1.5～2.0	8～10	6～10
50	1.5	11.7～14.2	60～85	2.0～2.5	1.6～2.0	8～10	6～10
60	1.9	13.0～15.1	65～85	2.2～2.7	1.8～2.2	8～10	6～10
70	2.1	14.7～16.7	60～90	2.5～3.0	2.0～2.5	8～10	6～10
80	2.3	15.1～18.8	70～100	2.7～3.5	2.2～2.7	8～10	6～10

为了使6～7月龄的羔羊达到屠宰体重（40～45千克），必须采取强度育肥，为此需要加强哺乳母羊的饲养。

冬季对羔羊适度育肥，可在羔羊断奶后对羔羊进行放牧饲养，同时适时补喂青饲料、精饲料和多汁饲料，在放牧结束时（8～9月龄）使其体重达到40～50千克。

在放牧场地不足的地方，可采取舍饲育肥，使其日增重达到150～250克。

六、种公羊的饲养标准（见表6-10、表6-11、表6-12）

表 6-10　种公羊非配种期饲养标准（每只每天）

体重/千克	风干物质/千克	消化能/兆焦	可消化粗蛋白/克	钙/克	磷/克	食盐/克	胡萝卜素/毫克
70	1.8～2.1	16.7～20.5	100～140	5.0～6.0	2.5～3.0	10～15	15～20
80	1.9～2.2	18.0～21.8	120～150	6.0～7.0	3.0～4.0	10～15	15～20
90	2.0～2.4	19.2～25.0	130～160	7.0～8.0	4.0～5.0	10～15	15～20
100	2.1～2.5	20.5～25.1	140～170	8.0～9.0	5.0～6.0	10～15	15～20

表 6-11 种公羊配种期饲养标准（配种 1～2 次）

体重/千克	风干物质/千克	消化能/兆焦	可消化粗蛋白/克	钙/克	磷/克	食盐/克	胡萝卜素/毫克
70	2.2～2.6	23.0～27.1	190～240	9.0～10.0	7.0～7.5	15～20	20～30
80	2.3～2.7	24.3～29.3	200～250	9.0～11.0	7.5～8.0	15～20	20～30
90	2.4～2.8	25.9～30.0	200～260	10.0～12.0	8.0～9.0	15～20	20～30
100	2.5～3.0	26.8～31.8	220～270	11.0～13.0	8.5～9.5	15～20	20～30

表 6-12 种公羊配种期饲养标准（配种 2～3 次）

体重/千克	风干物质/千克	消化能/兆焦	可消化粗蛋白/克	钙/克	磷/克	食盐/克	胡萝卜素/毫克
70	2.4～2.8	25.9～30.0	260～370	13～14	9～10	15～20	30～40
80	2.6～3.0	28.5～33.5	280～380	14～15	10～11	15～20	30～40
90	2.7～3.1	29.7～34.7	290～390	15～16	11～12	15～20	30～40
100	2.8～3.2	31.0～36.0	300～400	16～17	12～13	15～20	30～40

种公羊全年应保持良好的种用体况，在非配种期应保持中等以上的营养水平，在配种期应保证较好的营养水平。种公羊在开始配种前 1.5～2 个月应逐渐喂给配种期的饲料。

七、种公羊对脂溶性维生素需要量（见表 6-13）

表 6-13 种公羊对脂溶性维生素需要量 （国际单位/千克）

维生素	需要量
维生素 A	2500～2700
维生素 D	200～1300
维生素 E	4～80

八、种公羊对常用矿物质元素需要量（见表 6-14）

表 6-14 种公羊对常用矿物质元素的推荐需要量 （克/千克）

	元素	需要量		元素	需要量
常用矿物质元素	钠	0.1～0.5	常用矿物质元素	铜	8.0～10.0
	钾	5.0～6.0		铁	50.0～60.0
	镁	0.4～0.8		锰	60.0～70.0
	钙	2.1～5.2		锌	80.0～90.0
	磷	1.6～3.7		钴	0.10～0.30
	硫	1.4～2.6		碘	0.10～0.30
	氯	1.0～1.2		硒	0.10～0.30

注：种公羊对常用矿物质元素的推荐需要量是指每千克饲料干物质的摄入量。

第三节 肉羊日粮的配合原则

一、肉羊日粮配合的基本概念

1. 日粮

日粮是指肉羊在一昼夜内所采食的各种饲料的总和。

2. 日粮配合

日粮配合是指设计肉羊每天各种饲料供给量的方法和步骤。肉羊的日粮配合除了需要大量地应用青粗饲料外，还需要应用精料补充料。

3. 配合饲料

根据肉羊的营养需要，将多种饲料的原料按照一定的比例配合后的饲料称为配合饲料。肉羊的配合饲料可分为添加剂预混料、浓缩饲料和精料补充饲料三种类型。

4. 精料补充饲料

精料补充饲料是指为了补充以粗饲料、青饲料、青贮饲料为基础日粮的肉羊营养，而利用多种饲料原料按照一定的比例配合而成的饲料。精料补充饲料并不是全价配合饲料，只是日粮的一部分，故也称为半日粮型配合饲料，它必须与各种粗饲料搭配在一起饲喂肉羊。

5. 浓缩饲料

浓缩饲料是指由蛋白质饲料、矿物质饲料、微量元素、维生素和非营养性添加剂等按照一定的比例配合而成的均匀混合物。浓缩饲料再加上能量饲料就成了精料补充饲料或全价配合饲料，因此，浓缩饲料又称为平衡用混合饲料。浓缩饲料一般占肉羊配合饲料的20%～30%，其中的粗蛋白质含量要求在30%以上。浓缩饲料一般不能直接用来饲喂肉羊。

6. 添加剂预混料

添加剂预混料是指由一种或多种饲料添加剂与载体或稀释剂（石粉、玉米粉、麸皮等）按照一定比例扩大稀释后配制的预混料。复合预混料是指由微量元素、维生素、氨基酸和非营养性添加剂中任何两类或两类以上的成分与载体或稀释剂按照一定比例配制的预混料。预混料是饲喂高产母羊及其幼羔所不可缺少的，也是浓缩饲料的核心。

7. 饲料配方

饲料配方是指根据肉羊的营养需要、生理特点、饲料的营养价值、饲料原料的现状及其价格等，合理地确定各种饲料的配合比例。这种采用多种饲料原料，按照一定比例而配制的配合饲料的方剂即称为饲料配方。配合饲料质量高低的关键取决于各种饲料的配合比例以及各种饲料原料的品质。确定饲料配方的过程就是饲料配方的设计。

二、肉羊日粮配合的基本原则

1. 饲养标准是设计日粮的基本依据

饲养标准是肉羊科学试验及其生产实践的高度总结。按照饲养标准中规定的养分需要量配合日粮，可保证按需供应，避免养分的过多或过少，实现多种养分间的平衡，不仅可充分地挖掘肉羊的生产潜力，而且可极大地提高饲料的利用率和生产效益。完整的饲养标准包括两部分，一是营养需要表，二是与其相配套的常用饲料成分与营养价格表。

2. 青粗饲料是肉羊日粮的主体

肉羊的消化生理及其经济学要求决定了青粗饲料是肉羊日粮的主要部分。肉羊所需要养分的60%以上应来自各类青粗饲料。肉羊的生产性能越低，或饲喂肉羊的青粗饲料品质越好，则肉羊日粮中青粗饲料的比例应越高。

干草和农作物秸秆等多纤维饲料可促进羔羊的瘤胃、网胃的健全和发育，保持肉羊瘤胃内环境的相对稳定，维持正常的消化功能。供给充足的干草和农作物秸秆可提高乳脂率，保证母羊鲜奶的品质。给肉羊多供给青粗饲料及其放牧育肥，比用精料型育肥肉羊的瘦肉率提高2%～10%。

3. 精饲料是粗饲料的必要补充

如单独用粗饲料育肥肉羊，尤其是在肉羊的生长前期、泌乳期及其集中育肥期，其营养物质远远不能满足肉羊需要。品质低劣的粗饲料，消化率低、肉羊的采食量减少，因此需要补充一定量的精饲料，或确切地称之为精料补充饲料。

其肉羊精饲料补充量的多少取决于多种因素。对肉羊应根据市场安排日粮结构，一般集中育肥期每天投喂0.3～0.5千克精饲料，其余时间则精饲料饲喂较少。粗饲料的品质较好且供应充足时，则可少补充或不补充精饲料。

设计肉羊精料补充饲料的根本出发点，是在于最大限度地利用粗饲料及其各类农副产品的前提下，对照其营养需要量，根据养分的余缺制定精饲料的配方和喂量。如以枯草期放牧或饲喂农作物秸秆为主的肉羊，其日粮存在着明显的营养缺陷：一是饲喂肉羊的饲料中粗纤维含量高，饲料的消化率低；二是可发酵氮源和过瘤胃蛋白质少；三是生糖物质极少；四是矿物质营养缺乏。要提高肉羊的生产性能，改善此种日粮的主要措施有两种：一种方法是通过理化及生物学处理方法（如秸秆青贮、秸秆氨化等）来提高饲草的消化率和营养价值；另一种方法是合理地补充饲料，而这种补充饲料中首先应强调的是补充瘤胃可发酵的养分和矿物质元素，以利于提高微生物对饲草的消化率和微生物蛋白质的产量，然后再考虑过瘤胃养分。由于过瘤胃养分的价格高，而且当生产性能较高时，肉羊才会对这部分养分的补充作出反应，因此过瘤胃养分的补充则取决于肉羊的生产性能和市场。

青草的消化率高，因此青草期放牧的肉羊，其精饲料的补充应偏重于过瘤胃养分，并注意补充干草和农作物秸秆，以保证其干物质的采食量。无论是哪种情况，精饲料应是浓缩形式，以确保是补充而不是替代，否则会降低饲草的采食量，并可能产生负面的组合效应，降低其饲草的利用率。

4. 矿物质元素是日粮的增效剂

矿物质元素是肉羊的必须营养素，其用量虽小，但营养作用却不是其他营养素所能替代的。这对肉羊的健康、高产及其养分的有效利用具有不可忽视的作用。肉羊的生产性能越高，则对矿物质元素的需要量越大。如肉羊在舍饲时，可随精饲料补充矿物质元素；如肉羊在放牧时，补充矿物质元素舔砖也是行之有效的方法。目前国内市场上有多种复合微量元素添加剂可供选用，养殖场（户）可按照产品说明书的方法给予饲喂。

矿物质元素多作为物质代谢调节因子而起作用，并不是代谢基质，因此矿物质不能替代常规饲料。只有当基础饲料较好时，添加矿物质元素才会发挥其效果。

5. 使用非蛋白氮可降低饲料成本

肉羊日粮中使用尿素等非蛋白氮（NPN），可降低肉羊的饲养成本，并补充日粮氮素营养，缓解人畜争粮的矛盾。给肉羊直接补充或饲喂尿素也可取得一定的效果。但是为了提高非蛋白氮的利用率和安全性，常需对非蛋白氮进行一定的理化处理，并强调其配套的饲喂技术。

6. 选用质优价廉的饲料可保证最大的养殖效益

目前市场上的饲料价格并不是完全按照其营养价值来确定的，因此选用质优价廉的饲料原料是可能的。用计算机计算配合最低成本日粮，可达到这一目的，用手工计算也可对饲料价格进行比较和调整，以达到饲料的质优价廉。

7. 其他原则

配合肉羊日粮时应时刻追踪科研的发展，积极应用科研成果；力求配合肉羊日粮饲料的多样化，重视农副产品加工及其副产品的利用，掌握肉羊饲料的用量范围，注意饲料的品质、卫生以及适口性。

三、饲喂肉羊饲料的价格比较

用手工计算肉羊日粮配方之前，若能对当地的各种饲料价格进行比较，根据饲料的成本高低进行排队，尽可能选用低成本的饲料，可保证所设计的肉羊日粮成本较低，为养殖肉羊获利打下基础。

第四节　肉羊日粮的配合方法

配合肉羊日粮的方法有手工计算法和计算机计算两种。

手工计算法是指按照前面所讲知识和原则通过简单的数字运算，如试差法、正方形法、代数法等，设计肉羊全价日粮的过程。手工计算法可充分体现设计者的意图，其设计过程清楚，是计算机设计的基础。但是计算过程繁杂，特别是当可供选用的饲料种类及其应考虑的养分种类较多时，其工作量较大，而且难于求出营养全价且成本最低的饲料。

为了便于推广和普及日粮的配合技术，现仅介绍常用的手工计算配方的基本方法。

一、混合精饲料的配制方法

例如：用玉米（粗蛋白质为8.6%）、麸皮（粗蛋白质为14.4%）及尿素（粗蛋白质为280%）为肉羊配制一个粗蛋白质含量为15%的混合饲料。一般肉羊混合饲料中的玉米和麸皮之比为3∶1（以代数法进行介绍）。

设尿素在混合饲料中占X（百分点），则有：

$$280\%X+(100-X)\times(3/4\times8.6\%+1/4\times14.4\%)=15\%$$

解得：$X=1.83$

即该混合饲料中含尿素1.83%

玉米：73.63%［(100－1.83)×3/4＝73.63］

麸皮：24.54%［100－1.83－73.63＝24.54］

二、设计肉羊日粮的一般步骤

1. 查饲养标准

通过查饲养标准确定饲喂羊群的营养需要量。并列出所用饲料的养分含量表。

2. 确定各类粗饲料的饲喂量

粗饲料是肉羊日粮的主体，配合日粮时应根据当地粗饲料的来源、品质及其价格，最大限度地选用粗饲料。一般粗饲料的干物质采食量占肉羊体重的1.5%～2.0%，或总干物质采食量的70%～80%应来自粗饲料。在粗饲料中，最好50%左右为青绿饲料和青贮饲料，实际计算时可按3千克青绿饲料或青贮饲料相当于1千克青干草或干农作物秸秆的比例进行折算。

3. 计算应由混合精饲料提供的养分量

肉羊每天的总营养需要与各类粗饲料所提供的养分之差，便需由混合精饲料来满足。

4. 确定混合精饲料的配合比例及其数量

根据经验草拟一个肉羊的饲料配方，再按照试差法或十字交叉法或联立方程法对不足或过剩的养分进行调整。

5. 检查、调整与验证

以上步骤完成之后，将所有饲料提供的各种养分进行总和，如果实际提供量与其需要量之比在95%～105%，这就说明配方合理。如果超出此范围，可按照前面所讲的方法，适当地调整个别精饲料的用量，以满足其需要。

6. 计算精料补充饲料配方

根据肉羊日粮配方，计算出精料补充饲料的配方，以便于加工生产。

三、混合日粮应满足的标准

① 肉羊在全舍饲时，其干物质（DM）采食量代表最大采食力。肉羊日粮的干物质不应超过需要量的4%，羔羊在强度育肥时不应超过需要量的4.5%，其他情况下的干物质表示可提供的饲料量，其饲料量应依饲喂条件的不同而有所差异。

② 所有养分均不宜低于养分需要量的5%或更多。

③ 肉羊利用能量的能力有限，因此能量的供应量不宜超过需要量的5%或更多。

④ 蛋白质价格较低时，比需要量高5%～10%的蛋白质供应量对肉羊生产有益，而再多一些通常对肉羊生产无害，但会引起肉羊的饲料成本上升。如蛋白质的供应量比需要量高出25%以上时，可能对肉羊的生长和生产不利。

⑤ 在肉羊的实际生产中，配合日粮中有时难免会出现钙磷过量，但只要不是滥用矿物质饲料，如其超标1倍，且保证钙磷比在（1～2）∶1均被视为允许的。

⑥ 必须重视羔羊、妊娠母羊及其泌乳母羊的胡萝卜素的供应，而通常情况下的胡萝卜素过量，对肉羊的健康是无害的。

⑦ 配合日粮时，一般不考虑其他维生素，若要补充这些维生素，可按最低需要量添加，或根据可获得最佳生产性能时的经验需要量补充。

⑧ 育肥羊的微量元素必须满足，而在肉羊的生产实际中，一般是通过供给无机盐来补充的，养殖场（户）应按照饲养标准和有关试验的结果来确定其适宜的补充量。但配合日粮时微量元素超标对肉羊无益。

四、肉羊日粮配合方法

现以体重30千克，日增重200克的育肥羔羊为例来说明日粮配合方法。其所用的饲料为青干草、玉米青贮、玉米、麸皮和尿素等。

第一步，查饲养标准表，列出其营养需要量和拟用饲料的养分含量（见表6-15、表6-16）。

表6-15 育肥羔羊的营养需要量

体重/千克	日增重/克	养分需要量				
		干物质/千克	消化能/(兆焦/千克)	粗蛋白质/克	钙/克	磷/克
30	200	1.4	16.7	150.0	4.0	3.0

第二步，确定各类粗饲料的饲喂量。

假定粗饲料的干物质采食量占一半，即0.7千克（1.4千克÷2）粗饲料干物质可满足育肥羔羊对粗饲料的需求。若粗饲料干物质中青干草和玉米青贮各占一半，即两种粗饲料干物质采食量均为0.35千克。

根据粗饲料养分含量（表6-16）与饲料供应量（各0.35千克干物质）计算出粗饲料可提供的养分量。

表 6-16　拟用饲料的养分含量（以干物质为基础）

饲料名称	干物质/%	消化能/(兆焦/千克)	粗蛋白质/%	钙/克	磷/克
野青干草	85.2	9.22	8.0	0.48	0.36
玉米青贮	22.7	9.90	7.0	0.44	0.26
玉米	88.4	16.36	9.7	0.09	0.24
麸皮	88.6	13.24	16.3	0.20	0.88
尿素	100	0	280.0	0	0
磷酸氢钙	98	0	0	23.2	18.60

第三步，计算应由混合精饲料补充的养分量。

养分总需要量与粗饲料已供养分量之差，就是应由混合精饲料提供的养分量。（粗饲料已供养分量见表 6-17）

表 6-17　粗饲料已供养分量

项　目	干物质/千克	消化能/(兆焦/千克)	粗蛋白质/克	钙/克	磷/克
需要量	1.4	16.7	150.0	4.0	3.0
青干草	0.35	3.23	28.0	1.68	1.26
玉米青贮	0.35	3.47	24.5	1.54	0.9
粗饲料之和	0.70	6.70	52.5	3.22	2.16
由混合精料补充	0.70	10.0	97.5	0.78	0.84

第四步，初步拟定混合精料补充饲料配方。

根据经验，先初步拟定一个混合精饲料配方，假设在配方中玉米占 75%、麸皮占 23%、尿素占 2%。（其初拟精饲料的养分供应情况见表 6-18）

表 6-18　初拟精饲料的养分供应情况

项　目	干物质/千克	消化能/(兆焦/千克)	粗蛋白质/克	钙/克	磷/克
玉米(75%)	0.525	8.59	50.9	0.5	1.26
麸皮(23%)	0.161	2.13	26.2	0.3	1.42
尿素(2%)	0.014	0	39.2	0	0
精料合计(100%)	0.70	10.72	116.3	0.8	2.68
应由精料补充	0.70	10.0	97.5	0.78	0.84
余缺	0	+0.7	+18.8	+0.02	+1.84

第五步，检查、调整与验证。

将上述基本精饲料代入，求得各精饲料的供应量（将上述比例乘以 0.70 千克后的干物质供应量之和）和精饲料可供养分量（精饲料供应量与其养分含量之积），以及与精饲料补充的养分量进行对比，计算其余缺。（其配合饲料的养分供应检查见表 6-19）

表 6-19 配合饲料的养分供应检查

项 目	干物质/千克	消化能/(兆焦/千克)	粗蛋白质/克	钙/克	磷/克
青干草	0.35	3.23	28.0	1.68	1.26
青贮玉米	0.35	3.47	24.5	1.54	0.90
玉米	0.525	8.59	50.9	0.5	1.26
麸皮	0.161	2.31	26.2	0.3	1.42
尿素	0.01	0	28.0	0	0
食盐	0.01	0	0	0	0
添加剂	0.01	0	0	0.5	0
日粮总计	1.411	17.42	157.6	4.54	4.04
占总需要量/%	100.8	104.3	105.0	113.0	135.0

由上表可见，消化能超标 4%（0.7÷16.7=4%），粗蛋白质超标 12.5%（18.8÷150=12.5%），钙超标 0.06%（0.02÷3≈0.06%），磷超标 61%（0.84÷3≈61%）。由此可见，日粮中消化能和钙的供应量尚在允许值的范围内（能量不超过 5%）。而粗蛋白质超标稍高，通过减少尿素供应量进行调整，磷超标过高不太理想，在后期调整中再调高钙的含量，使钙与磷的比例达到 1∶1 即可在生产中应用。为了增强配合饲料营养的全价性和适口性，可在日粮中再增加食盐 10 克、复合微量元素添加剂 10 克。

从上表中可见，干物质、消化能、粗蛋白质已达到标准要求，钙、磷超标，但仍然保持在 1∶1 的范围内。

第六步，计算混合精饲料配方。

为了便于在实际中饲喂肉羊和生产混合精饲料，应将上述各种饲料的喂量换算成饲喂态的喂量（干物质量÷饲喂态时干物质含量），并计算出混合精饲料的配合比例（其育肥羔羊的日粮组成见表 6-20）

表 6-20 育肥羔羊的日粮组成

项目	采食量(干物质)/千克	采食量(饲喂态)/千克	精料组成/%
青干草	0.35	0.41	—
青贮玉米	0.35	1.54	
玉米	0.53	0.59	73.0
麸皮	0.16	0.18	23.0
尿素	0.01	0.01	1.70
食盐	0.01	0.01	1.24
添加剂	0.01	0.01	1.24

为了补偿饲喂和采食过程中的损失，一般应比设计量多提供 10%左右的粗饲料进行补充，其配合精饲料可按比例进行配制，投喂量为 0.72 千克。

至此，该日粮配合工作已全部完成，其精粗比为1∶1，尿素占日粮的1.7%，属于较为理想的育肥羔羊用日粮配比。

第五节　肉羊日粮的典型配方

在实际生产中，许多养殖场（户）没有掌握肉羊的饲料配合技术，加之肉羊的消化生理特点，制定肉羊饲料配方的灵活性较大。因此，在满足肉羊粗饲料需要的前提下，参考相应饲养标准设计混合精饲料配方，科学配制肉羊的日粮，即可达到科学饲喂的目的。

一、种羊混合精饲料配方

1. 种公羊混合精饲料配方及其营养成分

玉米53%、麸皮7%、豆粕20%、棉籽饼10%、鱼粉8%、食盐1%、石粉1%。其精饲料中干物质含量为88%，粗蛋白质22%、钙0.9%、磷0.5%，每千克干物质含代谢能11.05兆焦。

非配种期的种公羊每天每只的混合精饲料饲喂量为0.5～0.6千克，每天分两次饲喂。其配种期的种公羊每天每只的混合精饲料饲喂量为0.8～1.0千克，每天分4次饲喂。粗饲料的饲喂量为1.6～1.8千克（其中草粉1.4千克），饮水不限。

2. 种母羊混合精饲料配方及其营养成分

玉米60%、麸皮8%、豆粕12%、棉籽饼16%、食盐1%、磷酸氢钙3%。其精饲料中干物质含量为87.9%，粗蛋白质16.2%、钙0.9%、磷0.8%，每千克干物质含代谢能10.54兆焦。

舍饲种母羊的日粮混合精饲料饲喂量为0.5～0.7千克，每天分两次饲喂。粗饲料的饲喂量为1.6～1.7千克（其中草粉1.2千克），每天分4次饲喂，饮水不限。

3. 羔羊混合精饲料配方及其营养成分

玉米55%、麸皮12%、酵母饲料15%、豆粕15%、鱼粉2%、食盐1%。其精饲料中干物质含量为88%，粗蛋白质20.6%、钙0.3%、磷0.4%，每千克干物质含代谢能11.12兆焦。

羔羊混合精饲料的饲喂量随年龄的增长而增加，20日龄到1月龄的羔羊每天每只的日喂量为50～70克，1～2月龄的羔羊为100～150克，2～3月龄的羔羊为200克左右，3～4月龄的羔羊为250克左右，4～5月龄的羔羊为350克左右，5～6月龄的羔羊为400～500克。羔羊的粗饲料为自由采食。

二、舍饲育肥羊混合精饲料配方

1. 舍饲育肥羊混合精饲料配方

玉米21.5%、草粉21.5%、棉籽饼或菜籽饼21.5%、麸皮17%、花生饼

10.3%、饲料酵母6.9%、食盐0.7%、尿素0.3%、添加剂0.3%，混合均匀后即可。在育肥的前20天日均饲喂混合精饲料350克，育肥的中20天日均饲喂400克，育肥的后20天日均饲喂450克。其粗饲料喂量不限。

2. 舍饲强度育肥羊混合精饲料配方

在育肥的前20天日均饲喂混合精饲料0.5～0.6千克，其混合精饲料配方为：玉米49%、麸皮20%、棉籽饼或菜籽饼30%、石粉（或骨粉）1%，另加添加剂（羊用）20克、食盐5～10克。在育肥的中20天日均饲喂混合精饲料0.7～0.8千克，其混合精饲料配方为：玉米55%、麸皮20%、棉籽饼或菜籽饼24%、石粉（或骨粉）1%，另加添加剂（羊用）20克、食盐5～10克。在育肥的后20天日均饲喂混合精饲料0.9～1.0千克，其混合精饲料配方为：玉米65%、麸皮14%、棉籽饼或菜籽饼20%、石粉（或骨粉）1%，另加添加剂（羊用）20克、食盐10克。其粗饲料喂量不限。

三、羔羊育肥混合精饲料配方

1. 育肥羔羊前期混合精饲料配方

玉米50%、麸皮22%、饲料酵母11%、豆粕15%、矿物质2%，另加食盐3克。其混合精饲料中粗蛋白质含量达到13.5%。

2. 羔羊育肥的颗粒精饲料配方

(1) 30～60日龄的羔羊用颗粒精饲料配方　玉米45%、麸皮6%、向日葵饼或亚麻饼18%、苜蓿粉30%、微量元素添加剂0.5%、食盐0.5%。

(2) 60日龄后羔羊育肥用颗粒精饲料配方　玉米50%、麸皮20%、向日葵饼或亚麻饼20%、饲料酵母8%、食盐2%。

(3) 羔羊育肥的通用精饲料配方　玉米58%、麸皮20%、棉籽饼或菜籽饼10%、饲料酵母10%、微量元素添加剂1.2%、石粉（或骨粉）0.8%，日饮水2～3次，并适当地补喂食盐。

(4) 放牧加补饲育肥羔羊精饲料配方　玉米30%、麸皮25%、棉籽饼20%、菜籽饼20%、矿物质添加剂3%、食盐2%。其配合精饲料中含干物质91%、粗蛋白质17.4%，每千克干物质中含消化能11.12兆焦，代谢能7.91兆焦，钙0.72%、磷0.3%。

第七章 肉羊的饲养技术

第一节 肉羊生长发育的原理规律

一、肉羊的生长发育形态

1. 细胞的肥大

细胞肥大是指仅细胞的体积增大，而细胞的数量不再增加。细胞肥大一般发生在不再进行有丝分裂的组织，如脂肪组织和骨骼组织等。

2. 细胞的增殖

细胞的增殖是指仅增加细胞的数量，而细胞的体积不再发生变化。细胞增殖一般发生在进行有丝分裂的组织，如血细胞和精子细胞等。

3. 细胞间质的增多

细胞间质的增多是指细胞间隙填充物的增加。这种填充物有液体的，也有胶体的。

二、肉羊的生长发育模式

动物生长发育一般遵循以下顺序模式，即由一个细胞形成多个细胞，由多个细胞形成组织，由多个组织形成器官，再由多个器官形成有机体。（羊不同生理阶段的营养来源与生长发育类型见表 7-1）

表 7-1 羊不同生理阶段的营养来源与生长发育类型

生理阶段	营养来源	细胞增减	细胞大小	生 长 原 因
卵裂球	卵黄	＋	－	胎儿基因型
桑葚胚	子宫液	＋	－	胎儿基因型
着床胚	滋养层细胞	＋＋＋	±	胎儿基因型
胎儿	血液	＋＋	＋＋＋	胎儿基因型与母体环境
断奶前	乳汁	＋＋	＋	胎儿基因型、哺乳量及初生重等
断奶后	草料	＋＋	＋	胎儿基因型、性别、断奶重、营养水平等

注：“＋”表示增加，“－”表示减少，“±”表示无变化。

三、肉羊的生长发育学说

1. 生长发育中心说

生长发育中心说，又常常涉及生长波和生长中心的概念。所谓生长波是指动物在不同生理时期生长强点有顺序的移动现象，亦称之为生长梯度或生长拐点。其生长波分两种，一种叫主要生长波，一种叫次要生长波。主要生长波是由头向后和由尾向前依次移行到腰角处汇合。次要生长波是由系部开始向上移行，最后与体轴相接。主要生长波和次要生长波汇合的地方叫生长中心。肉羊的生长中心在荐部，荐部也是肉羊最后成熟的地方。

2. 器官和组织生长发育顺位说

生命活动最重要的器官如脑、眼、肾脏、心脏是最早生长发育的。消化器官与生殖器官也较早发育，而骨、腱、肌肉、脂肪组织随后生长发育，骨的发育是从下往上进行，即按管骨→胫骨→大腿骨→骨盆骨的顺序进行的。脂肪组织发育是按肠系膜脂肪→肾脏脂肪→肌间脂肪→皮下脂肪→肌肉内脂肪的顺序进行的。

3. 营养利用顺位说

营养利用顺位说的原理有以下四个要点：一是维持生命的必需器官，优先利用血液中的营养；二是肌肉和骨骼的生长发育是按比例进行的，也与饲料中的蛋白质能量比有密切的关系；三是饲料中的能量水平对脂肪的沉积有着密切的关系，饲料中能量水平越高，其脂肪沉积越多；四是动物在饥饿状态下，体重严重下降时，往往伴随着脂肪、肌肉、骨的同步下降，而不是按先耗竭脂肪、再耗损肌肉，最后是骨的顺序进行的。

四、肉羊的生长发育激素调控

激素是动物机体分泌的一种微量的生物活性物质，虽然其数量甚少，但作用很大。在肉羊养殖业中应用最多的是肽类和类固醇类激素，激素的作用及其效果见表 7-2。

表 7-2　激素的作用及其效果

名称	效果	对骨的作用	对蛋白质代谢的作用
生长激素	同化	促进骨生长	促进蛋白质合成及肌肉生长
甲状腺素	同化	促进骨生长	促进蛋白质合成及肌肉生长
睾酮	同化	促进骨生长	促进氮沉积及肌肉生长
雌性激素	异化	抑制骨生长	促进氮沉积及性器官发育
孕酮	异化	抑制骨生长	促进氨基酸吸收及肌肉和脂肪生长

激素应用于肉羊的育肥已有多年的历史，其促进肉羊生长的效果十分显著。但近年来，因激素残留问题国内外已明确限制其在肉羊育肥上的应用。由此可见，解决激素残留问题是今后研究激素应用的重点之一。

第二节　肉羊生长发育规律

肉羊生长发育规律，主要表现为以下四个方面，即体重增长规律、外形和骨骼生长发育规律、组织器官生长发育规律以及补偿生长发育规律。

一、体重增长规律

1. 胎儿期体重增长规律

胎儿身体各部位的生长特点，在各个时期是有所不同的。在胚胎发育前期，其绝对增重不大；在母羊怀孕后期，其胎儿绝对增重很大，胎儿体内的蛋白质、类脂以及矿物质均在母羊怀孕后期沉积。就组织器官发育而言，胎儿早期头部增重迅速，以后则四肢生长加快，而肌肉、脂肪发育较差。因此，刚出生羔羊的外貌特征是头大、蹄重、腿长、皮松。一般而言，公羊比母羊增重要快10%左右。羊胚胎发育各个时期的长度与重量见表7-3。

表 7-3 羊胚胎发育各个时期的长度与重量

日龄/天	长度/厘米	重量/克	日龄/天	长度/厘米	重量/克
24	3.1	2.2	58	12.0	64.0
36	3.6	3.5	74	19.2	240.1
38	4.2	4.7	94	28.2	760.1
42	5.4	7.3	104	33.0	1245.0
46	7.5	15.4	140	44.0	3400.0

2. 羔羊出生后体重增长规律

（1）哺乳期　羔羊在哺乳期（出生至断奶）体重占成年体重的28%左右。哺乳期是肉羊一生中生长发育的重要阶段，亦是定向培育的关键时期。羔羊在此阶段增重的顺序是内脏→骨骼→肌肉→脂肪。羔羊在整个哺乳期，体重随年龄增加而迅速增长。羔羊从3.4千克左右的初生重，增长到9.6千克左右的断奶重，增长了2.82倍。

（2）育成期　一般将羊从断奶到配种前期这一阶段划为育成期，也有人主张将这一阶段划为青年期。羊的育成期为4～8月龄。其育成期羊的体重占成年体重的70%左右。羊在这一阶段，由于性发育已日趋成熟，羊在此阶段仍是增重最快的阶段，一般肉羊的日增重约为200克。羊在此阶段增重的顺序是生殖系统→内脏→肌肉→骨骼→脂肪。

（3）青年期　一般是指9～18月龄的羊。青年羊的体重约为成年羊体重的85%。羊在这一时期生长发育已接近于生理成熟，体形已基本定型，生殖器官发育完备，绝对增重达到高峰，在这一时期的羊会出现生长发育的“拐点”，以后增重会逐渐缓慢。其相对增重的顺序是肌肉→脂肪→骨骼→生殖器官→内脏。

（4）成年期　一般是指18月龄至8周岁。羊在这一阶段的前期，其体重还会有缓慢的上升，到48月龄后，其体重的增长则不大，增重的主要部分则为脂肪。

研究表明，大型肉羊（如波尔山羊与南江黄羊杂交的后代）的最大日增重是在23～38千克体重期间，而在这一体重阶段是育肥的最佳时期。

二、体形和骨骼生长发育规律

肉羊无论是在胚胎时期，还是在生后时期的生长发育过程中，其整个体形各部分的比例均会发生很大的变化，而这种变化是由身体各部分和各种组织，主要是骨骼的生长速度不同而引起的。肉羊在整个生长期中，不但可以看到体形随年龄的变化规律，而且各部分的生长速度也有一定的顺序。

为什么肉羊的体形会出现相当大的变化呢？这是由骨骼的生长发育决定的。骨骼是体躯的支架，所以外形的变化也受到骨骼生长波的制约。肉羊在不同时期其各部分的骨骼有不同的生长强度。在胚胎时期，羊生长强度最大的是外周骨，即四肢骨，而主轴骨则生长缓慢。就骨骼本身而言，一般是先增加长度，然后才是宽度和厚度。

初生羔羊，四肢骨发育早（60%左右）、中轴骨发育迟（40%左右）。因此羔羊体高而窄，臀部高于肩胛。而羔羊到了断奶前后，体躯长度增长加快，高度则次之，而宽度和深度则稍慢，因此羊体增长，但羊体仍然显得狭长，其前后躯的高差消失。羔羊从断奶到 10 月龄左右，其长度和宽度的生长加快，深度开始发育，而高度生长变慢，则羊体进一步变宽。15～18 月龄以后，其体躯继续向宽度和深度发展，高度则停止，生长速度则变慢，其体形则变得愈显浑圆。肉羊生长强度的顺序为：腰角宽、胸围、胸深、髋宽、尻长和体长，而增长幅度较慢的部位则依次是体高、十字部高和管围。

三、组织器官生长发育规律

肉羊的组织器官生长发育也具有不均衡性的特点，无论是在胚胎时期还是在生后时期，其不同组织器官的生长强度也是不相同的。皮肤和肌肉在胚胎时期或生后时期，其生长强度均占优势，而脑则相反，生长比较缓慢；肠在胚胎时期其生长强度大于生后时期，睾丸则生后大于胚胎期。各器官生长发育迟早和快慢，主要取决于该器官的来源及其形成时间。其系统发育中较老的器官，在个体发育中则出现较早，它们的生长发育较缓慢，结束则较晚。例如，脑和神经系统等是维持生命所必需的主要器官，在系统发育中是较老的，所以在胚胎时期很早就形成了，但生长较晚，结束也较晚。然而那些与生产性能密切相关的器官如乳房，却形成较晚，发育较快，结束较早。

一般而言，肉羊骨骼的生长强度是随年龄的增长而缓慢下降的，其生长发育的转折点则出现在 18 月龄左右，皮肤的生长保持在一定的水平；肌肉的生长强度上升则到 12 月龄左右就开始下降；脂肪的生长强度则随年龄的增长而加强，到了老龄才开始下降。

单一组织也随年龄的增长而发生变化，出生后肌肉的增长多是由于肌肉纤维的增长。肌肉的生长与肌肉的功能是密切相关的。例如，腹外斜肌与腹壁外的肌肉，羔羊出生后随着消化道的生长发育，该肌肉的生长加快。一般来说，其肌肉纤维呈束状生长，当肌肉纤维生长时，肌肉纤维变粗。因此，老龄肉羊的羊肉粗糙，而幼龄羊的羊肉则细嫩。

肉羊脂肪沉积的部位也随年龄不同而有所区别。一般肉羊脂肪沉积首先贮存于内脏器官附近，其次是肌肉之间，继而是皮下，最后贮积于肌肉纤维中，形成所谓的“大理石”肌肉。

许多试验表明，各种组织与器官的生长波在不同条件影响下，可能会相应地推迟或提前。例如，正常的生长波其优先排列顺序为脑→骨→肌肉→脂肪等，若受到营养不良的影响，也按此顺序推迟。

四、补偿生长发育规律

1. 补偿生长的概念

肉羊遭到相当长的营养限制后，解除营养限制而饲喂较丰富的营养，此时肉羊的生长速度可能要比未经营养限制的同龄肉羊或同体重的肉羊要快，我们称这种现象为补偿生长。早期的营养限制一般有两层含义：一是肉羊育肥场或有条件的肉羊养殖户，有意识地在羔羊阶段进行限制性生长，以降低肉羊的养殖成本，并在以后获得补偿生长；二是养殖场（户）由于饲养条件的限制，如冬春季节草料不足以及北方地区长期缺乏牧草，而引起的营养限制，此后草料充足后获得补偿生长。

早期经过营养限制而生长受损的肉羊，在以后施以较之前丰富的营养，并非都可获得较高的生长速度。其肉羊的品种、性别、限制开始时的年龄、限制期的长短、营养限制的程度以及补偿期配套的饲养措施等，均影响补偿期肉羊的生长速度。如限饲期时间过长，或限饲过度，或补偿期饲养措施不当，则很难获得期望的补偿生长，甚至早期的生长受损也难以逆转。

2. 补偿生长的可能机理

综合专家的观点，认为补偿生长的可能机理是：①肉羊在限制饲养期以及解除营养限制2～4周内，肉羊的维持需要量降低，而更多的饲料养分则用于生长发育；②生长和育肥的能量利用率提高；③增重成分中蛋白质和水分的浓度增加，其能量浓度下降；④补偿期肉羊的采食量提高，消化道的内容物增加。

3. 补偿生长的原理应用

养殖场（户）有意识地在肉羊的某个生长阶段（一般在4月龄以后）施行营养限制可节约肉羊养殖的饲养成本，但要正确地掌握营养限制的标准。一般来说宁可适当地延长肉羊的限饲时间，也不能加重营养限制的程度；宁可限制其肉羊的采食量，也不能降低日粮的全价性及其养分浓度；同时要掌握好肉羊合适的限饲年龄和生理阶段。

养殖场（户）采用异地育肥时，外购羊到育肥场的前两周内，其采食量可能要下降，因此应适当地提高其日粮的养分浓度。此时，提高肉羊日粮中的蛋白质浓度可增加其蛋白质的摄入量，并可能提高干物质采食量和日增重。如果对外购的前期营养受损的肉羊进行一段时间（约一个月）的补偿性饲养后，发现其生长速度仍然很慢，则表明该肉羊前期受损过度，难以恢复，因此应中断对该肉羊进行补偿性饲养，以降低其生产成本。

第三节 羔羊培育

羔羊的生理机能处于急剧变化阶段，其生长发育最快，可塑性较大，饲养的好坏会直接影响其生长发育、成年时的体形结构和生产性能等。

从初生到断奶（即哺乳期）的小羊称为羔羊。羔羊一般 2～3 月龄断奶。初生羔羊对外界环境的适应性差，如饲养管理不当会导致其体质下降，且容易感染疾病甚至死亡，尤其是在集中饲养的养殖场（户）更容易造成损失。为提高羔羊的成活率，培育健壮的羔羊，必须做到精心护理和饲养。

一、哺乳期羔羊的生长发育特点

羔羊具有生长发育快、消化功能不健全，营养水平需要较高，对体温的调节功能、外界环境的适应能力差，对疾病、寄生虫的抵抗能力弱的特点。羔羊在哺乳阶段，心、肝、胃等内脏器官迅速发育，特别是四个胃的发育最快。初生羔羊的胃缺乏分泌反射，待吸吮乳汁后，才刺激皱胃分泌胃液，从而初步具有消化功能。但前三个胃仍然没有消化作用，微生物区系尚未完全形成。两周左右后，羔羊开始选食草料，瘤胃中出现微生物，开始分泌唾液，出现反刍，对优质青干草具有一定的采食消化能力。两月龄后即可消化大量青干草和适量的精饲料。

二、羔羊的饲养要点

1. 把握初生哺乳关，确保羔羊正常生长发育

刚出生的羔羊，由母体子宫这个恒定的生活环境突然转变到变化万千的自然环境，由脐带胎盘进行气体交换、吸收养料和排泄废物转变到用自己的肺进行呼吸，用自己的消化道进行食物消化、吸收养料和排泄废物。要使羔羊能较好地适应变化了的外界环境条件和生活方式，必须及时供给羔羊足够数量的初乳。

初乳是母羊产后 5～7 天内所分泌的乳汁，它是初生羔羊最理想而又不可代替的优良食物。初乳黏度大，覆盖于肠壁可阻止细菌穿透，具有保护肠壁黏膜的作用；初乳镁盐（硫酸镁、碳酸镁）含量高，具有轻泻作用，可帮助排除胎粪及防止胃肠道内容物腐败，避免消化障碍；初乳含有丰富的抗体和溶菌酶，可增强羔羊对疾病的抵抗力；初乳酸性大，能使羔羊胃内容物呈酸性，阻止和抑制有害细菌的生长繁殖；初乳几乎可以完全为羔羊所消化。因此，在羔羊出生能自行站立后，应尽早在出生 1 小时内教其吸吮初乳，而且第一次吸吮初乳以吃得较多为好。如遇初产母羊乳房发育不良、母羊体质瘦弱，无初乳或仅有少量初乳给羔羊吸吮时，除应尽早采取补救措施，促进母羊尽早恢复泌乳外，应尽早在母羊群中由产羔日龄相近的

母羊对羔羊进行代奶，或采用人工哺乳，以确保羔羊的正常生长发育；如遇羔羊体弱无力站立或母羊拒绝哺乳时，为了让羔羊适时吃到初乳，应及时人工辅助哺乳，可将母羊固定好，用一只手托住羔羊的嘴巴，使之靠近母羊的乳头，另一只手托住羔羊的屁股，使之站稳，训练羔羊吸吮母乳；如遇母羊产后患病或其他原因缺乳以及母羊因故死亡，羔羊除寄养尽可能补喂初乳外，还可用黄豆50%、玉米或高粱20%、大麦或小麦30%配制成人工乳哺喂。其配制方法是：将原料除去杂物后，用30～37℃的温水浸泡4～5小时，待种皮膨胀后去水，使其发芽，当芽即将突破种皮时磨成糊状，加8倍左右的清水，煮沸15分钟左右，过滤后加入相当于原料总量0.5%食盐、4%酵母、4.5%白糖、1.5%骨粉、0.5%微量元素添加剂（其配方可参照如下：硫酸铜0.4克、硫酸锌2克、碘化钾0.4克、硫酸锰0.2克、硫酸亚铁2克、硫酸镁2克、硫黄1克、氯化钴0.2克）、1～2滴鱼肝油，搅拌均匀即制成人工乳。羔羊哺喂人工乳最好用哺乳器饲喂，为方便起见，也可将人工乳盛入干净的小乳盆内，用消毒过的手指代替乳头接触乳盆训练羔羊吸吮。羔羊哺喂人工乳应新鲜、不带菌，哺喂时应定时、定量、定质、定温（37℃左右），喂量宜由少到多逐渐增加，每日哺喂6～7次，每次饲喂7～8成饱即可。此外，初生羔羊要注意保温。

2. 把握放牧补料关，促进羔羊增膘保膘

羔羊出生4～5天，在风和日丽的天气，便可跟随母羊在栏舍周围自由活动；7～10天，脐带干后，即可跟随母羊一起在避风向阳的牧场放牧，放牧地点应由近到远，放牧时间应由短到长逐渐增加。羔羊跟随母羊一起放牧活动，一方面可让羔羊跟随母羊逐渐学会采食青草，并得到充足的运动和阳光，另一方面又便于羔羊随时吸吮母乳。但羔羊在出生10天内，不要在串风口逗留时间过久和被雨水浸淋，如羔羊放牧和引料及时，一般15～20日龄的羔羊即会采食草料。随着羔羊生长发育的加快，所需营养物质逐渐增加，而母羊泌乳随着高峰期的到来，此后泌乳量会逐渐减少，为弥补其母乳的不足，满足羔羊生长发育的需要，从20日龄左右，羔羊除跟随母羊放牧采食外，应适当地补喂优质的青饲料，并搭配一定量的精饲料，其精饲料的配方组成可参考为：玉米40%、豆饼或芝麻饼23%、优质草粉25%、麸皮8%、骨粉2%、食盐1%、微量元素添加剂1%。其精饲料的补喂量应根据羔羊的日龄及体质状况而定，一般半月龄左右每天补喂50～80克，1～2月龄每天补喂100～150克，2～3月龄每天补喂200克左右，3～4月龄每天补喂250～300克，4～6月龄每天补喂300～500克，每天早晚各补喂1次。对羔羊补饲要做到定时、定量，并将饲草放入补饲槽内补饲，一般给羔羊补饲饲草的顺序是，先饲喂粗饲料，再补喂青饲料，最后补喂精饲料，待羔羊吃饱后，应将剩余的饲草及时收集起来，不让羔羊养成吃零食的习惯，否则会降低羔羊的食欲，并养成挑食的习性而降低其采食量，影响羔羊上膘。同时要保证羔羊有足够的饮水供应和微量元素添加剂的补喂，每天需给羔羊饮用清洁水2～3次，补饲槽和饮水槽要经常清洗，保持清洁卫生，严禁给羔羊饮用污水和“死水”，防止引发羔羊胃肠道疾病，给羔羊补喂微量元素添加剂时，最好是添加剂舔砖放在补饲槽内让羔羊自由舔食。

3. 把握日常管理关，减少羔羊发生意外事故

养殖场（户）养羊，必要的羊舍和活动场建设必须保证投入，羊舍最好采用楼式结构，并建有产羔舍和育羔舍，临产母羊、哺乳羔羊与成年羊分舍饲养，对开始放牧的羔羊应单独组群放牧，并逐步由近到远训练羔羊放牧采食能力，对幼龄羔羊应适时给予哺乳，并结合舍内补饲。为了给羔羊提供良好的生长环境，羊舍和运动场要经常保持清洁干燥，并定期消毒灭菌，遇阴天、雪雨天气，对羊舍和运动场要勤换垫草，并勤洒干土、生石灰或草木灰吸湿防潮。进入冬春季节，要及时维修好羊舍，门窗可用草帘或塑料薄膜遮掩，堵塞隙缝，做到羊舍不漏水、不潮湿，四壁不进贼风。如给羔羊舍生火取暖，要预留好排气孔，谨防烟尘危害羔羊健康，当羊外出放牧后，应及时将羊舍门窗打开通风换气，清除舍内垫草、粪便和饲料残渣，并将垫草晒干以备日后再用。

经常观察羊群，特别是每天早上饲喂给料、哺乳、出牧时，更是观察羔羊的最好时机，可通过观察初步了解羔羊的精神状态和食欲等情况，对溜边、喜卧地且行动迟缓，不出舍或出舍晚的羔羊更应仔细观察，如发现缩头垂尾，被毛蓬乱无光泽，不吃食或少吃食，精神委靡不振，并表现出懒洋洋的异常病态的羔羊应及时给予隔离、观察、治疗。羔羊的粪尿是否正常也是观察了解羔羊健康的重要依据，健康的羔羊一般排出的粪便呈小球状且比较干燥，采食青草和经常补喂青饲料的羔羊则粪便呈软软的团块状，尿液清亮，无色或微带黄色，粪、尿无异味，如羔羊排出或稀或硬的粪便，粪便中带有黏液或血液，排粪量减少甚至停止排粪，尿液黄、少或带血，粪、尿有异味等均与疾病有关，要及时寻找原因，并给予对症治疗。对能大量地采食草料的羔羊，观察羊的反刍是否正常也是判断羔羊健康以及羔羊患病严重程度与否的重要标志。因为反刍动物（包括牛、羊）采食后，周期性地将瘤胃中的食物逆呕至口腔，重新咀嚼后再吞咽的一种正常生理现象，羊的反刍活动与其瘤胃、网胃、瓣胃、真胃的生理机能以及全身状态有着密切的关系，健康的羊通常于采食草料后 0.5～1 小时，在安静或伏卧状态下进行反刍，一般每昼夜反刍 6～8 次，每次反刍持续 30～50 分钟，每个返回口腔中的食团咀嚼 30～40 次，如发现羊反刍减少甚至反刍停止，要从多个观察环节加以综合分析判断，以便及时发现病羊，适时采取防治措施。

4. 把握防治疾病关，减少疾病对羔羊的危害

防治羔羊疾病是育好羔羊的关键。相对成年羊来讲，羔羊的抵抗能力弱，怕冷、怕潮湿，容易发生疾病和感染体内外寄生虫病。因此，除应加强羔羊的饲养管理，注重哺乳补料，防冻防潮外，应严把羔羊的疾病防治关。

羔羊出生后 1～2 日龄，如胎粪排不出，可内服适量（1～2 毫升）蓖麻油或麻油，以促进胎粪的排出。3 日龄后在温暖天气用艾叶烧水洗刷羔羊全身，可预防羔羊体外疥癣。3～7 日龄或 15～20 日龄的羔羊容易患乳泻（下痢），必须时刻注意搞好环境卫生，并经常用 0.1%高锰酸钾溶液洗擦用具和母羊的乳头，注意饮水卫

生，防止羔羊吃脏物和喝脏水；加强母羊的饲养管理，做好母羊的均衡饲喂，防止母羊的乳汁过多、过浓、乳脂含量过高而引起羔羊消化不良；对因母羊缺乳而补喂人工乳，可按羔羊补喂人工乳总量加入1%磺胺脒、次硝酸铋、龙胆末各等量研制的混合药物，防止羔羊下痢；遇天气突变和阴雨潮湿天气，要特别注意防止羔羊胃肠受寒。羔羊出生一月龄内要搞好防寒保暖工作，羔羊跟随母羊外出放牧出汗，切忌雨水浸淋或受风寒，更不宜乘热浸水和饮冷水，以防发生感冒。体内外寄生虫病是羔羊伴随放牧采食而形成的一种接触性侵袭性疾病，它以极其隐蔽的方式摧残羔羊的体质，抑制羔羊的生长发育，严重者甚至造成羔羊死亡。为有效地防止体内外寄生虫对羔羊的危害，羔羊两月龄断奶后可用广谱、高效、低毒的丙硫苯咪唑（或与伊维菌素合用）按羊8～15毫克/千克体重进行首次驱虫，此后，每季度预防性驱虫一次，体外寄生虫病可用0.05%双甲咪唑药液给予药浴，给羔羊药浴应根据体外寄生虫病感染的具体情况而定，可定期或不定期地进行。

此外，科学地免疫注射是防范疫病对羔羊危害的重要保证，养殖场（户）应建立整套的科学防疫制度。一般羔羊15～20日龄可皮下注射羊快疫、羊肠毒血症、羊猝疽三联菌苗或羊梭菌病多联干粉灭菌苗，30日龄左右皮下注射口蹄疫疫苗，40日龄左右皮下注射羊痘鸡胚弱毒疫苗，50日龄左右肌内注射山羊传染性胸膜肺炎氢氧化铝活苗，60日龄左右口腔黏膜内注射口疮弱毒细胞冻干菌，70日龄左右背部皮下注射羊链球菌氢氧化铝菌苗，80日龄左右唇黏膜注射羊传染性脓疱皮炎活疫苗，90日龄左右皮内注射第Ⅱ号炭疽菌苗。一般羊注射疫苗的免疫期为6个月至1年，羔羊除按免疫程序防疫注射外，可根据免疫期的长短，并结合春、秋防疫给羊重复注射。如遇某种疾病呈地方性流行时，除密切关注疫情的发展动态，做好严格的消毒灭源，强化防疫检疫等防范措施外，一旦羊群发生疫情，应采取严格的隔离措施，并给予紧急性治疗，严防疫情扩散，进而危害羔羊的健康。

需要注意的是，养殖场（户）在给予羔羊防疫注射、驱虫、去势和分群等时，均是对羔羊的一次较大的刺激，为避免对羔羊刺激的应激反应过大，引起羔羊不适甚至引起应激死亡，养殖场（户）应尽可能将羔羊的防疫注射、驱虫、去势和分群等，间隔7～10天进行，以避免引起羔羊不适甚至引起羔羊发生意外应激死亡现象。

5. 把握断奶过渡关，避免断奶不当影响羔羊生长发育

为缩短母羊产羔间隔和控制繁殖周期，达到一年两胎或两年三胎的目的，目前羔羊断奶较为提倡的是早期断奶。羔羊早期断奶可以降低羔羊育肥的饲养成本，使羔羊具有较早适应植物性饲料的能力，并且还可促进母羊尽早发情配种。如果羔羊在哺乳期内能提早补饲青干草和优质代乳料，可以促使羔羊瘤胃微生物区系的建立和腺体的分泌，有利于反刍活动开始和消化器官的发育，也有利于青年羊的培育。目前羔羊断奶常采用两种方式进行，一种方式是在羔羊出生1周龄左右即行断奶，然后用代乳品进行人工育羔；另一种方式是在羔羊出生45～50日龄时断奶，断奶后除饲喂优质青粗饲料和放牧外，还应适当地补喂混合精饲料。

羔羊断奶是羔羊由哺乳转入饲喂草料的过渡阶段，为防止羔羊断奶应激，因采食大量的草料而引起消化机能失常造成下痢或便秘，并防止母羊断奶突然，乳房膨胀过度而引起乳房炎，羔羊断奶应循序渐进地进行。其方法是：在断奶前2～4天，对母羊减少精饲料喂量和饮水次数，以降低母羊的泌乳量；同时，让羔羊适当地多采食草料，间期与母羊隔开，减少哺乳次数，一般经过7～10天羔羊就可逐步断奶。羔羊断奶后，应将母羊移到别的羊舍，距离可以稍远一些，以彼此听不到叫声为宜，使其保持安定。断奶后的羔羊应按性别、体质强弱和个体大小进行组群，羊群的大小可根据品种和地区而异，断奶后的羔羊可逐渐转入育成羊群。

断奶后的羔羊正处于生长的旺盛时期，在饲养上单靠农作物秸秆、野草之类的饲料，其营养物质满足不了生长发育的需要，因此，在羔羊断奶后的1个月内，在饲养上必须给予特殊的照顾，喂给幼嫩的青草、苜蓿、胡萝卜等优质青绿多汁饲料，每天补喂玉米、大麦、糠麸、饼类等混合精饲料200～300克，适当加喂钙、磷、食盐等矿物质和微量元素补充饲料，给羔羊饲喂草料和补喂精饲料应做到少喂勤添，断奶初的7～10天内，谨防羔羊一次性采食草料和精饲料过多而继发消化道疾病。在管理上，对断奶羔羊态度要温和，经常接触和抚摸羔羊，并锻炼羔羊进行全身刷拭的习惯，以保证羔羊全身清洁和促进体表的血液循环，促使羔羊亲近人，培育温驯和善的习性。

第四节　青年羊饲养

一、青年羊的生长发育特点

1. 生长发育速度快

青年羊全身各系统均处于旺盛生长发育阶段，与骨骼生长发育密切的部位仍然继续增长，如体高、体长、胸宽、胸深增长迅速，其头、腿、骨骼、肌肉发育也很快，体形发生明显的变化。

2. 瘤胃的发育更加迅速

6月龄左右的青年羊，瘤胃迅速发育，其容积增大，占胃总容积的75%以上，基本接近成年羊的容积比。

3. 生殖器官的变化

一般青年母羊6月龄以后即可表现正常的发情，卵巢上出现成熟的卵泡，达到性成熟。青年公羊具有生产正常精子的能力。8月龄左右时接近体成熟，可以配种，青年羊开始配种的体重应达到成年母羊体重的65%～70%。

二、青年羊的饲养要点

青年羊的饲养是否合理，对体形结构和生长发育速度等起着决定性的作用，如饲养不当，可造成羊体过肥、过瘦或在某一阶段生长发育受阻，出现腿长、体躯短、垂腹等不良体形。为了培育好青年羊，养殖场（户）在饲养上应注意以下几点。

1. 适当的精料营养水平

青年羊阶段仍需要注意精料的喂量，如有优质的豆科干草供应时，日粮中精饲料的粗蛋白质含量提高到15%～16%，其混合精饲料中的能量水平占日粮总能量的70%左右为宜，每天饲喂混合精饲料以0.4千克左右为好，同时还需要注意矿物质钙、磷和食盐的补喂。青年公羊由于生长发育比青年母羊快，所以其精饲料的需要量应多于青年母羊。

2. 合理的饲喂方法和饲养方式

饲料类型对青年羊的体形和生长发育影响很大，优质的青干草、充足的运动是培育青年羊的关键。青年羊饲喂大量而优质的青干草，不仅有利于促进消化器官的充分发育，而且培育的羊体格高大，乳房发育明显，产奶量高。充分的运动可使其体壮胸宽，心肺发达，食欲旺盛，采食量增大。

半放牧、半舍饲是培育青年羊最好的饲养方式，对青年羊进行放牧饲养，可以呼吸新鲜空气、接受充足的阳光照射和得到充分的运动。只要有优质的饲草供应，可以少喂或不喂精饲料。如肉羊精饲料喂量过多而运动不足，则容易造成青年羊肥胖，且早熟早衰，影响其利用年限。

3. 适时配种

一般地方品种的青年母羊应在5～6月龄，体重达到20千克以上，肉用改良品种和外来品种的青年母羊应在7～8月龄，体重达到40千克以上时方可配种。但青年母羊不如成年母羊发情症状明显和有规律性，因此，养殖场（户）应加强对青年母羊的发情鉴定，以免漏配。而地方品种的青年公羊应在6～8月龄，体重达到30千克以上，外来品种的公羊则应在8～10月龄，体重达到60千克以上时才可开始训练采精或配种。

第五节　繁殖母羊饲养

一、繁殖母羊营养需要特点

根据繁殖母羊的生理状态，一般可分为空怀期、妊娠期和泌乳期。空怀母羊所需要的营养物质最少，一般不需增重营养只需维持营养。母羊在妊娠期的前3个月，由于胎儿的生长发育较慢，需要的营养物质则稍高于母羊的空怀期。母羊在妊娠期的后两个月，由于其身体内分泌机能发生变化，胎儿的生长发育较快，羔羊初生重的80%均是在妊娠后期增加的，因此其营养需要也应随之增加。母羊在泌乳期要为羔羊提高营养丰富的乳汁，以满足哺乳期羔羊生长发育的营养需要，对母羊应在维持营养需要的基础上，根据母羊产奶量的高低和母羊哺乳羔羊的多少，增加一定量的营养物质，以保证羔羊正常生长发育的需要。

二、繁殖母羊的饲养要点

一般繁殖母羊饲粮中的饲草与精饲料之比以 7∶3 为宜，繁殖母羊应防止过肥。对于体况较好的母羊，在母羊的空怀期只需提供一般质量的青干草，以保持其体膘即可，但对钙的摄入量应适当地限制，不宜采食含钙量过高的饲料，以防母羊分娩后诱发产后热。如以青贮玉米作为母羊的基础日粮，则 50 千克左右体重的母羊每天供给 3～4 千克的青贮玉米即可，如母羊采食量过多则易造成母羊体况过肥，母羊在妊娠前期可以在空怀期的基础上适当地增加其少量的精饲料喂量，一般每天每只母羊的精饲料喂量以 0.4 千克左右为宜，母羊在妊娠后期至泌乳期，精饲料可增加到 0.6 千克左右，且精饲料中的蛋白质水平应保持在 16%～18%。

第六节　种公羊饲养

一、种公羊营养需要特点

种公羊的质量好坏直接影响到羊群的生产水平。种公羊的营养需要一般应维持在较高的水平，以保持其常年健康，精力充沛，且维持中等偏上的膘情。种公羊在配种季节到来的前后，应加强对种公羊的饲养，保证营养需要，使种公羊保持上等体况，促使其性欲旺盛，配种能力强，精液品质好，以充分发挥其种公羊的作用。种公羊的精液中含有高质量的蛋白质，而其中绝大部分必须直接来自于饲料，因此，种公羊的日粮中应供给充足的优质蛋白质、脂肪以及维生素 A、维生素 E 和钙、磷等矿物质。在加强对种公羊的饲养，保证营养需要的同时，还应加强种公羊的运动，并适当地控制种公羊的采精频率（一般每天最多采精两次，每周采精 8～10 次），以保证种公羊的体况良好，精液品质优良。

一般种公羊在秋冬季节性欲比较旺盛，且精液品质好；春夏季节，种公羊的性欲减弱，食欲逐渐增强，在这个阶段应有意识地加强对种公羊的饲养，使其体况得以恢复，并保持精力充沛；夏季天气炎热，影响到种公羊的采食量，到 8 月下旬以后，日照逐渐变短，气温也有所下降，种公羊性欲旺盛，若种公羊营养不良，则很难完成秋季配种任务。虽然种公羊在秋季配种季节性欲强烈，但种公羊在配种季节食欲有所下降，很难补充其身体消耗，养殖场（户）只有尽早地在配种季节到来之前，加强对种公羊的饲养，才能保证配种季节种公羊的性欲旺盛，精液品质优良，且种用体况良好，利用年限延长。

二、种公羊的饲养要点

根据种公羊的生理特点，饲养管理可分为配种期和非配种期两个阶段。

1. 配种期饲养

配种期的种公羊，精神处于兴奋状态，如遇天气炎热，种公羊更不安心于采食，因此，在配种期对种公羊的饲养上应特别精心，在喂养上要做到少喂勤添，且注意饲料的质量和适口性，必要时可给种公羊补充一些富含蛋白质的动物性饲料如鱼粉、鸡蛋、羊奶等，以补偿种公羊在配种期营养的大量消耗。种公羊在配种季节，一般每天配种或采精1～2次（但不得超过3次），一般上午一次，下午一次，连续配种或采精6天左右休息1天。在种公羊的配种期，当年选留或选购的小公羊应与成年公羊分圈饲养。

2. 非配种期饲养

非配种期的种公羊饲养是种公羊配种期饲养的基础。在非配种期，有条件的养殖场（户）应尽可能对种公羊进行放牧，并适当地补喂豆科类精饲料，使种公羊在配种季节到来之前的体重比配种旺季增加10%～20%，否则种公羊在配种期则难以完成配种任务。因此，在配种季节来临之前的两个月，就应加强对种公羊的饲养，并逐渐过渡到配种季节的高能量、高蛋白质的饲养水平。

无论是在配种季节，还是在非配种季节，种公羊均应坚持运动，并经常修蹄、刷拭被毛。对当年选留或选购的小公羊还应坚持睾丸按摩，以促进其生长发育。

第七节　肉羊的管理技术

合理的肉羊育肥管理技术可以发挥不同生长阶段、不同性别、不同年龄肉羊的最佳产肉性能，养殖场（户）掌握好这些技术对搞好肉羊的育肥是至关重要的。

一、去势

育肥羊去势，不仅可以提高肉羊的肉品品质，减少膻味，而且还可以使肉羊性情温驯，便于管理，且容易育肥。因此，凡不留作种用的羔羊均应去势。小公羊的去势一般在生后40～60天内进行，如过早去势不仅易影响小公羊的生长发育，而且去势也不易操作，如过晚则易引起流血过多，且对公羊的损伤较大。对小公羊去势一般应选择在晴好的天气进行，这样可减少感染。常用的去势方法主要有以下几种。

1. 手术去势法

将羔羊的两后肢提起，其阴囊外部用5%碘酒消毒后，术者左手紧握阴囊上部，防止睾丸滑回腹腔，右手执刀在阴囊下方与阴囊中隔平行处两侧各切开一条约两厘米的小口，挤出睾丸，掐断精索（掐断时需要将两睾丸向不同方向转拧数次，最后掐断），然后给伤口涂上碘酒（一般伤口不需缝合）。羔羊去势后，应注意保持羊舍内清洁卫生，严禁其伏卧潮湿肮脏的地方，以防伤口感染。如给成年公羊实施手术法去势时，则应注意伤口止血，如伤口较大时则应实施缝合，同时也应注意防止伤口感染。

2. 结扎去势法

在羔羊的阴囊基部扎上橡皮筋，并在结扎部位涂上碘酒消毒，使其局部血液循环受阻。如橡皮筋结扎状态良好，一般经过 15 天左右以后，结扎的阴囊连同睾丸就会自行干枯脱落。此方法简单方便，且适用于羔羊的去势。在羔羊去势期间应注意去势部位的检查，谨防结扎部位发炎。

3. 提睾去势法

其方法是将一月龄前的羔羊保定后，尽量用力将其睾丸向上推，使其睾丸紧贴腹肌，其阴囊下方用一具有弹性的橡皮筋扎紧，而形成一个短阴囊。这样由于羊的睾丸靠近腹部肌肉，此处温度一般在 38℃左右，不利于精子的生存，从而阻碍睾丸的发育，但性激素的作用尚可继续发挥。该去势方法方便实用，去势公羊长到 10 月龄左右可以作为试情公羊使用，也可育肥后宰杀上市，其屠宰率较高。

二、药浴

羊的疥螨病是由疥螨和痒螨寄生在皮肤所引起的慢性寄生性皮肤病。疥螨病对肉羊的危害很大，不仅造成被感染的肉羊被毛脱落、皮肤出血，而且严重影响肉羊的生长发育，降低机体的抵抗力，增加其他疾病的感染机会。给羊群药浴是治疗肉羊皮肤病（特别是羊疥螨病）的有效方法。

给羊群药浴可选用 0.5％的敌百虫溶液或 0.2％杀虫脒溶液，配制药浴的药物浓度应准确。可选择晴朗无风的天气对羊群进行药浴，其药浴溶液的温度以控制在 30℃左右为宜。羊群在药浴前 8 小时左右应停止给料，但药浴前必须给羊群饮足水，以免羊群进入药浴池后吞饮药浴溶液而引起中毒。为保证羊群药浴安全，药浴溶液配制好后，可放入药浴池内，先选择几只体弱的羊进行试浴，待验证药浴的羊无反应后，再进行全群羊药浴。药浴时，应先药浴健康的羊，后药浴患有皮肤病的羊，公、母羊和羔羊应分开药浴，患病的羊或皮肤有伤的羊以及处于妊娠期的母羊则不可药浴。其药浴溶液的深度以浸没羊体（一般深度为 60～70 厘米）为原则。羊进入药浴池时，羊群鱼贯而行，每只羊的入池药浴时间不得少于 3 分钟，操作人员应分别将入池药浴的羊群的头部按入药液中 1～2 次，并且一边药浴羊群一边添加药液，以保证药浴池内药液的有效浓度。在药浴池的出口处应设有滴流台，让药浴后的羊群在滴流台停留 10 分钟左右，以利沥干羊体，使残余的药液流回药浴池内。刚实施药浴后的羊群，应先在阴凉处或圈舍内休息 1～2 小时，并尽可能避免阳光直射或羊群扎堆挤压，同时注意观察羊群药浴后是否有异常反应，如发现有中毒现象，应立即实施抢救。经过观察，对未发现异常反应的羊群可给予饲喂一些青干草和其他饲料。对患有疥螨等皮肤病的羊群可间隔两周左右再药浴一次。给羊群药浴后的药液可用于羊舍及其周围环境的消毒，但千万不可随意乱倒，以防被羊误食而发生中毒。

对饲养肉羊的数量较少，规模不大的养殖场（户），给羊群药浴可用浴缸或浴桶等。

除给羊群实施药浴外，还可使用喷雾法消灭羊群的体外寄生虫。可选择天气晴朗的夏天，将配制好的药液装入事先准备好的喷雾器内，用喷头喷雾药液。在喷雾药液时，可将羊群尽可能集中，将喷雾器的喷头稍微抬高向空中喷雾（不可将喷头直接对准羊体），让羊群淋浴。在给羊群淋浴时，要注意药液喷雾的均匀，同时要注意给羊群的腹部、腿部和内侧喷雾用药。给羊群淋浴喷雾药液可以消灭寄生在羊体上的蜱、虱等体外寄生虫，其驱虫效果甚好。

三、驱赶运动

舍饲和半舍饲的肉羊进行适当地运动，可以促进肉羊的新陈代谢，增强肉羊的体质，提高抗病力，增进食欲，促进消化和吸收；哺乳期的羔羊加强运动，可使其多吃奶，消化吸收能力增强，还可以增进机体的代谢水平，提高抵抗力，防止和减少腹泻的发生，有利于提高羔羊的成活率和生长发育；青年羊加强运动，有助于骨骼的发育，运动充足的青年羊，胸部生长开阔，心肺发育良好，消化器官发达，体格长得比较高大；怀孕母羊在妊娠前期加强运动，可以促进胎儿的生长发育，怀孕母羊在妊娠后期坚持适当地运动，可以预防难产，母羊产后适当地运动，可以促进子宫提前复位；种公羊进行适当地运动，则种公羊的性欲旺盛，配种的母羊受胎率可得到明显的提高。养殖场（户）在舍饲和半舍饲肉羊时，如无放牧条件，可对羊群进行适当地驱赶运动，每天保持让羊群运动 2～4 小时，羔羊最好在高低不平的土丘上运动。但羊群的运动量也应适当地加以控制，如羊群的运动量过大，体能消耗严重，则不利于肉羊的生长增膘，在严寒、大风沙和炎热的天气应适当地减少羊群的运动量或停止羊群的驱赶运动和放牧。

四、修蹄

羊蹄是羊皮肤的衍生物，处于不断地生长之中，因此羊蹄需要经常的修剪，如羊蹄长期不修剪，导致羊的蹄尖上卷、蹄壁裂开、四肢变形，甚至给羊的放牧和采食带来极大的不便，严重时，公羊的后肢不能支撑配种，使其失去种用价值；母羊在妊娠后期行动困难，常呈躺卧姿势，不仅影响母羊的采食，而且影响母羊体内胎儿的正常生长发育，因此羊蹄需要及时地进行修剪。在给羊修蹄前应事先将羊蹄用清水浸泡，也可选择在雨后进行修蹄，这时羊的蹄质变软，容易修蹄。在给羊修蹄时，需将羊保定好，用事先磨好的修蹄刀切削，当切削到可看到蹄质的微血管时，即应立即停止向里层切削，随后削平蹄底和蹄的边缘即可。如在切削中一旦出血，应立即用烧烙法止血。一般修好的羊蹄，底部平整，形状方圆，羊站立时端正。如羊已出现了变形蹄，则需要经过几次的修理才能矫正，不可操之过急。一般舍饲羊应每 2～3 个月修蹄 1 次。

五、正确识别病羊

由于肉羊对疾病的抵抗力较强，一般情况下，如羊不发生急性病例则往往发病症状不太明显，是否患病较难以识别，很容易延误对病羊的最佳治疗时期，给养殖场（户）带来不应有的经济损失，因此，养殖场（户）的饲养人员应经常仔细地观察肉羊的表现，并从多个环节观察判断羊群是否患病，在生产实践中不断提高对病羊的识别能力，以便及时发现病羊，并采取行之有效的防控措施，尽可能减少疾病的危害。

1. 观察精神状态

健康的羊站立有神，被毛柔顺而有光泽，且富有弹性，两眼明亮有神，洁净湿润，眼球灵活，扇耳摇尾。反应敏锐，行动敏捷，无论是采食，还是休息，喜欢聚集在一起，休息时常呈半侧卧姿势，如人一接近则立即站立。患病羊则精神委靡不振，缩头垂尾，被毛蓬乱而无光泽，喜欢卧地且行动迟缓，放牧时常常落后于羊群，并表现出懒洋洋的异常病态。

2. 观察食欲

健康的羊食欲旺盛，采食迅速，且采食量常常保持稳中有增的势头。患病羊则常常表现挑食、拒食或出现异食症，采食量呈现明显的下降趋势。出现拒食的羊常常伴随有其他临床症状，如中毒、恶性传染病、严重消化系统疾病等；发生异食症的羊，则多为营养、代谢障碍所致，尤其是饲喂不足，日粮配合不当，矿物质和微量元素不全面，含硫氨基酸和维生素缺乏以及羊患有严重的寄生虫病和消化系统疾病，并常伴有异食症的发生。

3. 观察反刍

反刍是反刍动物（包括牛羊）采食后，周期性地将瘤胃中的食物返排至口腔，重新咀嚼后再吞咽的一种正常的生理现象。羊的反刍活动与其瘤胃、网胃、瓣胃和真胃的生理机能以及全身状态有着密切的关系，羊反刍是否正常是判断羊是否患病以及羊患病严重程度与否的重要标志。健康的羊通常于采食后0.5～1小时，在安静或伏卧状态下进行反刍，一般每昼夜反刍6～8次，每次反刍持续时间30～50分钟，每个返回口腔中的食团咀嚼30～40次。患病羊则反刍减少甚至反刍停止。

4. 观察口腔

健康羊的口腔黏膜呈淡红色，舌头呈粉红色且有光泽，转动灵活而有力，舌苔正常，无异常口臭。患病羊则口腔黏膜呈各种病理变化，如苍白（表明有贫血表现）、发黄（表明有黄疸表现）、发绀（呈紫色，表明有缺氧表现）和潮红干涩（表明有充血、发热、感染的表现）等。

5. 观察呼吸

健康羊呼吸正常，且呼吸平稳。若羊伸颈吸气，低头呼气，则多见于气管炎、支气管炎；若羊呈胸式呼吸则多见于腹部疾病；若羊呈腹式呼吸则多见于心肺疾病；若羊伴有咳嗽除了单纯的鼻炎、副鼻窦炎外，喉、气管、支气管、肺和胸膜炎症均会出现强度不等、性质不同的咳嗽，而通常在羊患喉及气管炎时则咳嗽表现得最为剧烈。

6. 观察粪尿

健康羊的粪便一般呈小球状且比较干燥，采食青草和经常补喂青饲料的羊则粪便呈软软的团块状，尿液清亮，无色或微带黄色，粪、尿均无异味。如羊排出或稀或硬的粪便，粪便中带有黏液或血液，排粪量减少甚至停止排粪，尿液黄、少或带血，粪、尿有异味等均与疾病有关。

因此，养殖场（户）的饲养人员外观识别羊群是否患病时，应注意勤观察羊群，并从多个观察环节加以判断，以便及时发现病羊，做到适时采取防控措施。

六、编号

肉羊的编号是肉羊育种和育肥工作中不可缺少的环节，既便于养殖场（户）识别，又便于记载相关数据（如血统情况、生长发育情况、生产性能等）。一般临时编号多在羔羊出生后进行，而永久性编号则在羔羊断奶后进行。其所采用的方法多依羊群的大小和养殖场（户）的爱好而定。经常使用的标记方法有剪耳法和耳标法等。

1. 剪耳法

剪耳法一般用于规模不大的种羊场。其方法是用耳标钳在羊的耳朵边缘剪上缺口用来表示羊的个体编号。其编号方法可以根据养殖场（户）养殖羊群的实际情况来确定，一般以便于记忆为佳。在给羊群剪耳编号时，应尽量避开血管，耳标钳在使用时应用酒精消毒，羊剪耳后出现少量的流血则一般不需担心，剪耳后应用5%碘酒涂搽缺口消毒。

2. 耳标法

养殖场（户）养殖的羊群较大时，可事先在羊的耳标上用记号笔写上年份和顺序号，然后再用耳标钳给羊群打号。其耳标法编号的顺序一般是年份在前，序号在后。例如，2012年出生的第18只羊，可编号为12—18。一般公羊编为单号，母羊编为双号。

3. 墨刺法

墨刺法即利用特制的墨刺钳，钳口内有装针的小孔，可以组成不同的数字。操作者可事先按照编号在钳内排好数字，然后再逐只羊用墨刺钳用力夹住其耳朵，这样装针的一边就会刺破羊耳朵的皮肤，涂以油墨即可留下永久性的标记。这种编号法安全可靠，且不易混淆。

4. 涂号法和颈标法

即用高锰酸钾、甲紫等直接在羊的体侧或颈背部涂上编号，这两种编号方法的共同之处是简单明了，容易识别。

一般种羊和繁殖母羊群可用剪耳法或墨刺法并结合涂号法和颈标法进行编号，这样既准确又清楚。而育肥的羊群和羔羊群则常采用涂号法和颈标法编号，但要定期重涂，以免褪色或者由于羊群的羊毛生长而使编号变得模糊不清。

七、称重和导羊

1. 称重

体重是衡量羊群生长发育的主要指标，也是检验饲养管理工作好坏的重要依据之一，养殖场（户）应定期给羊群称重。一般羔羊出生后，在被毛稍干而未吃初乳之前应称重，即羔羊的初生重。其他各年龄段的羊称重，则应在早晨羊空腹时进行。除羔羊的初生重外，还应测定的有断奶重、配种前的体重、周岁体重、两岁体重、成年体重、产前和产后体重等。称重可根据养殖场（户）的肉羊育种和育肥工作的实际情况选择进行。育肥羊群要坚持定期称重，以检验其育肥效果，并根据实际称重情况，及时调整日粮和饲喂方法，以期达到良好的育肥饲喂效果。羊的体重与其胸围之间有一定的回归关系，因此养殖场（户）可根据羊的胸围大小来估计羊的体重。

2. 捉羊、抱羊和导羊

捉羊是养殖场（户）最常用而且是最基本的技巧，因羊活泼好动，不易捕捉，为了避免捉羊时将羊腿等部位扯伤，捉羊时应悄悄地接近羊的前后，或将羊群赶到圈舍的一角，用一只手不停地晃动吸引羊的注意力，抓住时机接近羊并用另一只手迅速抓住羊的脖子即可。

抱羊就是将羊捉住后，人站立在羊的右侧，右手从羊的两前肢之间伸进去托住羊的胸部，左手抓住羊左侧后腿的飞节，而将羊抱起，再用胳膊从后侧将羊抱紧。这种抱羊方法可以使羊体紧贴抱羊人的身体，将羊抱起来既省力，羊也不能乱动。

导羊即是引导羊前进。引导时人应站立在羊的左侧，再用左手托住羊的颈下部，用右手轻轻地搔动羊的尾根，诱导羊前进。用此种方法引导羊前进，人也可站立在羊的右侧。

八、引种

1. 引种注意事项

（1）明确引种目的　养殖场（户）无论是为了育种，还是为了经济杂交或引进羔羊喂养，其引种的目的必须明确，这样才能有目的而准确地选种。

（2）初步了解引进种羊的主要外部特征和生产性能　在引进种羊之前，应事先咨询畜牧专家和有经验的养羊场（户），或上网了解所引进种羊的主要外部特征和生产性能，对引进的种羊做到心中有数，并最好由有多年实践经验的养羊专业人员进行选种。只有选择符合引进种羊的品种特征，全身无明显的缺陷，且种羊的肢蹄、体尺、发育和外观性状评分良好，母羊的外阴、乳头、腹线和公羊的睾丸、包皮、性欲符合引进种羊的品种特征，才能有效地达到引进种羊的目的。

（3）选择纯种　如引进种羊时，则应引进纯种。引进纯种种羊时应到声誉好、守信誉的正规种羊场引进。一般正规的种羊场应持有经县级以上的畜牧兽医部门核准并颁发的《种畜禽生产许可证》和县级以上的工商部门颁发的《种羊生产营业执照》，原种种羊场应持有经省级以上的畜牧兽医部门核准并颁发的《种畜禽生产许可证》。养殖场（户）引种后，种羊场应向引种场（户）出具《种畜禽生产许可证》和《种羊生产营业执照》复印件，并出具引进种羊的系谱档案和《种羊合格证》。特提醒养殖场（户）千万不可引进高代杂交羊用作种用（特别是种公羊），因为高代杂交羊的外形特征与纯种羊非常相似，经验不足的很容易造成混淆。

(4) 选择合适的引种季节　引进种羊时，一般应选择在天气温和、饲料充足、羊的体况良好的秋季引进为佳，秋季引进的种羊，通过几个月的饲养，如饲草充足，且补料及时，引进的种羊上膘迅速，并基本适应了当地的饲养管理条件，可为羊的安全越冬创造条件。另外，在春末夏初引种也较为适宜，一般在此阶段青饲料充足，引进的种羊易于饲养，且便于管理，而在此阶段引种一般以引进羔羊和育成羊较为适宜。

(5) 引进种羊的合理年龄结构　一般年龄较大的羊长期在原产地生活，且适应原产地的生活条件，如将年龄较大的种羊引进后，则羊较难适应新的环境，需要较长的适应时间。一般年龄越小的羊则较容易引进，但不宜引进尚未断奶的羔羊，因为羔羊不仅尚未定型，需要进一步的选种和培育，而且羔羊引进后如饲养管理条件变化过大，则易引起羔羊应激反应而患病。因此，引进种羊的最佳年龄以 8～12 月龄为宜。如引进怀孕母羊则母羊的妊娠期以不超过两个月为宜。

(6) 引进种羊的合理羊群结构　在引进种羊时，应选择合理的羊群结构，不宜全部引进同一类型的种羊，如全部是成年羊、青年羊或羔羊，应按合理的羊群结构比例搭配。一般引进种羊时，以成年羊、青年羊和羔羊的比例在 60：20：20 为宜。如引进种公羊时，则还应注意与种母羊错开血统，并对种公羊进行配种前的精液品质检查。一般引进种公羊与种母羊的比例以 1：(25～30) 为宜。

2. 种羊的运输

(1) 运输前的准备　首先应做好引进种羊的检疫工作。引进的种羊要求健康无病，特别应注意种羊是否患有布氏杆菌病、结核病、副结核病、传染性胸膜肺炎、口蹄疫、炭疽病、黏膜病等。在运输前一周左右最好做必要的免疫注射，并在运输时有当地动物检疫部门出具的动物检疫证明。

运输的羊群装车不应过分拥挤。上车前应给羊群饲喂一次草料，并饮足水，待休息 0.5～1 小时后再装车。启运前应根据运输的距离长短备足草料及饮水设备，同时根据季节的不同准备相应的物品（如夏秋季节的遮阴降温物品、冬春季节的防寒保温物品等）。

(2) 种羊运输时注意事项　如长途运输过程中，应经常注意给羊群饮水，并注意给羊饲喂优质的青干草和适量的青绿多汁饲料，而精饲料的喂量则不宜过多，最好给羊饲喂一些胡萝卜等块根块茎类的多汁饲料，这样既能给羊充饥，又能给羊解渴。在运输途中给羊饲喂时，应做到少喂勤添，并利用给羊饲喂或饮水时观察羊群的健康状态，发现异常及时处理。如在夏季高温季节运输时，则最好选择夜间行车，这样不仅夜间气温低，外界干扰少，而且可避免对运输的种羊产生过多应激反应。

在种羊的运输途中，应有专人看护，可每间隔 1 小时左右，利用给羊饲喂或饮水时检查种羊，及时扶起被挤倒或俯卧的羊只，以免压伤或压死。运输过程中，应做到“五慢、两快、一停”。“五慢”是指开始运输时应慢，以利于羊的逐渐适应；

运输途中遇到坏路时应慢，以减少道路的颠簸；运输途中过城镇时应慢，以减少事故的发生；运输途中遇到上下坡时应慢，以防止羊群前呼后拥而挤倒；运输快到目的地时应慢，以利于羊在运输途中的紧张程度得以缓解。“两快”是指在运输途中遇到好路、且过往人车稀少时，可以适当地加快运输车辆的行驶速度。“一停”即是在运输途中遇到检查站（如道路交通检查站、动物检疫站等）时，应尽早缓慢停车，以接受必要的检查。种羊运到目的地后，应及时而又小心地卸车，可将运输车辆开至一高台处，打开后厢，用木板等搭成一缓坡，然后缓慢地驱赶羊群下车，并将羊群赶入事先消毒好的隔离栏舍内饲养。

(3) 引进种羊的管理　刚引进的种羊，放入隔离栏舍内让其自由活动，熟悉新环境，栏舍内应保持清洁、干燥、通风和气温良好，并保证有清洁的饮水供应，最初一周内最好给羊饮用0.1%高锰酸钾水，同时也可在饮水中加入电解多维或金维他，以尽量减少羊群的应激，待羊寻找食物时，可先投喂适量的青绿多汁饲料，以后再喂给少量的精饲料，一般种羊引进后的最初几天以羊吃到7～8成饱为宜。对引进的种羊，应妥善管理，精心饲养，养殖场（户）应尽可能创造与引进地相同的饲养管理环境条件，以缩短羊群的适应时间，待羊适应新的喂养方式后，再让其自由采食。经过10天左右的饲喂观察，如羊群采食、饮水均正常，可给羊群进行必要的免疫注射，经过15～20天的隔离观察，若无疫病发生，经驱虫后，方可与其他羊群合群饲养，并逐渐转入正规的饲养阶段。

九、防暑降温

炎热的夏秋季节（特别是南方地区），肉羊饲养的主要管理问题是防暑降温。肉羊的汗腺分泌能力较差，怕热，一般每年进入6月后，肉羊就开始出现食欲下降，精神不振等现象。随着气温的逐渐升高，肉羊会出现呼吸急促、体温升高、不愿出牧等现象，加上夏秋季节蚊蝇的大量活动，严重影响羊群的休息，导致一部分羊出现体质消瘦，严重影响肉羊的增重；若气温升高到一定的限度，且羊舍通风不良，则易引起羊发生中暑，甚至会导致个别羊出现中暑、热应激而发生死亡。因此，养殖场（户）在夏秋天气炎热季节，必须及时采取有效的防暑降温措施，以有效地减轻羊群的热应激。

1. 强化环境条件控制，减少羊舍所受到的辐射热和反射热

羊舍是羊常年生活的场所，进入夏季高温季节，如羊舍内温度、湿度等顺其自然，势必将导致高温高湿，不仅不能最大限度地发挥肉羊的生产潜力，而且易引发羊群热应激。因此，养殖场（户）应根据肉羊的生活特性，尽力改进羊舍结构，强化环境条件控制，实行保护性养殖，可在羊舍周围挖窝植树、种植藤蔓类植物（如南瓜、冬瓜、丝瓜等）搭棚遮阴，对羊舍周边的空地，可种植牧草等绿色植物，尽可能避免地面裸露，以减少羊舍所受辐射热和反射热。

2. 尽可能采取降温措施，创造适宜肉羊生长的小环境

养殖场（户）可根据自身的经济条件和饲喂羊群的价值，采取相应的降温措

施：一是对饲喂有较高种用价值的种羊，可在羊舍安装空调降温；二是对建设标准化的密闭式养羊舍，可安装配套的排风扇和水帘，并关闭门窗，开启排风扇，使羊舍内纵向通风而降低羊舍内的温度；三是对一般的养羊场（户），应尽可能将羊舍建造在地势高燥且通风良好的地方，羊舍应坐北朝南，充分利用前、后窗户空气对流的自然通风，降低羊舍内的温度；四是对排水性能较好的羊舍，可安装喷淋水装置，结合自然通风，定时开启喷淋水装置给羊舍内降温。

3. 供给充足而又清凉的饮水，降低肉羊的饲养密度

肉羊的汗腺不发达，体温调节能力较差，因此，夏秋季节养羊，除了尽可能降低羊舍温度外，应供给羊群充足而又清凉的饮水，养殖场（户）应随时掌握羊群的饮水供应情况，谨防缺乏，同时，夏秋季节养羊，养殖场（户）应掌握好羊群的饲养密度，并保证足够的运动场地，一般适宜的饲养密度有利于羊群的采食，提高生长速度，而饲养密度过大则易诱发羊群的热应激，生产实践证明，夏秋季节养羊应在做好羊舍内通风的前提下，各类羊群的适宜饲养密度为：断奶保育羊，以每只羊占栏舍面积应保证在0.3～0.4米^2；育肥羊和种母羊，每只占栏舍面积应保证在0.8～1米^2；种公羊应尽可能单圈饲养，每只占栏舍面积应保证在6～8米^2。

4. 调整好饲料配方，日粮中加入抗热应激类添加剂

夏秋高温季节，羊的体温调节能力差，高温会导致羊体内的代谢过程和内分泌功能紊乱，并使消化腺分泌减弱，胃肠蠕动减弱，消化酶活性降低，导致羊群食欲不振，采食量锐减，因而夏秋季节必须保证羊日粮中的蛋白质、能量、矿物质、维生素等各种营养物质总体水平不可降低，尤其应提高赖氨酸含量，增加维生素A、维生素E、维生素C、叶酸和生物素的含量，保证饲料中锌、硒、镁、钾、钠的充分供应，并确保饲草新鲜、适口性好、消化率高，并及时在补喂的精饲料中加入抗热应激类添加剂。养殖场（户）在补喂的精饲料中按每吨精饲料添加小苏打粉3千克、维生素E 100克及维生素C 200克；也可在补喂的精饲料中添加0.1%的延胡素或其他抗应激添加剂，并改精饲料干喂为稀拌料饲喂，以增加饲料的适口性。

5. 调整羊群饲养管理程序，尽可能避开高温时段操作

一是掌握好羊群的出牧时间，应尽可能安排在早、晚较凉爽的时段进行，中午天气炎热时不让羊群出牧或让羊群在树荫下休息；二是应经常保持羊舍、运动场内清洁干燥，尽可能减少用水冲羊舍地面或运动场地面，防止湿度过大，羊舍内潮湿闷热，影响羊体的散热；三是夏秋高温季节对种公羊的饲养管理要格外重视，种公羊必须每天上、下午坚持放牧运动，并在高温季节每只种公羊每天在饲喂的精饲料中加喂鸡蛋2个，鱼肝油25～50毫升，公、母羊应分开饲养，并在夜间凉爽时增加饲草的饲喂次数，种公羊的配种或采精时间应尽可能安排在早上（6-8时）、晚上（19-21时）进行。

十、安全越冬

冬春季节（特别是北方地区）天气寒冷，牧草枯萎，青绿饲料缺乏，而此季节

正是母羊妊娠、产羔、肉羊育肥大量上市的最佳季节，如对羊群饲养管理不善，不仅会严重影响母羊的妊娠、产羔和肉羊的育肥上市，给养羊业带来前功尽弃的损失，而且还会导致部分瘦弱羊和羔羊冻饿而死亡。因此，应尽早采取相应的措施，以确保肉羊安全越冬。

1. 抓放牧，抢秋膘

夏末秋初，气温适宜，各种牧草生长茂盛，且绝大部分牧草均结下了丰满的籽实，这一时期是羊群放牧增膘的最佳时机，养殖场（户）应尽可能延长羊群的放牧时间，以促进羊群增膘。而进入秋季后，则逐渐转为天短夜长，如羊群仅靠白天放牧，常会导致羊群吃不饱，可适当延长羊群的放牧时间，在下霜前，应尽可能做到早出晚归，而下霜后则应做到晚出晚归，使每只羊均能吃上饲草。农田秋收后，可及时将羊群驱赶到收获庄稼后的田茬地里放牧，使羊群捡食杂草和散落的粮食，如放牧抓得好，也是抢抓羊群秋膘的一个重要时机。羊群放牧回舍后，最好贮备适量刈割的牧草以备羊群夜间采食，与此同时，对瘦弱的羊可用玉米50%、大麦20%、小麦20%、黄豆或蚕豆10%，经粉碎后，再添加相当于以上饲料总量8%～10%豆饼、5%糠麸、1%食盐、3%～5%骨粉，每天分早晚两次给瘦弱羊补喂，每次每只瘦弱羊补喂100～200克，以利瘦弱羊壮膘。通过放牧加补料结合进行饲喂，以使羊群尽快增膘复壮，为羊群安全越冬打下良好的基础。同时，在入冬前，应根据羊群的饲养状况进行合理地整群，可按羊的公母、大小、强弱、营养状况接近的进行组群，且实行弱群、怀孕母羊群和羔羊群就近放牧，强群尽可能远牧。对久病不愈、体质瘦弱、生病空怀、年老体衰以及生产性能低下的羊，应乘其秋肥时及时予以淘汰上市处理。

2. 备草料，保冬膘

为保证羊群在冬春季节不掉膘，养殖场（户）必须备足羊群越冬用的草料，这是保证羊群安全越冬的物质基础。养殖场（户）应按其羊群数量的多少，以越冬期间每只羊每天不低于2.5千克粗饲料、0.4～0.5千克精饲料予以贮备。可在越冬前广泛地收集各种青草、树叶、菜叶及农作物秸秆，并经过氨化、碱化和堆储后给羊群饲喂，也可制作青贮饲料和发酵饲料给羊群饲喂。精饲料的贮备则以玉米、大麦、麸皮和农副产品加工下脚料为佳。但羊在越冬期间所饲喂的饲料应尽量合理地搭配饲喂，做到饲料品种多样化，可将多种干草或农作物秸秆粉碎、混合均匀后，分早、中、晚三次给羊群饲喂，晚上再补喂夜草一次。同时饲喂适量的黑麦草、胡萝卜、白菜、南瓜及发芽饲料等多汁饲料。冬春季节羊的体热散发多，仅靠采食干草或农作物秸秆等粗饲料不能满足正常的营养需求，除了让羊群采食足够的饲草外，必须对羊群增加精饲料的喂量，尤其要增加对瘦、弱、老、孕羊和羔羊的饲料营养，可用玉米65%、豆粕20%、麸皮或米糠11%、磷酸氢钙2%、食盐2%、添加剂适量。在早、中分两次饲喂，也可将精饲料与粉碎的干草粉、青绿多汁饲料混合均匀后给羊群投喂。一般饲喂顺序是：先饮水，然后饲喂饲草，再饲喂精饲料，让羊群休息20～30分钟并给予饮水后出牧或将羊群放入运动场内活动，如给羊群的饲喂顺序做得恰当，对羊群的增膘复壮、减少代谢病是非常有益的。

3. 修羊舍，防着凉

俗话说，“圈暖三分膘”。在入冬前，养殖场（户）一定要修缮好羊舍，堵塞好羊舍门窗和墙壁的缝隙，门窗可用塑料薄膜封闭，并在夜间挂上草帘，尽可能做到羊舍内上不漏雨，侧不透风、地不潮湿，以起到防寒保暖的作用。及时清除羊舍和运动场内的粪尿和饲草等残渣物，并对羊床勤加、勤换垫草，经常保持羊舍地面清洁干燥，为羊群营造一个舒适、温暖、干燥、卫生的生活环境。如遇天阴下雪、下雨，可在羊舍和运动场内铺撒事先贮备好的碎干土或碎干草吸潮降湿，以防止羊舍内阴冷潮湿。如若不然，羊舍内多处透风、阴冷潮湿，羊体的养料消耗就会增加，即使羊群饲喂得再好，也难以保住冬膘。因此，减少羊体损失热量最有效的办法就是修缮好羊舍。在严寒季节，对育羔舍、母羊分娩舍还应尽可能辅以增温设施（如给羊舍内生火增温，应注意烟尘的排放，以免引起羊群中毒），只要做到了让羊群住进温暖的圈舍内，就能大大地减少羊体热量的散失，避免羊群着凉，并防止感冒等疾病的发生，羊群越冬也就有了安全的保证。

4. 巧冬牧，补夜料

繁殖母羊在冬春季节大多数均已处于怀孕期，虽然冬春季节天气寒冷，但羊群也不可长时间在圈舍内舍饲饲养，这样对怀孕羊和胎儿的生长发育均不利，养殖场（户）应结合放牧让羊群适当地运动。在冬牧羊群时，应选择背风向阳、低洼暖和的牧场放牧，对怀孕母羊、产后不久的母羊、哺乳羔羊切忌远牧，以防风、雨、雪对羊群的侵袭。给羊冬牧时应注意做到晚出早归，出舍时顶风出牧，回舍时顺风归牧，充分利用中午较暖和的时段放牧。羊群经白天放牧后，虽然采食了一定的牧草，但冬春季节不仅草枯，而且牧草稀少，羊群常常处于半饱半饥饿状态，晚上回舍后应根据羊群的放牧情况，适当地给羊群加喂夜草和补喂精饲料，并适量地加喂块根块茎类饲料和矿物质饲料，以满足怀孕母羊和胎儿营养的双重需要。

5. 盐开胃，水喝足

有人说“冬春季节羊难养，盐水亦恋膘”。意思是说冬春季节羊虽难养，但只要将羊的饮水中加入适量的食盐让羊饮用，羊就会食欲好，爱喝水，且容易上膘，这话是有一定道理的。食盐不仅可开胃口，而且能助消化，还可止酵，羊群在冬春季节常饮食盐水，就不易引发胃肠疾病，羊的采食状况良好，就很少发病。如羊群饮水不足，缺水状态下，羊的百叶（瓣胃）和鼻子就会发干，羊就不爱采食草料，还容易得百叶干病。在冬春季节给羊群的饮水不可太冷，更不可给羊群饮用冰水和雪水，最好给羊群饮用温水，如没有条件时，可给羊群饮用深井水，但要做到现打现饮，以防止久放变冷，或将羊的饮用水缸（罐）放在室内，给羊群饮用室温水（水温度在10℃左右），这样就可减少冰冷的饮水对羊的胃肠刺激。

6. 保平安，防流产

进入冬春寒冷季节，天寒路滑，而绝大多数母羊正处于怀孕期，养殖场（户）应注意做好怀孕母羊的保胎工作，放牧时应特别注意防止怀孕母羊受到突然间的惊吓和跌滑，放牧时不可走陡坡、过沟渠，不走险路，且尽可能减少外界干扰，以免怀孕母羊惊群或炸群。出入舍门应防止拥挤、挤压和顶架，以确保怀孕母羊的平安，避免发生流产。怀孕母羊（特别是怀孕重胎的母羊）放牧时，不要离羊舍太远，防止怀孕母羊过累或产羔，以便及时处理。如遇有风、雨、雪天气，最好不要出牧，以确保怀孕母羊的平安和顺利分娩。

7. 防疾病，保健康

在冬春季节，天气寒冷，日照时间短，羊群的活动量少，抵抗力较弱，特别易患寄生虫病、慢性呼吸道疾病和消化道疾病，养殖场（户）应特别重视羊群的疾病防治。一是经常保持羊舍内外环境的清洁卫生，并勤打扫、勤清除粪尿、勤换干垫草，为羊群营造一个舒适、温暖、干燥、卫生的生活环境。二是定期消毒羊舍、用具，防止与病原携带物接触，且禁止羊群到疫区放牧，从外因上减少患病的机会。三是定时定量喂给羊群营养全、数量足的饲料，并经常刷拭羊体，改善羊的皮肤状况，促进血液循环，使其保持舒适、健壮。四是有针对性地做好羊群体内外的驱虫工作，在入冬前应对羊群及时进行驱虫，其驱虫药物的最佳选择是虫克星配合苯硫咪唑，该组药可同时驱除羊的体内外寄生虫，且保膘、增膘效果显著。五是给每只羊接种口蹄疫灭活疫苗，对羊的口蹄疫病进行预防，以提高机体抵抗力，从内因上减少各种疾病发生。六是平时注意观察羊群，如发现有羊患病应准确诊断，并给予及时治疗。

第八章　肉羊的育肥管理

第一节　肉羊的生物学特性

一、食草反刍

肉羊是草食动物，具有四个胃，特别是具有发达的瘤胃，加之牙齿发达，采食饲草的种类多于禽、猪和牛，对饲料利用广泛，各种无毒的野草、树叶、嫩枝、农作物秸秆、藤蔓、糠秕、根、茎、籽实、荚壳等均能采食。肉羊采食迅速，采食草料1小时左右，再将其吞食下去的草料变成食团重新逆呕进入口腔，慢慢咀嚼后再吞咽入胃进行消化。我们将肉羊的这一特有的生理现象称之为反刍。肉羊的反刍有利于草料的充分消化和吸收。

二、喜干怕湿

肉羊的汗腺不发达，散热能力差，适宜于在干燥凉爽的地区生活。如肉羊在潮湿的羊舍或运动场内宁肯长时间站立也不愿意卧地休息。低洼潮湿的环境不仅影响肉羊的生长发育，而且还易感染寄生虫等多种疾病。因此，无论是南方还是北方养殖肉羊，均应创造干燥凉爽的小环境才能养好肉羊。

三、喜洁厌污

肉羊喜欢洁净的饲草和饮水。肉羊在采食或饮水前，总喜欢先用鼻嗅闻一下，然后再采食或饮用，凡是带有异味或被污染的草料、饮水以及发霉变质的饲料，羊均拒绝采食或饮用。

四、好动登高

肉羊属于活泼类型动物，生性好动，除卧地休息反刍外，绝大部分时间均处于逍遥运动之中，尤其是羔羊，其反应灵敏。对外界反应的警觉性很高，常可见到羊群在放牧或运动场内活动时，表现前肢腾空、躯体直立、跳跃、嬉戏等动作。另外，肉羊还有很强的登高能力，在陡坡和悬崖上运动自如。

五、合群性强

肉羊的合群性强，无论是放牧还是舍饲，同群的羊群喜欢拥挤在一起。如单独放牧或舍饲，则往往表现惊恐不安，且不愿意采食和饮水。肉羊在合群中还往往表现喜熟欺生、争强好斗的特性。当外群羊进入或本群羊产羔后重新返群，则很容易受到本群羊的欺负和挤斗，一般需要经过3～5天，待重新排出优胜顺序后才能恢复正常。因此，在管理羊群中，应特别注意保持羊群的相对稳定。

六、胆小温驯

肉羊是一种小型家畜，特别是外来品种没有本地品种的肉羊胆子大，且处处表现胆小易受惊，往往在放牧时，如草丛中跑出一只小动物，即会吓得惊慌四处乱跑，见到陌生人或其他动物也会使羊群惊动。因而，在羊群的管理中，应处处动作轻巧，态度温和，羊群在放牧或休息时，不可大声吆喝，且应避免陌生人或其他动物干扰，以免惊吓羊群。

七、喜食脆草

肉羊嘴尖牙利，口唇灵活，下颚门齿锐利发达，且下颚坚硬光滑，咀嚼能力特别强。肉羊特别喜欢采食灌木类细枝嫩叶以及脆硬的饲草和饲料。因此，刺槐林、狼牙刺灌木林等均是肉羊放牧的理想场所。

八、适应性强

由于肉羊属于草食反刍类动物，其采食植物的种类甚多，因而适应性强。加之其耐旱能力强，从而能较好地适应其他畜禽所不能适应的恶劣生活环境。

九、母羊可全年发情

一般来讲，母羊均可常年发情，但在北方地区母羊常常表现出明显的季节性差异，一般在秋季、冬季和春季其发情表现和繁殖性能要优于高温的夏季。在夏季高温季节，即6～7月期间，一般公羊表现性反射不良、性欲较差，因此公羊的精液活力与环境温度呈负相关，环境温度越高，精液活力越低。且母羊在高温季节发情症状不明显，发情持续时间短，如对母羊的配种时机把握不及时，则极易造成母羊在高温季节空怀不孕。

十、繁殖力强

肉羊的性成熟早，一般地方品种的肉羊，3月龄左右，肉用改良羊和外来品种的肉羊3～4月龄即可达到性成熟。公、母羊达到了一定的月龄，虽然达到了性成熟，但身体尚未发育成熟，则不能过早地配种，一般地方品种的肉羊体成熟在5～6月龄，母羊体重达到20千克以上，公羊体重达到30千克以上；肉用改良羊和外来品种的肉羊体成熟在7～8月龄，母羊体重达到40千克以上，公羊体重达到60千克以上即可正常繁殖。母羊的产羔率可达到200%以上，且双羔率和多羔率占70%以上，特别是母羊实施超数排卵效果较好，平均一次超数排卵可达到有效胚

12～16 枚。除此之外，公羊的精液品质优良，耐冻性能好，其冷冻精液的受胎率可高达 70%以上。

十一、育肥性能好

一般肉羊生长发育快，在良好的饲养管理条件下，肉羊的平均日增重可达到 200 克左右，羔羊期的日增重可高达 400 克以上。

十二、肉品质量优

肉羊肉属于典型的高蛋白、低脂肪、低胆固醇的营养保健食品，其肉质细嫩，且味鲜多汁，而深受国内外消费者的青睐。

第二节　肉羊的育肥方式

根据不同的饲养标准，可将肉羊的育肥划分为若干个饲养方式。

一、根据饲养方式育肥

根据饲养方式可将肉羊育肥划分为放牧育肥、舍饲育肥和半舍饲半放牧育肥三种育肥方式。

1. 放牧育肥

放牧育肥是肉羊育肥最廉价而又实用的饲养育肥方式。在饲草资源丰富的山区、半山区、丘陵地区以及广大的草原地区，则提倡肉羊春季、夏季和秋季放牧育肥。对肉羊实施放牧育肥的条件要求是：牧草生长旺盛，能够满足肉羊育肥的营养需要，且放牧育肥的肉羊养殖品种是地方品种和肉用改良品种（早熟品种）。

(1) 肉羊实施放牧育肥具有以下优点

① 有利于降低肉羊的饲养成本　肉羊放牧可使廉价的天然牧草资源得到转化和利用。肉羊在放牧的条件下饲养，可使饲料和人工工资等方面的费用比肉羊舍饲低 50%～70%，因此，可降低肉羊的生产成本和增加肉羊的养殖收益。

② 有利于改善肉羊的健康状况、繁殖性能和产品品质　肉羊进行适当地放牧运动，有利于肉羊的身体健康和繁殖性能的提高。放牧羊群主要采食未受工业尘埃及农药污染的杂草而生长繁殖，加之放牧羊群本身的抵抗力强，很少使用抗生素等有残留的药物。因此，放牧育肥的肉羊羊肉产品较安全、卫生。

③ 有利于天然牧草的再生　一般天然牧草在自然生长的过程中，其牧草植物的衰老组织不仅不能进行有效的光合作用，而且呼吸消耗植物的营养资源，并且因遮阳而阻碍牧草下部枝条的产生和生长。如果牧草的这些衰老组织被放牧的肉羊采食后，即可有利于牧草的再生。另外，大量的研究表明，当肉羊放牧采食了牧草的顶端后，牧草会发生超补偿生长，即肉羊放牧采食了顶端点牧草的产量要高于未受伤害的牧草。肉羊的合理放牧采食还可以刺激被采食牧草的种子产量、生物学产

量、无性繁殖器官的数量、分蘖密度等的增加，从而增加了牧草的生产力、寿命和繁殖潜力。

④ 有利于营养物质的再循环　土壤中营养物质的可利用性是牧草生长的一个条件。在大多数的情况下，土壤中的养分总是处于有限供应状态。在不被肉羊放牧的条件下，其牧草残体的分解速度较慢，土壤中可利用的养分含量较低。当有肉羊放牧时，大部分被肉羊采食的植物组织均是以粪尿的形式返还给草地，加速了土壤的养分循环，有利于营养物质的再生。因此，肉羊的合理放牧采食，可以通过提高土壤肥力而诱导牧草的超补偿生长。

⑤ 有利于维持生物的多样性　如草场采取合理的羊群放牧，其草场条件的良性转化仍然是可能的。肉羊对牧草的合理啃食会促进牧草植被的长期茂盛，并可维持草场生态系统生物物种的多样性，如疏林区的繁茂牧草不被肉羊利用，不仅会造成牧草资源的浪费，而且容易滋生病虫害，且繁茂的牧草更是草场发生火灾的根源。肉羊在牧场上适度地啃食还能使牧草的有害虫类的危害比例下降。

(2) 正确处理好肉羊放牧与生态环境保护的关系

① 要控制好牧场的载畜量（放牧量）　研究证明，肉羊在自然植被上放牧，若草场利用率超过产草量的 45%～50%时，会引起牧草组织的破坏，肉羊喜食的优良牧草会逐渐减少，甚至会消失，而肉羊不喜食或不宜食用的杂草、毒草则会相应地增多；反之，如果牧草的利用率低于 40%～45%时，不仅草场植被的组成与产量均将有所改善，而且能够获得较高的养殖效益。因此，不论是肉羊新放牧的饲养区，还是传统的放牧饲养区，均应依据草场的产草量确定其载畜量，且应因地制宜，以草定畜。

② 发展季节性羔羊肉生产　每年冬季和早春出生的羔羊，可以有效地利用夏秋季节生长旺盛的牧草，实现羔羊较快的生长速度。也可采取放牧加补饲、或放牧饲养加短期舍饲育肥等方法，使羔羊在寒冬季节到来之前，其育肥体重达到上市的标准。这样，一方面可缓解冬春季节草场的放牧压力，将有限的牧草留给繁殖母羊放牧；另一方面可为市场提供优质的羔羊肉，满足人们对羊肉消费的需求。

③ 实现肉羊养殖良种化　在我国的地方肉羊品种中，绝大多数均表现生长缓慢，饲养周期长，羔羊不能当年育肥出栏，养殖效益低，造成牧草资源的极大浪费。而大多数良种肉羊品种如波尔山羊 6 月龄体重即可达到 30 千克以上，而此时上市的羔羊不仅可为市场提供具有竞争优势的优质羔羊肉，还可节约大量的饲料资源，减轻草场的放牧压力。

④ 大力发展人工草场　虽然天然草场作为可更新的自然资源具有较大的生产潜力，但人工草场上的载畜量、单位草场的肉产量、单位草场的肉质量均大大高于天然草场。而草地畜牧业发达国家的经验是，人工草场的面积占天然草地面积的 10%，畜牧业生产力比完全依靠天然草地增加一倍以上。因此，人工草地的数量和质量已成为畜牧业现代化的重要标志之一。目前，美国的人工草地占天然草地的

15%，俄罗斯占10%，荷兰、丹麦、英国、德国、新西兰等国占60%～70%。但我国目前草地的生产力则很低，人工草地面积仅为天然草地面积的2%。我国北方牧区约有2000万公顷的土地适宜人工种植牧草，建立人工草地和饲料基地。根据两院院士近年的考察论证，我国南方地区宜于近期开发利用的草地有1200万公顷，如果实现科学合理的开发利用，其载畜量可相当于新西兰一个国家的养殖规模，可年产牛羊肉300万吨以上，约等于2400万吨粮食。另外，北方开发潜力较大的还有农牧交错地带，包括11个省、市、自治区的150多个县（市、区），其总面积约为5000万公顷。如果将其中的2000万公顷建成高产人工草地和饲料基地，将形成120万吨牛羊肉的生产能力，等于生产960万吨粮食。在农区，完全实行种植业的三元结构（农作物、经济作物和饲料作物）后，估计饲料作物的种植面积可达1200万公顷，相当于增加饲料粮4000万吨。因此，必须增加资金和技术投入力度，努力改善我国草地的生产和生态环境，并使草地资源得到合理地利用，大幅度地提高我国草地畜牧业的生产能力，缓解我国因水资源和耕地不足造成的粮食紧缺，增强我国农业可持续发展的后劲。

（3）肉羊放牧育肥方式的选择　可依据草场的面积、地形、植被状况、放牧季节和羊群的大小等决定肉羊育肥方式。其主要形式有三种。

① 围栏放牧　即根据草场的地形将肉羊的放牧场地用铁丝和木栏围起来，在一个围栏内，根据牧草所提供的营养物质数量，并结合肉羊的营养需要，安排一定数量的羊群放牧采食。羊群在围栏内放牧采食一段时间后，再驱赶到另一围栏内放牧。

② 小区轮牧　即指在划定肉羊季节草场的基础上，根据牧草的生长状况、草地生产力、羊群的营养需要和寄生虫的危害情况，将肉羊的放牧场地划分为若干个小区，羊群按一定的顺序在小区内进行轮回放牧。羊群在一个小区内的放牧时间应限定在6天以内（因羊体内的寄生虫虫卵随粪便排出体外，需要6天左右才可发育成具有感染力的幼虫，如羊群在一个小区内的放牧时间限定在6天以内，则可减少寄生虫的感染机会），且在小区内轮牧可减少羊群游走所消耗的热能，加快肉羊的生长速度。肉羊放牧周期的确定则主要取决于牧草的再生速度。一般来说，在温暖地区和温暖季节放牧肉羊适宜采用短期轮牧，在寒冷地区和寒冷季节，则适宜采用长期轮牧。肉羊在短期轮牧时，一般春季为10～15天，夏季为20～30天，冬季为35～40天；肉羊在长期轮牧时，其春、夏、秋、冬季节分别为21～30天，35～40天，60～70天和80天以上。在确定肉羊放牧周期的天数之前，应事先测定好草场的产草量，然后再确定肉羊的放牧数量和轮牧周期。

③ 自由放牧　一般该种放牧方式是在草场缺乏的农区或半农区的小群肉羊放牧主要采用的形式。

（4）肉羊放牧育肥的队形与控制　肉羊在实施放牧育肥时，应适当地控制羊群的放牧队形，一般肉羊在放牧中常见的控制队形有一条鞭、满天星、背着放、抱着放和拐着放等。养殖场（户）可根据其放牧地形和放牧时间灵活掌握，并随时变换。

① 一条鞭放牧法　即利用肉羊都愿意采食头排草的特点，将羊群排在一条线上放牧，让羊群形成齐头并进采食牧草的队形，使每只羊均能采食到优质的牧草，而且肉羊的食欲好吃草快。一般在牧草茂盛的地方和在早晚天气较凉爽时常采用此种放牧队形。

② 满天星放牧法　即在较宽敞的草场上，让羊群形成均匀分散地、自由地采食队形。一般放牧羊群大部分时间呈这种队形。在此种放牧队形中，羊与羊之间的距离大，空气流畅，一般在天气炎热的夏秋季节或羊群已吃到半饱而不愿乱跑时，多采用此种放牧队形；在阴雨天羊群被雨水淋湿后，使用此种放牧队形时，可使羊毛干得快，且不易引起羊群生病。

③ 背着放放牧法　即在羊群放牧时，牧羊工在羊群的前面领着放牧或压住羊群不让其乱跑。此种放牧法一般在山区或小块牧地放牧时多采用。

④ 抱着放放牧法　即指牧羊工在羊群的后面边赶着羊群放牧边向前走。一般羊群在晚间放牧或在炎热的天气放牧时，羊群不爱走路时多采用此种放牧队形。其优点是牧羊工可照顾到每只放牧的羊，并防止羊群丢失。

⑤ 拐着放放牧法　即指牧羊工在放牧羊群的侧面来回跑动赶着羊群向前走。牧羊工可以前后照顾好羊群，不允许羊群乱跑，一般在较狭窄的道路或羊群在田间地边放牧时多采用此种放牧队形。

不论肉羊采用何种放牧方式，牧羊工均必须做到“三勤”（即腿勤、眼勤、嘴勤）、“四稳”（即出牧稳、放牧稳、收牧稳、饮水稳）、“四看”（即看地形、看草场、看水源、看天气），宁可放牧时多磨嘴，不让羊群多跑腿，确保羊群一天放牧能达到早、中、晚三次吃饱。

(5) 肉羊四季放牧要点　我国民间总结出了许多肉羊放牧育肥的经验均值得养殖场（户）借鉴。如“春放阴，夏放阳，七八月份放沟塘，十冬腊月放撂荒”。现总结我国劳动人民对肉羊放牧育肥方面积累的“肉羊放牧四季歌”如下：

春放低洼一条线，防止跑青人在前。
山区先到阴坡牧，草干再把阳坡上。
青草刚生吃不饱，先干后精防毒草。
合理分群去遛茬，早出晚归要补草。
夏放岗地满天星，沟塘壕沿防蚊蝇。
山区上午放西岗，下午再往东坡挪。
晴天顶风背太阳，早出晚归午乘凉。
阴天下雨顺风放，井泉流水饮肥羊。
秋放旬子二茬草，山区树下把草找。
庄稼收完再遛茬，顺垄放牧效果佳。
先吃杂草饮好水，然后再去放豆茬。
多吃慢走勤换地，晚出早归防霜草。

顶风出牧顺风归，吃好饮足运动好。

要想越冬保住膘，晚出早归夜加草。

肉羊膘满胎儿壮，安全越冬最重要。

2. 舍饲育肥

舍饲育肥是用于肉羊进行强度短期育肥的主要方法，也是农区利用农作物秸秆发展养羊业的主要生产模式。其优点是可对肉羊进行精心的饲养管理，避免不良生态环境的影响，有利于对育肥羊群区别生理阶段、生产水平进行饲养管理，在舍饲的饲养条件下，可参照饲养标准，科学地搭配饲料，进行增重目标管理，提高饲料报酬、日增重和肉羊的胴体品质。其缺点是一次性建造羊舍的投资较大，饲草、饲料的费用较高，且舍饲羊群选择饲料源有限，通常是养殖场（户）喂什么，羊群吃什么，尤其是在冬春季节，如果不注意青绿多汁饲料和精饲料的补喂，则往往容易导致羊群出现营养缺乏症。因此，养殖场（户）实施肉羊舍饲育肥，首先必须有目的地建立饲料基地，并贮备足够的草料。可种植长短结合的玉米、黑麦草、苜蓿等青绿饲料和胡萝卜、南瓜等多汁饲料，并有计划地晒制青干草和贮备农作物秸秆（如麦秸、稻草、花生秧等)，用农作物秸秆制作氨化（微贮）饲料供给肉羊饲喂，用玉米秸等制作青贮饲料以补充青绿饲料的饲喂不足。其次要调整好羊群结构。可根据不同年龄和不同生理状况的羊合理组群饲喂，并搞好羊群的驱虫、健胃和防疫等工作。其三是对舍饲育肥羊实行科学的养殖。对舍饲育肥羊的饲料营养的调制与供给，不仅要考虑羊对饲料的数量需求，还应考虑饲料的质量需求；不仅要考虑饲料的适口性，还应考虑当地的饲料资源条件。养殖场（户）应尽可能降低饲料成本，提高饲料的转化率。除羔羊外，所有羊的日粮中粗饲料应达到60%～80%，其中优质青干草应占粗饲料的50%左右，可供羊群自由采食，青贮饲料的供给量可占粗饲料的30%左右，适当地补喂青饲料，并按羊群的饲养标准配合混合精饲料给予补喂，同时还应注意矿物质饲料添加剂的有效补充。其四是对舍饲育肥羊的饲料组成应保持相对地稳定。如更换饲料种类，应逐渐添新减旧，以便羊群有一个逐渐适应的过程，同时舍饲育肥羊的饲喂顺序、饲喂时间、饲料种类和饲喂饲料的数量均应保持相对地稳定，并做到少喂勤添，以使羊群保持较高的食欲，以提高育肥效果，并有效地减少饲料的浪费。

3. 半舍饲半放牧育肥

半舍饲半放牧育肥是指在牧草生长旺盛的季节，实行白天放牧，早晚给肉羊补饲干草和混合精饲料，枯草季节实行舍饲饲养的一种饲养方式。肉羊实行半舍饲半放牧的育肥方式，既可以节约饲养成本，又可以对肉羊实行全价饲料饲养，从而有利于提高育肥肉羊的日增重和胴体品质。因此是一种较好的肉羊育肥方式。

二、根据生长阶段育肥

肉羊的生长阶段是从受精卵开始，到生长停止的整个生命过程，根据其肉羊不同生长发育阶段的特点，可将肉羊的生长阶段划分为胎生期、哺乳期、育成期、育肥期、成熟期和生长停止期。由于其肉羊的育肥方式和屠宰时期的不同，有育肥 3～4 月龄进行屠宰的小肥羔生产，有育肥 6 月龄左右的肥羔生产，也有育肥 10 月龄左右的青年羊育肥，以及不同性别的理想育肥、普通育肥和老年羊育肥。

三、根据饲料类型育肥

根据育肥肉羊的饲养类型可将肉羊育肥划分为液态型、精料型、粗料型和精粗混合型四种育肥方式。

1. 液态型

欧美一些发达国家利用乳汁或人工液体饲料饲养初生至 4 月龄前后的羔羊，在此期间，利用瘤胃沟反射，直接将液体饲料投放到真胃和小肠，不饲喂饲草和精饲料，生产所谓的“白色羊肉”。这种羊肉肉质细嫩，芳香多汁，是一种价格昂贵的羊肉（其价格是普通羊肉的 3～4 倍）。

2. 精料型

即大量地利用谷物类精饲料育肥肉羊，其饲料的精粗比达到 7∶3 以上。这种育肥方式多见于肉羊的强度育肥期。该育肥方式多见于日本以及欧美一些谷物生产过剩和价格低廉的发达国家。这种育肥方式可使肉羊的生长发育加快，日增重提高，且肉羊育肥的肉品品质好，但该种育肥方式耗费精饲料过多，饲养成本高，且易引起育肥羊发生瘤胃积食和瘤胃酸中毒。

3. 粗料型

即大量地利用青粗饲料育肥肉羊。该种育肥方式常见于我国地方品种肉羊的育肥饲养。近年来，我国在农区大力推广农作物秸秆氨化、微贮或青贮处理技术，有效地提高了农作物秸秆的营养价值，也对肉羊育肥取得了较好的育肥效果。

4. 精粗混合型

即在肉羊的育肥过程中，前期充分地利用青、粗饲料喂养，为育肥肉羊打好基础，后期则利用大量的精饲料对肉羊进行短期育肥，这种前粗后精的育肥方式是我国大部分养殖场（户）所采用的方法，该方法比较符合于反刍动物肉羊的生理要求，也比较经济实用，且育肥肉羊的肉品品质也较好。

四、根据营养水平育肥

根据育肥肉羊的饲养营养水平可将肉羊育肥划分为高营养型饲料育肥、中营养型饲料育肥和低营养型饲料育肥三种育肥方式。

1. 高营养型饲料育肥

即在肉羊强度育肥期间，采用高能量、高蛋白质的高营养水平饲料，日粮组成多以精饲料为主，肉羊在强度育肥期间其精饲料提供的营养物质占整个育肥期间的 70％左右。

2. 中营养型饲料育肥

即在肉羊的半放牧半舍饲育肥期间，采用放牧加补饲的中营养水平饲养，一般肉羊在育肥期间的精饲料补饲量占肉羊体重的1%左右。

3. 低营养型饲料育肥

在我国的一些肉羊地方品种和肉用改良品种（早熟品种）的饲养过程中，常采用的一种育肥方式。这种育肥方式主要是大量地利用青粗饲料和农作物秸秆育肥肉羊，且推行农作物秸秆氨化、微贮或青贮处理后饲喂肉羊，在肉羊的育肥过程中，基本不饲喂精饲料或很少使用精饲料。这种肉羊育肥方式虽然饲养成本低，但肉羊增重缓慢，育肥期长，且育肥肉羊的肉品品质也较差。

五、根据体重大小育肥

不同体重的肉羊，其所需的营养物质亦不尽相同。根据其饲养标准，科学地配合全价日粮进行育肥，是一种比较科学的肉羊饲养方式。

六、根据日增重育肥

处于不同生理阶段的肉羊，其日增重强度亦不尽相同。根据不同生理阶段肉羊的生长和发育的强度，在维持肉羊饲养的基础上，提供肉羊日增重的营养需要，进行日增重目标饲养，也是一种比较科学的肉羊饲养方式。

七、根据季节育肥

我国地域辽阔，南北地区气温相差较大。牧草的生长与枯萎在南北地区均呈现出规律性的变化。因此在不同的季节，对肉羊应采用不同的育肥饲养方式。如在酷热的夏秋季节需要注意肉羊的防暑降温，肉羊可实行露天散养为主；而在寒冷的冬春季节，则需要注意肉羊的防寒保暖，肉羊可实行暖棚或舍饲饲养为主。除此之外，肉羊的日粮组成也有所不同。

八、根据系养方式育肥

根据肉羊的系养方式不同，可将肉羊育肥划分为单槽育肥、群饲育肥和拴系育肥三种方式。有条件的养殖场（户）可提倡肉羊单槽饲养和拴系饲养育肥，这两种方式可避免因肉羊个体之间的大小、强弱而发生争食抢斗，有利于提高肉羊的日增重。

九、根据光照强弱育肥

根据肉羊育肥时期的光照强弱，可将肉羊的育肥划分为暗室育肥、弱光育肥和强光育肥三种方式。强光可刺激肉羊的生长激素和甲状腺素的分泌，从而有利于肉羊的肌肉和骨骼的生长。因此，肉羊在育肥前期，则提倡多晒太阳。肉羊进入育肥后期后，则提倡暗室和弱光饲养，这样可减弱光照对肉羊机体甲状腺等内分泌的刺激，减少激素分泌，有利于肉羊肌肉中脂肪的渗入，形成“大理石”花纹，从而有利于提高育肥肉羊的肉品品质。

第三节　肉羊的育肥原理

肉羊的育肥是科学地应用饲料和管理技术，用尽可能少的饲料，获得尽可能高的肉羊日增重，生产出量大质优的羊肉。要想快速育肥肉羊，就必须给予肉羊的营养物质高于其维持和正常生长发育的需要。在不影响肉羊正常消化的前提下，饲喂肉羊的营养物质越多，获得的肉羊日增重就越高，而单位增重所耗费的饲料就越少，并可使肉羊提前出栏。若希望获得含脂肪较少且品质较高的羊肉，则在肉羊育肥的前期，其饲喂日粮中的能量水平则不可太高，而饲料中的蛋白质数量应充分满足，到肉羊的育肥后期，再适当地提高饲料中的能量水平；反之，则会获得含脂肪较多的羊肉。

不同品种的肉羊，在育肥期内对营养物质的需要量是有差异的，如果要想得到相同的日增重，其非肉用品种所需的营养物质要高于肉用品种，肉用品种的营养物质需要量要比兼用品种高出10%～20%。不同生长发育阶段的肉羊，育肥期间所需要的营养水平也不相同。羔羊正处在生长发育阶段，其增重的主要部分是肌肉、内脏和骨骼，所以其饲料中提供的蛋白质含量也应适当地高一些；而成年羊在育肥期间增重的部分主要是脂肪，其饲料中提供的蛋白质含量可以适当地低一些，而能量的含量则应高一些。由于肉羊在不同生长发育阶段的增重成分不同，则每单位增重所需的营养物质以羔羊最少，成年羊最多。其羔羊的消化机能不如成年羊完善，因而对饲料的品质要求较高。羔羊在育肥期间，前期的增重是以肌肉和骨骼生长为主，后期则以脂肪沉积为主，因而在羔羊的育肥前期，其所提供的饲料应供给充足的蛋白质和适当的能量，在育肥后期，则应供给充足的能量。当肉羊育肥到一定的时期，脂肪沉积到一定程度后，其育肥肉羊会出现生活力降低，食欲减退，饲料转化率下降，日增重减少，如继续对肉羊育肥则很不合算。一般羔羊的年龄越小，则理想的育肥期越长，其羔羊的育肥期可延长到1岁左右。肉羊的年龄越大，则育肥期越短，如成年羊育肥仅需2～3个月即可。而肉羊育肥期的长短，还受饲料品质和饲养方式的影响，其放牧育肥的饲养效率要低于舍饲育肥，因此放牧肉羊的育肥期要比舍饲肉羊的育肥期长一些。环境温度对育肥肉羊的营养需要和增重的影响也较大，如平均气温低于7℃时，则肉羊机体的产热量增加，其采食量也增加，但由于低温增加热能散失量，则使所饲喂肉羊饲料的增重效率也随之降低。低温环境育肥肉羊则应相应增加饲料的营养水平，才能维持肉羊较高的日增重，若空气湿度大和大风天气，则更会加剧低温对肉羊育肥的不良影响。当气温高于32℃时，肉羊的呼吸和体温也会随之增高，则会导致肉羊的采食量减少，如气温过高还会导致肉羊的食欲下降甚至停食、流涎，严重时甚至会发生中暑死亡。如高温高湿则会加剧对肉羊的危害，在育肥后期危害更大。

肉羊属于草食动物，其育肥期日粮中粗饲料应占整个饲喂饲料的30%～40%，即使到了肉羊的育肥后期，其饲喂的粗饲料也不应低于30%左右，或饲料中的粗纤维含量不可低于8%～10%。在保证育肥肉羊粗饲料饲喂量的前提下，养殖场（户）应尽可能想方设法地改善饲喂肉羊的粗饲料品质（除尽可能选择豆科类粗饲料外，可对粗饲料进行氨化、微贮和青贮处理），以增加肉羊对干物质的采食量，从而提高肉羊日粮中的营养水平，而不应单纯地追求增加饲喂肉羊的精饲料数量。同时在肉羊的育肥过程中，养殖场（户）应避免隔年羔羊的育肥，因为隔年羔羊育肥容易导致羔羊在冬春季节体况下降，难以恢复，影响其育肥饲养的经济效益。对于隔年羔羊育肥可采用舍饲的饲养方式，利用高能量的日粮饲养，使其尽快出栏。肉羊在育肥过程中，应尽可能避免某一饲养阶段营养跟不上，造成肉羊的肌肉生长发育受阻，即使是以后加强对肉羊的营养也难以补偿，致使出栏屠宰的肉羊与合理育肥出栏屠宰的肉羊相比，其胴体骨骼、内脏的比例增大，脂肪含量增高，瘦肉的比例下降，肉品品质欠佳。肉羊在育肥前期饲喂饲料的营养水平应维持在正常生长发育阶段的营养水平，在育肥期内营养水平应逐渐提高，在育肥后期应给予高营养水平的饲料，如放牧条件较差时，则应注意补喂高营养水平的饲料。羔羊在育肥时，应维持高营养水平的饲养条件，以促使其正常的生长发育。另外，肉羊在育肥期间，应保持育肥环境安静，并尽可能减少育肥羊群的活动量，以减少其营养物质的消耗，从而提高肉羊的育肥效果。

第四节　影响肉羊的育肥因素

一、品种

肉羊的品种不同，其增重的遗传潜力也不同，如一些大型的肉羊品种（如波尔山羊）的日增重可达到200克以上，而我国的一些普通的地方山羊品种的日增重仅为60克左右。由于目前我国尚无专门的肉羊品种，为了提高我国肉羊的育肥水平，必须大量地利用国内外一些肉用羊品种，如波尔山羊等进行杂交改良。据试验，其杂交一代羊的日增重平均可提高80%以上。

二、营养水平

育肥肉羊的营养水平不同，育肥效果也不尽相同。据用3～4月龄的波黄杂交一代羊作育肥试验，在高营养水平的饲养条件下，其日增重可高达380克以上，而中营养水平的日增重只有180克左右，低营养水平的日增重更低，仅有80克左右。

三、饲料类型

育肥肉羊的饲料类型不同，育肥效果也不尽相同。据以波黄杂交一代羊进行育肥试验表明，以青粗饲料为主的日粮，其日增重仅有120克左右，而以精饲料为主的日粮，则日增重可高达 380 克。除此之外，肉羊的日粮搭配也对其胴体组成有很大的影响。用优质青干草加上麸皮、饼渣搭配的日粮饲喂育肥的肉羊，其胴体中肌肉所占的比例要高于以谷物类饲料为主的肉羊，且育肥肉羊肉品中的脂肪比例也远远低于以谷物类饲料为主的肉羊。另外，谷物类饲料的粉碎细度也影响肉羊的育肥效果，用整粒或压扁的玉米饲喂肉羊，其日增重比用细粉玉米育肥肉羊的效果高 10%左右。且因饲料在肉羊瘤胃中停留的时间短，减少了谷物类饲料在瘤胃中发酵的营养物质损失，增加了过瘤胃淀粉的数量，提高了瘤胃液的 pH 值，从而有助于精饲料和粗饲料的消化吸收，改善肉羊的生产性能和饲料的利用率。因此，在羔羊和青年羊的育肥过程中，提倡将玉米压扁后再给肉羊饲喂。

四、年龄

肉羊的育肥年龄不同，其育肥效果也不相同。据对波黄杂交一代羊进行育肥效果研究表明，在肉羊强度育肥的条件下，4 月龄左右肥羔的屠宰分析，其肌肉占 70%左右，脂肪占 9%左右，骨占 18%左右；在 8 月龄左右时，则肌肉占 64%左右，脂肪占 12%左右，骨占 17%左右；在 12 月龄左右时，则肌肉占 63%左右，脂肪占 23%左右，骨占 14%左右；在 16 月龄左右时，则肌肉占 60%左右，脂肪占 27%左右，骨占 13%左右；在 18 月龄左右时，则肌肉占 58%左右，脂肪占 29%左右，骨占 13%左右；在 24 月龄左右时，则肌肉占 56%左右，脂肪占 33%左右，骨占 11%左右。由此可见，随着肉羊年龄的增长，其肉羊的肌肉、骨骼所占的比例越来越低，而脂肪所占的比例则越来越高。

五、性别

肉羊的不同性别对育肥效果也有很大的影响，育肥强度最大的是 6 月龄左右的公羊，其次是阉羊，最后是母羊。当公羊进入性成熟后，由于阉割摘除了性腺，缺乏雄性激素对肌肉以及骨骼生长的有效刺激，因此阉割可使肉羊的生长强度降低 15%左右。但是阉割可使肉羊的脂肪沉积率增加，特别有利于脂肪渗入肌肉内，形成高档羊肉。

六、季节

不同的季节对肉羊的育肥效果也有影响。最适合于肉羊育肥的季节为春秋季节。春秋季节气温适宜，各种牧草生长旺盛，饲草充足，肉羊的采食量大，有利于肉羊的增重。据饲喂试验，肉羊在露天饲养的条件下，春秋季节肉羊的增重比冬春寒冷季节高 14%左右，比夏季高温季节高 8%左右。据研究表明，肉羊最适宜的育肥温度为 26℃左右。在冬春寒冷季节气温较低，不利于肉羊的育肥增重，但在很多地方，为了减少肉羊在冬春寒冷季节掉膘，养殖场（户）采用塑料暖棚育肥肉羊，由于塑料暖棚内温度较高，肉羊的育肥效果也得到了明显的提高。

第五节 影响羊肉品质的因素

羊肉品质一般包含感官特征、技术指标、营养指标和卫生指标。而对消费者而言，羊肉肉品的外观、质地、风味是判定其质量的感官特征。通常用肉色、pH值、滴水损失、剪切力和硫代巴比妥酸反应物数值等指标来量化其羊肉的质量。羊肉肌肉所显现的颜色是肌红蛋白、氧化肌红蛋白以及正铁血红蛋白转化的结果。肌肉pH值对肌肉的嫩度、滴水损失、肉色等有直接的影响。肉羊屠宰后，pH值降低与肌糖原酵解有关。应激条件会加速体内糖原的酵解，使肌肉pH值迅速降低。滴水损失是肌肉保持水分性能的指标。肌肉系水力则直接关系到肉品的质地、风味和组织状态。剪切力是肌肉嫩度的指标，也是肉品内部结构的反应，并且在一定程度上反映了羊肉中肌原纤维、结缔组织以及肌肉脂肪含量、分布和化学结构状态。肉品中硫代巴比妥酸反应物数值与肉品酸败、异味等直接有关，是肉品脂质过氧化程度的直接量化指标。

一、影响羊肉品质的内在因素

1. 肌纤维直径、密度和类型

羊肉的嫩度是指肌肉易切割的程度。肌纤维直径越粗，单位肌肉横断面积内肌纤维的数量越多，切断肌肉所需的剪切力就越高，羊肉的嫩度也就越小。不论肉羊屠宰活重或日龄的大小，均是以肌纤维愈细者肉质愈嫩。肉羊屠宰后僵直肌肉的肌节长度与肉品嫩度也呈正相关。

2. 结缔组织含量和组成

结缔组织的含量也影响羊肉的嫩度。肌肉中结缔组织增多，则羊肉的嫩度下降。老龄肉羊的结缔组织交联增长多，故肉质粗糙；青年公羊肉品中结缔组织含量也较高，公羊肉的肉品品质比阉羊肉的要差。

3. 肌肉脂肪含量

肌肉脂肪含量对羊肉的风味影响较大，对羊肉的嫩度也有一定的影响。具有正常品质的羊肉，其嫩度随肌肉内脂肪含量的增加而呈现出从最差到中等水平的明显改善，如脂肪继续增加，则嫩度不会再继续改善，有时甚至还会下降，因为肌肉内脂肪含量过多可能会降低结缔组织的物理强度，从而使羊肉的感观品质、风味以及嫩度均下降。如老龄肉羊肉品的脂肪过多，其肉品的嫩度变异则较大。

4. 肉羊身体部位

肉羊身体不同部位的肉品其嫩度不同，如肉羊后腿肉比其他部位的肉其嫩度要差，这是由于蛋白水解酶（CDP）的含量或活性不同所致。蛋白水解酶的含量及活性对肉品嫩度的改善程度起决定性的作用，特别是蛋白水解酶-Ⅰ的含量和活性越大，肉品的嫩度也越大。

5. 游离钙、锌、镁离子的浓度

肉品中钙离子的浓度直接影响肉品中的蛋白水解酶活性，钙离子浓度越高，蛋白水解酶活性越大，则肉品的嫩度就越高。锌离子是蛋白水解酶的封闭因子，锌离子浓度升高会导致肉品的嫩度下降。在活体肉羊的肌肉中，镁离子与钙离子有拮抗作用，从而影响了肉品中生化反应过程，所以对肉品的嫩度也有一定的影响。

6. 肌糖原含量

羊肉中肌糖原含量影响其肉品的最终 pH 值，所以也影响肉品的嫩度。羊肉中肌糖原含量过高，则肉品的终点 pH 值偏低，嫩度往往较差；羊肉中肌糖原过少，则终点 pH 值偏高，易导致肉品色泽暗红、质地粗糙，切面干燥肉（DPD），这是羊肉中最常见的次品肉。肌肉中肌糖原含量主要与肉羊的气质类型及屠宰前的状况有关。

7. 大理石纹理状况

羊肉肉品的大理石纹理结构影响肉品的感官指标，大理石纹理结构越好，剪切力（WBS）越低，则嫩度越高，越富于多汁性，但与风味关系不大，在对肉品的嫩度尚难以进行直接评价时，其肉品的大理石纹理是对肉品嫩度和其他质量指标进行感官评定的重要参数。

二、影响羊肉品质的其他因素

1. 肉羊的品种

不同品种的肉羊其肉品品质有一定的差异。有人对肉羊的基因型研究表明，肥臀羊的饲料转化效率和屠宰率高，眼肌面积增大，腿肉丰满，整个后躯的产肉量高，但其肉品的嫩度、多汁性和总体口感均较差。这种现象是由于肥臀基因导致肌肉中蛋白水解酶抑制剂活性提高，影响蛋白质的降解速度，使肉羊在屠宰前蛋白质合成速度加强，出现肥壮现象；但屠宰后羊肉的成熟速度放慢，则嫩度下降。

2. 肉羊的性别

一般公羊生长较快，饲料转化率高，胴体脂肪少而肌肉多。但公羊肉的嫩度变化较大，剪切力比母羊肉高。这是因为公羊肉的蛋白水解酶抑制剂活性比母羊肉高，其公羊肉的肉品嫩度低于阉羊肉也是出于这一道理。

3. 肉羊的年龄

一般幼龄羊肉的膻味小，嫩度高；老龄羊肉的膻味大，色泽差，嫩度低而变异大。这是由于羔羊肉的脂肪含量低，因此，脂肪氧化水平也较低，脂类氧化不仅产生异味，而且使不饱和脂肪酸、脂溶性维生素和色素含量下降，表现色泽变浅。老龄羊肉嫩度较差是由于其组织交联增多所致，也可能与蛋白水解酶抑制剂活性有关。在国外，屠宰场是按照肉羊胴体的质量来定价的，屠宰率为 48%～50%、胴体重为 16～20 千克的绵羊肥羔价格最高，胴体为 10 千克左右的山羊乳羔价格最高。

4. 肉羊的营养水平和饲养制度

一般认为，粗饲料饲喂的羊肉肉质不如精饲料饲喂的羊肉肉质。这是由于饲喂高能量日粮的肉羊生长快，蛋白质的合成加速，转化率提高，影响胶原蛋白的含量。可溶性胶原蛋白的比例越高，其肉品嫩度可能越高。无论环境温度如何，放牧羊肉总比舍饲羊肉嫩度低，肉羊在屠宰前舍饲育肥有利于羊肉品质感官性状的改善。

5. 肉羊饲料的成分含量

（1）维生素C　维生素C参与体内氧化反应，并且有抗应激、缓解肉羊屠宰后pH值下降速度的功效。因此，在日粮中补充大量的维生素C可通过缓解肉羊屠宰后肌肉pH值的下降速度，而改善其肉品品质。

（2）维生素D_3　维生素D_3对肌肉钙水平有刺激性效应，因而可提高肌肉中蛋白水解酶活性，促进肉品的嫩化。

（3）维生素E　大量的研究已证明，肉羊日粮中添加维生素E可以明显地提高其瘦肉的色泽、风味和货架寿命。

（4）钙　钙离子可参与屠宰后肉品的熟化过程。

（5）镁　镁能降低由钙产生的神经肌肉刺激和减少神经冲动引起的乙酰胆碱的分泌，也能降低神经末梢和肾上腺儿茶酚胺的释放，而儿茶酚胺可减少肌肉糖酵解，从而减少肉羊的应激，提高肉羊的肉品品质。

（6）硒　硒可以防止细胞膜的脂质结构被破坏，保持细胞膜的完整性，且硒是谷胱甘肽过氧化物酶（GSH-Px）的必要组成成分。谷胱甘肽过氧化物酶能使有害的脂质过氧化物还原成无害的羟基化合物，并使过氧化物分解，避免细胞膜结构和功能遭受破坏，从而减少肌肉渗出汁液，提高羊肉品质。

（7）铬　铬是葡萄糖耐受因子（GTF）的成分。葡萄糖耐受因子可提高胰岛素的活性，也可通过改变皮质醇的产量和胰岛素的活性而影响肉羊对应激的反应。应用有机铬可减轻发生在运输中和转运场所的应激作用，增加肌肉中的糖原贮量，从而减少不良肉品的发生。大量的研究表明，铬可以增加瘦肉率，降低脂肪含量，改善胴体品质，提高羊肉品质。

（8）铁　铁是血红蛋白和肌红蛋白的重要组成成分，对羊肉肉色的形成有决定性的作用。铁可通过促进其他一些氧化启动因子的形成而起到直接或间接的催化作用。饲料中铁含量过高，不仅使肌肉的颜色变得过深而不受消费者欢迎，而且可加速肉品的氧化酸败过程。因此，应适当地控制肉羊饲料中的含铁量。

6. 肉羊的药物残留

据研究表明，许多抗生素药物和抗寄生虫药物均可在肉羊体内残留较长时间，如肉羊在屠宰前不严格执行休药期制度，则影响羊肉的卫生指标。

7. 肉羊的宰前状态

肉羊宰前状态包括宰前健康状况以及因运输、休息或应激所致的生理状态。一般肉羊营养缺乏性疾病不仅可导致肉羊屠宰后的胴体感官评分下降，还可造成羊肉组成成分的变化，如肌间脂肪含量下降。肉羊严重病症（如传染病）还可导致羊肉的废弃。肉羊宰前应激可引起肌糖原浓度下降，乳酸浓度上升，从而影响羊肉的质量。如肉羊在屠宰前发生强应激，可大大提高血液中儿茶酚胺类激素的浓度，从而使刚屠宰后的羊肉肉品酸化速度加快，温热和酸化共同作用使肌肉蛋白强烈变性，并发生收缩，失去持水能力，形成白肌肉（PSE）。

8. 肉羊屠宰后影响因素

（1）成熟条件　一般新鲜羊肉不适宜于加工，因此，必须对羊肉肉品进行冷却以改善肉品的嫩度。为了保持羊肉的鲜嫩度，速冻前需要在0～2℃的冷却间内冷却。否则，羊肉的嫩度会下降。

（2）烹调方法与温度　羊肉的嫩度受烹调方法、烹调温度和烹调程度的影响。羊肉在卤煮时，由于其肉温较高，超过了肌肉蛋白变性收缩的温度，有利于肌纤维的热破坏作用，所以，羊肉的嫩度一般随温度升高而增大。羊肉在烤制时，其肉品内部的实际温度并不是很高，通常以肉品中心温度达到60～80℃为终点温度，这时，肉品的嫩度随肉品中心的终点温度升高而下降。因此，为了保证羊肉在烤制时肉品卫生，通常以70℃左右的肉品终点温度为佳。

三、影响羊肉风味的不良因素

1. 饲料

（1）饲喂有异味的饲草　肉羊饲喂有异味的饲草如草木樨、沙打旺、箭蓝豌豆等生物碱含量较高的牧草，其羊肉通常带有苦味。葱、蒜或大根葱带有臭味，韭菜或山韭菜也带有异味，肉羊采食后也会使羊肉带有不良异味。

（2）饲喂有异味的动物性饲料或添加剂　鱼粉有鱼腥味，肉羊饲喂鱼粉后可将其鱼腥味残留在羊肉和羊奶中，影响人类的食欲；鱼油含有多个双键的不饱和脂肪酸，其氧化产物有异味，而且能将这种不良气味转移到羊肉和羊奶中；肉羊常喂酸败的蚕蛹粉对羊肉和羊奶也有不良影响；肉羊在育肥后期使用尿素或氨化饲料则可使羊肉带有氨味。

2. 药物

在肉羊屠宰前，口服或注射带有异味的药物（如樟脑）也会影响羊肉的味道。

3. 肉羊的性别

一般情况下，公羊肉膻味较重。这是因羊肉中的膻味是由脂肪组织中的雄烯酮和粪臭素引起的。其雄烯酮来源于睾丸，属于睾丸类固醇，具有尿膻味；其粪臭素是后肠内微生物降解色氨酸产生的挥发性化合物。由于公羊的代谢能力较强，肠道细胞的新陈代谢较快，所产生的细胞碎片是后肠粪臭素合成所需色氨酸的来源，性激素可抑制肝脏合成降解粪臭素的酶，所以，公羊降解血液中粪臭素的能力较低，其肉品的膻味也较重。

四、提高羊肉品质的措施

1. 选择优良肉羊品种，开展杂交改良

养殖场（户）应选择具有生长速度快、饲料报酬高的肉羊品种，对地方肉羊品种进行杂交改良，以加快羔羊生长的育肥速度，以肥羔肉代替成年羊肉。

2. 加强肉羊的饲养管理

（1）采用肉羊短期育肥技术　通过改变肉羊的日粮组成，提高肉羊屠宰后的胴体感官评分和肌纤维嫩度。

（2）在肉羊饲料中添加具有芳香味的中草药添加剂　据肉羊饲喂试验，由甘草、白术、苍术、茴香、草豆蔻、麦芽、地榆、藿香、厚朴、丁香、艾叶等中草药配合的中药制剂，添加于肉羊的饲料中，可有效地提高羊肉的肉品品质。另据肉羊饲喂试验，在肉羊饲料中添加 0.2%～0.3%杜仲粉，可促进肉羊肌纤维的发育，提高肌肉中胶原蛋白的含量，使羊肉的肉质、味道更加鲜美，且蛋白质含量也有所增加。

（3）在肉羊饲料中添加维生素　在肉羊饲料中添加维生素 A、维生素 C、维生素 D 和维生素 E 等，可提高羊肉的肉品品质，延长其货架寿命。

（4）在肉羊饲料中添加必要的矿物质　根据肉羊对各种矿物质元素的实际需求量和摄取情况，适当地在肉羊饲料中添加镁、硒、铁、铬等矿物质元素，可提高羊肉的肉品品质。

（5）肉羊在屠宰前禁止饲喂有异味的饲料　肉羊在屠宰前 10～20 天应禁止饲喂尿素、鱼粉、鱼油等影响羊肉风味的饲料。

（6）严格执行休药期制度　肉羊允许使用的抗生素药物、抗寄生虫药物等均应严格执行休药期制度，防止药物残留超标。肉羊允许使用的抗生素药物、抗寄生虫药物的使用方法和休药期见表 8-1、表 8-2。

表 8-1　肉羊允许使用的抗生素药物的使用方法和休药期

类别	名称	剂型	用法与用量(用量以有效成分计)	休药期/天
抗生素类药	氨苄西林钠	注射用粉针	肌内或静脉注射,1 次量:10～20 毫克/千克体重	12
	苄星青霉素	注射用粉针	肌内注射,1 次量:3 万～4 万单位/千克体重	14
	青霉素钾	注射用粉针	肌内注射,1 次量:2 万～3 万单位/千克体重,1 天 2～3 次,连用 2～3 天	9
	青霉素钠	注射用粉针	肌内注射,1 次量:2 万～3 万单位/千克体重,1 天 1～2 次,连用 2～3 天	9
	恩诺沙星	注射液	肌内注射,1 次量:2.5 毫克/千克体重,1 天 2～3 次,连用 2～3 天	14
	土霉素	片剂	内服,1 次量:羔羊 10～25 毫克/千克体重(成年羊不宜内服)	5
	普鲁卡因青霉素	注射用粉针	肌内注射,1 次量:2 万～3 万单位/千克体重,1 天 1 次,连用 2～3 天	9
		混悬液	肌内注射,1 次量:2 万～3 万单位/千克体重,1 天 1 次,连用 2～3 天	9
	硫酸链霉素	注射用粉针	肌内注射,1 次量:10～15 毫克/千克体重,1 天 2 次,连用 2～3 天	14

表 8-2　肉羊允许使用的抗寄生虫药物的使用方法和休药期

类别	名称	剂型	用法与用量(用量以有效成分计)	休药期/天
抗寄生虫药	阿苯达唑	片剂	内服,1次量:10～15毫克/千克体重	7
	双甲脒	溶液	药浴、喷洒、涂抹,配成0.025%～0.05%的溶液	21
	溴酚磷	片剂、粉剂	内服,1次量:12～15毫克/千克体重	21
	氯氰碘柳胺钠	片剂	内服,1次量:10毫克/千克体重	28
		注射液	皮下注射,1次量:5毫克/千克体重	28
	溴氰菊酯	溶液	药浴,5～15毫克/升水	7
	三氮脒	注射用粉针	肌内注射,1次量:3～5毫克/千克体重,临用前配成5%～7%的溶液	28
	二嗪农	溶液	药浴,初用液:250毫克/升水;补充液:750毫克/升水	28
	非班太尔	片剂、颗粒	内服,1次量:5毫克/千克体重	14
	芬苯达唑	片剂、粉剂	内服,1次量:5～7.5毫克/千克体重	6
	伊维菌素	注射液	皮下注射,1次量:0.2毫克/千克体重	21
	盐酸左旋咪唑	片剂	内服,1次量:7.5毫克/千克体重	3
		注射液	皮下或肌内注射,1次量:7.5毫克/千克体重	28
	硝碘酚腈	注射液	皮下注射,1次量:10毫克/千克体重;急性感染,13毫克/千克体重	30
	吡喹酮	片剂	内服,1次量:10～35毫克/千克体重	1
	碘醚柳胺	混悬液	内服,1次量:7～12毫克/千克体重	60
	噻苯咪唑	粉剂	内服,1次量:50～100毫克/千克体重	30
	三氯苯唑	混悬液	内服,1次量:5～10毫克/千克体重	28

第六节　羔羊育肥

羔羊育肥常可分为羔羊早期育肥和羔羊断奶后育肥。一般羔羊出生后一岁内，完全是乳齿的羊育肥屠宰后的肉称为羔羊肉；羔羊断奶前早期育肥屠宰的羔羊肉称为乳羔肉；羔羊断奶后转入育肥，体重在32千克左右的4～6月龄屠宰的羔羊肉称为肥羔肉。

一、羔羊的生产特点

1. 生长发育快

一般羔羊7周龄时，其胃肠功能基本健全并能像成年羊一样有效地利用饲料。两月龄前日增重可达到180～230克，2～10月龄日增重可达到100～150克。育肥羔羊的饲料转化率可达到（3～4）∶1，而成年羊的饲料转化率则一般为（6～8）∶1。

2. 对植物性蛋白质的利用效率高

一般羔羊对植物性蛋白质的利用效率比成年羊要高出0.5～1倍。

3. 生产肉产品的成本低

羔羊育肥的生产周期短，产品率高，成本相对较低。羔羊育肥当年屠宰上市，加快了羊群周转，缩短了生产周期，提高了肉羊的出栏率和出肉率。

4. 肉品品质好

羔羊肉瘦肉含量高，脂肪含量少，胆固醇含量低，肉质鲜嫩多汁，膻味小，营养丰富，味道鲜美，易被人体消化吸收，在国内外市场上畅销，且价格比成年羊肉高出30%～50%。

5. 肉、毛、皮均可兼备

6～9月龄羔羊生产的毛、皮价格相对较高，即在生产肥羔的同时，又可生产优质的毛、皮。

二、生长期羔羊的营养需要

羔羊从出生到周岁，肌肉、骨骼和各器官组织的发育较快，需要沉积大量的蛋白质和矿物质，羔羊断奶后到8月龄，也是生长发育较快的阶段，对营养物质的需要量较高。

1. 蛋白质的需要

在羔羊的不同生理阶段，蛋白质和脂肪的沉积是不一样的。例如，肉羊的体重在10千克左右时，其蛋白质的沉积量可占增重的35%左右；体重在50～60千克时，其蛋白质的沉积量占增重的比例下降到10%左右，脂肪沉积的比例明显上升。在羔羊的育成前期（8月龄以前），增重速度较快，每千克增重的饲料报酬高、成本低。育成后期（8月龄以后）羊的生长发育仍未结束，对营养水平要求较高，日粮中的粗蛋白质水平应保持在14%～16%（日采食可消化蛋白质135～160克）。育成期以后（1.5岁左右）羊体重的变化幅度不大，随季节、草料、妊娠和产羔等不同情况有一定的增减，并主要表现为体脂的沉积或消耗。

2. 能量的需要

生长期羔羊所需要的能量主要用于维持生命、组织器官的生长及机体脂肪和蛋白质的沉积。饲喂试验表明，羔羊每增重1克体重约需消化能40千焦，每增重1克蛋白质约需消化能48千焦，每沉积1克脂肪约需消化能81千焦。但能量必须与其他营养物质（如可消化蛋白质）保持一定的比例，才能使各种营养物质得到有效地吸收和利用。因此，在配合生长期羔羊不同能量水平的日粮时，不仅要考虑组成日粮的各种饲料原料的数量，还应考虑不同营养物质的比例和利用的有效性，这样配制的饲料才会经济合理，满足肉羊生长的需要。

3. 维生素的需要

处于生长期的羔羊同样需要足够的碳水化合物和维生素。在通常情况下，羊不会缺乏碳水化合物和水溶性维生素。瘤胃功能健全的羊，瘤胃微生物能合成机体本身需要的水溶性维生素和维生素K，但不能合成维生素A、维生素D和维生素E，这类维生素必须由饲料中供给。如果在肉羊的饲料中供应量不足，就会表现出相应的缺乏症。对于瘤胃功能尚不健全的羔羊，由于机体自身不能通过瘤胃微生物合成维生素，必须从饲料中供应所有的维生素，以满足生长发育的需要。

对于运动量小，日粮中低质秸秆类饲料比例较高的舍饲肉羊，在阴雨连绵的季节，则很容易导致肉羊出现维生素 D 缺乏症。在这种情况下，则应考虑在饲料中添加维生素 D 制剂。

饲料中缺乏维生素 E 可能造成羔羊骨骼肌营养不良，导致白肌病和肌肉萎缩，还会由于心肌变性而出现心力衰竭，引起羔羊突然死亡。一般青绿饲料和优质的青干草含有丰富的维生素 E，如苜蓿干草中维生素 E 的含量达到 102 毫克/千克，谷物籽实特别是种子的胚芽中也含有较多的维生素 E。因此，夏秋肉羊放牧季节则不需要添加维生素 E，在冬春季节肉羊的舍饲期或放牧不足，且缺乏优质青干草或青贮饲料的供应，应考虑添加维生素 E，而规模化的舍饲养羊场则更应予以重视。

4. 矿物质的需要

对生长期羔羊，必需的矿物质元素均不可缺少，从缺乏危害程度、添加量以及饲料平衡等因素考虑，钙、磷元素相对于其他矿物质元素则更为重要。生长期羔羊在肌肉和脂肪增长的同时，骨骼也迅速地生长发育，其骨骼和牙齿中的钙和磷占机体矿物质总量的 70%左右。因此，生长期羔羊对钙和磷的需要量较大，其次是铁、铜、锌、锰、硒和碘，北方地区还应注意钴元素的补充。

三、羔羊的早期育肥

1. 哺乳羔羊的育肥

羔羊出生 10 日龄左右，即可从中挑选出体格较大的公羔作为育肥对象开始补饲育肥。为了提高羔羊早期育肥效果，可将羔羊母子同时加强补饲，但必须要求哺乳母羊的母性好，泌乳量高。母羊在哺乳期饲喂足够量的优质豆科青干草，每天补饲 0.8 千克左右的精饲料；羔羊每天补饲精饲料两次，其精饲料应以玉米为主，适当地搭配豆饼或炒黄豆、食盐、维生素和矿物质添加剂。有条件的养殖场（户）最好将精饲料制成颗粒饲料给羔羊补饲，每次给羔羊的饲喂量以 20 分钟左右吃完为宜。另外供给羔羊优质的青干草（如苜蓿青干草），让羔羊自由采食，如干草品质不佳时，则应在日粮中添加 50～100 克的蛋白质补充饲料。羔羊育肥到 3 月龄左右时，达到屠宰体重（约 30 千克）即可出栏上市，如早期育肥的羔羊体重不达标，断奶后则可转入一般羊群中继续饲养。

2. 早期断奶羔羊的育肥

羔羊在 45～60 日龄断奶，采用全价料育肥，一般育肥期为 50～60 天，到 120～150 日龄时，育肥体重达到 30 千克左右即可出栏上市。早期断奶羔羊育肥，可以填补夏季羊肉供应淡季的空缺，缓解市场羊肉的供需矛盾。

早期断奶的羔羊通常在断奶前半个月左右实行隔栏补饲或在早、晚将羔羊与母羊分开 2～4 小时，让羔羊在一个专门的补饲区域活动，区域内放置饲料槽和饮水器，其余时间仍然让羔羊与母羊同群。经过半个月左右的补饲适应期后，羔羊即可与母羊完全隔离并进入育肥期。育肥期的羔羊供给优质的青干草和青贮饲料，并补喂全价颗粒饲料，其补喂饲料的主要成分为玉米（可占80%左右），豆饼或炒黄豆（占19%左右），同时添加0.5%～1%的食盐和矿物质添加剂。

四、肥羔生产

肥羔生产是指羔羊2～3月龄断奶，经过90～150天的育肥，于6～8月龄达到屠宰体重（一般公羔活重达到50千克左右，母羔活重达到40千克左右，胴体重达到20～22千克）时即可出栏上市。肥羔肉品质较佳，是烤羊肉和涮羊肉的理想原料。

1. 肥羔育肥前的准备

养殖场（户）确立肥羔育肥后，一是应对羔羊的身体状况进行全面的健康检查，待确定无病后方可进行育肥；二是应按羔羊的月龄和体重组群。如不同月龄、不同体重的羔羊组群，就会因羔羊的大小、强弱不均，采食量不一致，不利于提高羔羊育肥的整体效果，因此，在肥羔育肥生产中，最好采用母羊同期发情处理技术，使繁殖母羊能集中发情、集中配种，分批集中产羔，以便于羔羊的集约化育肥，分批供应市场；三是应及时对育肥羔羊群进行驱虫、药浴、防疫、去势和健胃（对公羔的去势应与驱虫、药浴、防疫和健胃间隔7天左右进行）；四是进行称重，以便于与育肥结束时的体重进行比较，检验其育肥效果；五是搞好羔羊转群后的管理。羔羊断奶后离开母羊和原来的生活环境，转移到新的环境和饲养管理条件时，势必会产生较大的应激反应。因此，羔羊进入育肥场后的头2～3周内，应尽可能创造与羔羊断奶前相似的饲养管理条件，减少人为性的干扰，并让其得到充分的休息，供给充足而清洁的饮水。如羔羊在进入育肥场之前，已作好了相关的准备（如已实行了渐进性断奶和补饲草料的习惯），则可有效地减少应激反应，降低其损失率。

2. 肥羔的育肥方式

无论任何品种的羔羊均可进行育肥，生产优质羊肉。但由于其不同品种间代谢类型和生活习性的差别，一般乳用品种羔羊在育肥期间较肉用品种羔羊的营养需要要高出10%～20%，才能得到相同的日增重。其初生羔羊可以采用跟随母羊哺乳或人工哺乳的方法进行饲养，5～6周龄以后，随着母羊泌乳量的逐渐减少，而羔羊生长发育所需要的营养物质逐渐增加，养殖场（户）应注意对羔羊尽早引料并进行适当地补喂优质的饲草，以满足羔羊生长发育的营养需要。而在规模养殖场采用人工哺乳的羔羊，可在羔羊1周龄左右即可离开母羊，并转入羔羊舍进行饲养。一般初生羔羊15天内其体重可增加1倍左右，因此，羔羊对营养物质的需要量要求很大，在这段时间内若能保证羔羊的营养需要，则羔羊断奶后的育肥速度将会加快。在母羊泌乳量较高时，其羔羊的日增重可达到200～400克，比母羊泌乳量不足的同龄羔羊的增重多80%左右。8～12周龄阶段的羔羊，随着其羔羊消化机能的不断发育和完善，而母羊泌乳量不断下降，给羔羊补饲则成为保证羔羊迅速生长发育的重要条件。为了便于给羔羊补饲，羔羊应从两周龄开始，训练其采食精饲料和青绿多汁饲料，1月龄左右开始正式利用精饲料、优质的青贮饲料、豆科牧草、青干草、胡萝卜以及矿物质饲料等，其饲喂的数量应由少到多逐渐增加。肉用品种的羔羊在断奶前（2～3月龄）的饲喂方法与其他品种的羔羊基本相同，均是要保证使羔羊生长发育充分，机体抵抗力增强，只有这样，才能使羔羊在转入育肥期之后，生长发育正常，发生疾病的概率降低。（哺乳期内不同月龄羔羊的补饲量可见表8-3）

表8-3 哺乳期内不同月龄羔羊的补饲量 克/只

饲料种类	1月龄	2月龄	3月龄	4月龄
精饲料	25	100～150	150～200	200～300
多汁饲料	25～30	150～300	300～600	600～1000

羔羊断奶后即可转入放牧育肥期。一般在北方地区，冬春季节出生的羔羊断奶时正值5～6月，野草、灌木开始萌发，此期可对羔羊开始实施放牧育肥，但在对羔羊初牧育肥的一段时间内应特别注意对羔羊的补饲，一般对早春放牧育肥的羔羊应多补饲蛋白质饲料和干物质含量较高的饲料，以满足此阶段羔羊生长发育迅速的营养需要。补饲羔羊配合精饲料的配方可推荐如下。配方一：玉米59%、麸皮10.9%、豆粕10.9%、菜籽饼7.2%、苜蓿粉9%、磷酸氢钙1%、食盐1%、微量元素添加剂1%；配方二：玉米60%、麸皮10%、豆粕10%、棉籽饼8%、大麦（粉碎或压扁）4%、米糠5%、磷酸氢钙1%、食盐1%、微量元素添加剂1%；配方三：玉米83%、豆粕15%、石灰石粉1.4%、食盐0.5%、微量元素添加剂和多维0.1%，另外，每千克配合精饲料中添加硫酸锌150毫克、硫酸钴5毫克、硫酸钾1毫克、氧化镁200毫克、硫酸锰80毫克、维生素A 1000单位、维生素D 1000单位、维生素E 20单位；配方四：玉米62%、麸皮12%、豆粕8%、棉籽饼12%、石粉1.8%、磷酸氢钙1.2%、尿素1%、食盐1%、预混料1%。放牧育肥的羔羊应注意保证充足的饮水供应和矿物质添加剂的补饲，并及时在补饲的饲料或饮水中添加食盐，其补饲量以每天每只补喂6～10克为宜，有条件的养殖场（户）可购买矿物质盐砖给羔羊进行补饲，其效果更好。羔羊放牧育肥期一般为3～6个月不等，各养殖场（户）可依据当地的牧草生长情况、气候状况等因素而适度掌握。但无论羔羊育肥期长短，均应在秋末冬初适时上市或屠宰，以防止入冬后育肥羔羊掉膘。羔羊在育肥期内气温条件适宜，只要有充足的营养供应（丰富的优质牧草和合理的精饲料补饲），实施羔羊的强度育肥，就可以达到预期的育肥效果，大型肉羊品种的羔羊两月龄前日增重可达到180～230克，2～10月龄日增重可达到100～150克。羔羊在育肥时，应防止任意驱赶羊群和随意增加羔羊的活动量，以尽可能减少营养的消耗。在天气炎热季节，羔羊育肥在白天早牧或晚上夜牧之后，应尽可能使羊群保持安静，并选择合适乘凉的羊舍和较为凉爽停留的地点，让羊群安静地休息。若无放牧条件的可采用羔羊舍饲强度育肥。

第七节 规模化肥羔生产

由于羊肉纤维细嫩，味美可口，胆固醇含量低，营养价值高，而深受广大消费者的青睐，所以羊肉的需求量越来越大。在国内外的肉羊生产中，特别重视规模化肥羔的生产。所谓规模化肥羔生产一般是指将当年出生的羔羊成批量地进行育肥，生产批量肥羔肉的生产形式。

一、规模化肥羔生产的优点

① 肥羔肉具有鲜嫩多汁，瘦肉率含量高，脂肪含量低，美味可口及膻味小等特点，深受国内外市场的欢迎。

② 羔羊生长发育快，饲料报酬高，养殖成本低，可获得较高的经济效益。

③ 羔羊肉在市场上的售价高，一般羔羊肉在国内外市场上比成年羊肉的售价平均要高出1/2以上。

④ 羔羊当年育肥当年出栏上市，加快了肉羊养殖群的周转，缩短了生产周期，提高了肉羊养殖的出栏率和肉羊的出肉率，当年就能获得较丰厚的经济收益。

⑤ 屠宰的羔羊裘皮质量高，价格贵，增加了羔羊育肥的附加值。

⑥ 肥羔生产的规模化经营，有利于肉羊养殖科学技术的推广应用和劳动生产率的提高。

二、规模化肥羔生产综合技术

1. 充分利用杂交优势

目前我国还没有专门化的肉羊品种，加之我国绝大多数肉羊地方品种表现生长发育慢、产肉性能低，故一般表现育肥效果不太理想。因此，充分利用国内外优良的肉羊品种对我国的地方肉羊品种进行杂交改良，利用杂交羔羊进行规模化肥羔生产是增加羊肉产量的最有效途径。建议我国地方品种的山羊实行三元杂交，即先以南江黄羊或马头山羊或奴比羊与地方品种的母羊进行杂交，所得的杂交后代母羊再与肉用品种的波尔山羊公羊进行杂交，充分利用其杂交优势，从而有效地提高我国地方品种肉羊的个体和产肉量。

2. 大力推行季节性肉羊养殖

牧草从生长到枯萎有其四季变化的规律，特别是北方地区，夏秋季节牧草生长旺盛，此时正是肉羊放牧育肥的最佳季节，如果错开夏秋季节，肉羊放牧育肥的效果将会较差，因此，抓住夏秋季节牧草生长的旺盛时期，进行肥羔生产，是推行季节性肉羊养殖育肥的主要内容之一。从羔羊本身的生长规律来看，增重一般是前期快，后期慢，羔羊出生后的3个月内，其骨骼生长最快，4～6月龄肌肉增重最快，饲料报酬也高，此后，脂肪沉积速度加快，到1周岁左右时，其肌肉和脂肪的增加速度几乎相等，饲料报酬也随着年龄的增长而降低。因此，养殖场（户）利用牧草生长旺盛季节和羔羊增重快、饲料报酬高的规律组织肥羔生产，且利用放牧最佳季节对羔羊进行育肥，推行当年产羔、当年育肥、当年出栏为主的季节性肉羊养殖，是提高肉羊养殖经济效益的一条行之有效的途径。

3. 充分利用非竞争性的饲料资源

在农区养殖肉羊，若无放牧条件，可充分利用非竞争性的饲料资源如青贮饲料、氨化秸秆饲料、微贮饲料、糟渣类饲料及非蛋白氮饲料添加剂等进行肥羔生产，这也是进行规模化肥羔生产的行之有效的方式之一。

4. 适时推广规模养羊综合配套技术

养殖场（户）可结合自身的实际情况，适时推广规模养羊的综合配套技术，其中包括推广配合饲料饲喂肉羊技术、放牧育肥肉羊技术、高效育肥肉羊技术、羔羊早期断奶、去势、药浴、驱虫、补硒（即在羔羊育肥期间，用亚硒酸钠给每只羔羊注射1次即可）、防止下痢（即在羔羊的断奶饲料中按每只每天加入适量的土霉素或利高霉素等防止羔羊下痢）技术、冬春季节塑料暖棚养殖肉羊技术等。

5. 增加能繁母羊的比例

我国一般的肉羊养殖场（户）能繁母羊的比例偏低，大约为40%，与国外肉羊养殖发达的国家如新西兰能繁母羊的比例大约为70%的比例相比较，差距甚大。养殖场（户）能繁母羊的比例大，就可以增加每年的产羔量，所产的公羔除少数留作种用外，其余则可去势后用作育肥，所产的母羔除一部分留作育成母羊外，其余的也可用来育肥，肥羔生产的数量就可能得到大大的增加。

6. 适当提前母羊的产羔期

肉羊的养殖试验表明，肥羔生产实行当年产羔当年育肥出栏时，只要具备母羊产羔所需的产房等保温条件，羔羊出生的时间越早则育肥效果越好，也就是说，冬羔比春羔好，春羔又比秋羔好。因此，开展肥羔生产以母羊7～8月配种较为适宜。

7. 羔羊早期断奶应尽早育肥

一般羔羊哺乳两个月左右，即可逐渐断奶，在羔羊断奶前养殖场（户）应尽早做好羔羊的引料和补喂草料工作，羔羊在70日龄左右便可彻底断奶并单独组群放牧育肥。断奶后的羔羊应选择水、肥条件较好的草场进行放牧，以便于羔羊的突击抓膘育肥。

8. 强化草场建设

养殖场（户）养殖肉羊，应强化草场建设，特别是应强化人工草场建设，以增加人工种草的面积，使其饲喂肉羊的牧草产量和质量不断得到提高，确保肉羊在整个养殖期间有质量优、数量足的牧草供应，只有这样，才能使母羊在繁殖季节及早发情，增加其排卵数量，促使母羊早配早产，并可提高母羊的繁殖率和产羔率，而且可为羔羊出生后，特别是羔羊断奶后迅速增重创造良好的饲草资源条件。除此之外，合理地饲喂母羊，提早给羔羊引料和补喂草料，公羔及时去势育肥，以及认真搞好肉羊养殖期间的驱虫和防疫工作，均是开展肥羔生产所应重视的问题。

三、规模化肥羔生产的组织方法

① 对牧区的肉羊养殖大场、大户，可利用母羊同期发情技术，使母羊集中产羔，让羔羊经过 50～60 天跟随母羊哺乳后，逐渐给予断奶，并尽早单独组群进行放牧育肥或集中舍饲育肥。

② 对牧区专门从事羔羊育肥的养殖大场、大户，可集中收购养殖场（户）的断奶羔羊，经过补饲 10 天左右的羔羊断奶料，使羔羊得以逐渐过渡，并组群进行放牧育肥或集中舍饲育肥。

③ 在农区专门从事羔羊育肥的养殖大场、大户，也可集中收购养殖场（户）的断奶羔羊，经过补饲 10 天左右的羔羊断奶料，使羔羊得以逐渐过渡，并择优选择放牧条件较好的草场对羔羊进行异地放牧育肥或集中舍饲育肥。

④ 在农区专门从事羔羊育肥的养殖大场、大户，也可集中收购养殖场（户）的断奶公羊，经过补饲 10 天左右的羔羊断奶料，使羔羊得以逐渐过渡，并择优选择放牧条件较好的草场对羔羊进行异地放牧育肥或集中舍饲育肥。

⑤ 在农区或牧区的肉羊养殖大场、大户，可集中收购养殖场（户）的杂交羔羊（如波尔山羊与南江黄羊的杂交羔羊或波尔山羊与南江黄羊和本地母羊的杂交羔羊），用羔羊育肥料对羔羊进行舍饲强度育肥。

四、规模化肥羔生产的经济效益

1. 不同屠宰年龄的肉羊经济效益分析

现以某规模养羊场经济效益分析为例，分析不同屠宰年龄肉羊的经济效益，其结果如表 8-4 所示。

表 8-4　肉羊不同屠宰年龄的经济效益分析

年龄	只数/只	羊肉产值/元	羊皮产值/元	总产值/元	补饲折款/元	收益/元
当年	142	270	30	300	75	225
2 岁	38	345	40	385	285	100
3 岁	26	406	40	446	383	63
4 岁	14	406	40	446	394	52

表 8-4 中当年育肥羔羊的产肉量每只按 7.5 千克计算，每千克羊肉按 36 元计算，肥羔当年补饲草料每只按 75 元计算，1 周岁以上的成年羊补饲草料每只按 285 元计算。从表中分析可见，当年育肥羔羊的经济收益最高，随着肉羊屠宰年龄的增大，其经济效益显著下降，因此，提倡养殖场（户）大力发展肥羔生产。

2. 不同规模肥羔生产的经济效益分析

从表 8-4 中可以看出，每只育肥羔羊可收益 225 元，若每只肥羔扣除 100 元的成本费，那么，不计算劳动力费用，每只肥羔可净收入 125 元。在有放牧条件的农区或丘陵岗地区以及一些低山地区，如 1 个劳动力放牧 50 只的肥羔，则可养殖肥羔净收入 6250 元。由此可见，经济效益随着其饲养数量的增加而得到了显著的提高，因此，规模养羊是农牧民提高肉羊养殖经济效益的有效途径。

第八节 成年羊育肥

养殖场（户）用于育肥的成年羊往往是淘汰羊、老残羊，而这类羊一般年龄较大，产肉率低，肉质差，经过短期育肥后，不仅可使肌肉之间的脂肪含量增加，而且可使皮下脂肪增多，肉质变嫩，风味也有所改善，经济价值大大地提高。

一、成年羊育肥期的营养需要

一般成年羊已停止了生长发育，要对成年羊进行育肥，增加其脂肪的沉积，则需要供给羊大量的能量物质，其他的营养物质只是用来维持羊的生命活动以及恢复肌肉等组织器官，使之处于最佳状态。因此，成年羊育肥其营养物质需要中，除能量物质外，其他营养成分则可略低于羔羊。一般品种的成年羊在育肥时，达到相同增重的能量物质需要量应高于肉用品种的10%左右。强化成年羊育肥，使其能够在较短的时间内获得较高的日增重，从而降低其单位增重的饲料和劳动力的消耗。成年羊在育肥过程中，其肉的品质发生了很大的变化，随着成年羊育肥膘情的改善，羊肉中的水分相对地减少，脂肪含量相对增加，其脂肪含量的增加而使得蛋白质含量相对地下降。据对成年羊不同育肥阶段的肌肉和脂肪含量变化的比较研究分析，成年羊增重的几乎是脂肪（成年羊育肥期间肌肉和脂肪含量变化情况可见表8-5）。

表 8-5 成年羊育肥期间肌肉和脂肪含量变化

组 别	瘦 肉		脂 肪	
	重量/千克	占A组/%	重量/千克	占A组/%
对照组(A)	12.26	100.0	4.09	100.0
育肥40天(B)	12.24	99.8	7.66	187.3
育肥80天(C)	12.70	103.8	9.77	239.0

形成羊体脂肪的原料是来自饲料中的碳水化合物、脂肪和蛋白质等。饲料中的不饱和脂肪酸，经瘤胃微生物作用变成饱和脂肪酸，再经吸收可直接沉积在羊体脂肪组织中。饲料中的无氮浸出物、粗纤维等碳水化合物，经瘤胃和盲肠中的微生物分解，产生挥发性低级脂肪酸，并在羊体内形成体脂肪，是成年羊增加体脂的主要来源。饲料中的蛋白质是形成羊体脂的次要原料。因此，保证成年羊育肥期间充足而丰富的含碳水化合物饲料的供应是十分重要的。

二、成年羊育肥方法

1. 成年羊育肥准备

成年羊在育肥之前，应对羊群的身体状况进行全面的健康检查，凡是有病的羊均应治愈后再育肥，对过老、采食困难的羊则不能用来育肥，否则将会浪费饲料，同时也达不到预期的育肥效果。对淘汰的公羊应在育肥前10天左右进行去势，对淘汰的空怀母羊也可以用于育肥。养殖场（户）确立成年羊育肥并对其羊群的身体状况进行全面的健康检查后，应及时对育肥羊群进行驱虫和健胃（对淘汰公羊的去势应与驱虫和健胃间隔7天左右进行），然后再转入正常育肥阶段。

2. 成年羊育肥方法

成年羊育肥的育肥期不宜过长，因为羊体内的脂肪沉积是有限的，成年羊育肥到满膘后就不会再增重了。一般成年羊的育肥期以2～3个月为宜，但同时也应根据其育肥羊的膘情，灵活掌握其育肥时间，如膘情较差的羊，可先用增重较低的营养物质的饲草进行饲喂，使其逐渐适应育肥期的饲草饲喂，经过1个月左右的复膘后，再将其日粮中的营养水平逐渐提高，经过采取逐渐过渡的育肥饲养方式，可以避免一部分膘情较差的羊在育肥期间诱发消化道疾病的发生。如成年羊育肥处于青草生长旺盛期，有草场放牧的地方可先将膘情较差的羊进行放牧饲养，利用旺盛的青草放牧使羊复膘，然后再转入育肥阶段，采取先放牧过渡的育肥饲养方式，可以节省成年羊育肥期间的饲料支出，降低养殖成本。养殖场（户）应根据成年羊在育肥期增膘的实际情况及时调整日粮的营养水平，灵活掌握是否延长成年羊的育肥期或提前结束育肥。养殖场（户）通常可用称重法检查成年羊的增重速度，或用外观法、触摸法来判断其成年羊的增膘程度。

在野生牧草丰富的地方，成年羊在育肥期间可选择野生牧草生长丰盛、地势平坦、水源充足的地方放牧育肥，但成年羊育肥仅靠放牧是难以使其在短期内育肥出栏的，并难以达到满膘。一般成年羊育肥宜先采用1～2个月的放牧过渡的育肥饲养方式，在育肥后期再采用不少于1个月的舍饲育肥期，利用高能量水平的精饲料进行催肥，以达到改善羊肉品质的目的。若养殖场（户）缺乏精饲料，也可先采用放牧（或舍饲青饲料）2～3个月，再舍饲育肥1个月左右，并给育肥羊适当地补饲高能量的精饲料，同时限制育肥羊的运动量，也可使成年羊在短期内育肥并适时出栏。一般养殖场（户）成年羊放牧育肥多处于冬春季节，而此季节牧草缺乏，成年羊放牧很难满足其营养需要，因此，养殖场（户）除了对成年羊进行放牧外，还应及时补喂饲草和增加精饲料的喂量。一般成年羊放牧回舍后，应在草槽内添加优质的青干草和青贮饲料让羊群自由采食，并提供一定的饲草让羊群夜间采食，同时按每只成年羊每天补喂0.75千克左右的由玉米、麦麸和少量的饼渣类蛋白质饲料配制成的配合精饲料，如牧草丰富时则可适当地减少精饲料的补喂量。

成年羊育肥期补饲的配合精饲料配方可推荐如下。

配方一：玉米21.5%、草粉21.5%、棉籽饼或菜籽饼21.5%、麸皮17%、花生饼10.3%、饲料酵母6.9%、食盐0.7%、尿素0.3%、微量元素添加剂0.3%；

配方二：玉米25%、苜蓿粉20%、棉籽饼15%、菜籽饼13%、麸皮15%、米糠10%、食盐1%、矿物质添加剂1%。

第九节　肉羊的四季放牧要点

一、春季放牧

俗话说："三月（农历）的羊好似纸糊的墙"。这话就是说在春季（即在春分到立夏这一阶段）一般是羊一年中最瘦弱的阶段，羊经过一个冬季漫长的枯草季节，母羊还要怀胎产羔和哺乳，羊群在夏秋季节积存的营养物质大部分已被消耗，其身体亏空较大，体质下降，一般肉羊比任何季节均表现得体力虚弱，很容易受寄生虫和其他疾病的侵害，如对羊群护理不当，则极易导致肉羊发病甚至死亡。因此，肉羊春季放牧的主要任务是在保住膘情的基础上，尽可能地使肉羊恢复体力，对怀孕母羊还应注意做好保胎工作。春季从草场来看，牧草正处于萌发期，羊群在放牧时一旦闻到草香，为了追逐青草而容易表现到处乱跑，即所谓的"跑青"，如羊群出现"跑青"现象就会消耗较大的体力，加上牧草处于萌发期，羊群在春季（特别是早春）放牧时也吃不到多少青草，达不到吃饱的目的。所以春季在放牧羊群时，出牧前应先给羊群饲喂适量的粗饲料，并喂足饮水后再出牧，一方面可弥补羊群的放牧不足，防止羊群在放牧时出现"跑青"，另一方面也可以让羊群的胃肠有一个从以采食干草到采食青草的逐渐适应过程，防止羊群突然间采食青草过多而诱发瘤胃臌气等消化道疾病的发生。同时在春季放牧过程中，应严格控制羊群，做到适当挡强羊，等弱羊，避免羊群抢青、跑青。对瘦弱的羊应单独组群，并适当地给予照顾；对带羔母羊和待产母羊应留在羊舍附近较近的草场上放牧，其羊舍附近最好种植一定面积的一年生黑麦草（因黑麦草返青早），在青黄不接的初春季节可供羊群采食，特别是可供瘦弱的羊、带羔母羊和待产母羊采食；且春季一部分羊体力较差，放牧时容易掉队，在放牧时一定要用背着放的放牧方式（即牧羊工在羊群的前面领着放牧或在前面压住羊群不让羊群乱跑）压住强壮羊，迁就瘦弱羊，不让瘦弱羊因追赶强壮羊而延误采食。在选择羊群的放牧草场时，应做到先牧阴坡，后牧阳坡，或先牧黄（枯）草，后牧青草。此外，春季牧草处于萌发期，如羊群吃啃牧草嫩芽过度，则不利于牧草的再生，因此春季放牧羊群应尽可能勤换草场，防止草场放牧过度，以有利于牧草的再生。

二、夏季放牧

羊群经过春季放牧和补饲，身体已逐渐恢复，由于天气逐渐日暖天长，牧草也逐渐生长旺盛，且大部分牧草也逐渐进入抽茎开花阶段，其牧草的营养价值也逐渐处于最佳状态。因此，夏季是肉羊抓膘的良好季节，应尽可能延长羊群的放牧时间，以有利于肉羊的增膘。

初夏在对羊群进行放牧时，应加紧羊群的放牧训练，使羊群听从牧羊工的指挥，从而避免羊群发生吃肥走瘦的毛病。俗话说的话："夏初训练好，常年吃得饱，夏初训练糟，一年到头吃不好”。“春天大撒羊，夏秋跑断肠，春天训练跑几天，秋天牧羊闲半天”。如夏初羊群放牧训练不当，一旦羊群养成放牧“爱跑”的恶习，就很难改变。因此，初夏在对羊群进行放牧时，应尽早进行训练，以彻底改变羊群放牧爱跑的习惯。同时夏季气温高，蚊蝇活动猖獗，影响羊群的采食和休息，对肉羊的生长发育不利，因此，夏季放牧羊群时，应选择干燥、凉爽、饮水方便、蚊蝇活动少的草场放牧。在放牧时应尽可能将有效的放牧时间延长，并做到早出晚归，使羊群在一天内放牧能保证三次饱。在中午天气炎热时，安排羊群在树荫等阴凉通风处休息并反刍。与此同时，要保证羊群有充足的饮水，并适当地补充食盐和其他矿物质饲料添加剂。

三、秋季放牧

立秋之后，气温逐渐转为凉爽，且大部分牧草也结下了丰富的籽实，牧草的营养价值相对较高，正是“立秋以后抢秋膘，吃上草籽顶上料”的大好季节，也是羊群抓膘的最佳时期，且秋季又是母羊发情配种的最佳季节，因此，羊群在秋季放牧的主要任务是在抓好夏膘的基础上，继续抓好秋膘，尽可能做到羊群的放牧和配种两不误。

一般进入夏季后，羊群逐渐由近向远的地方转移放牧，而进入秋季后，则应逐渐由远向近转移放牧，特别是进入秋末后，一些地方还会经常出现霜冻，因此，羊群在秋季放牧时，应尽可能做到早出晚归，中午不休息延长羊群的放牧时间。在半农半牧区或农区，农田的农作物收获后，养殖场（户）应及时将羊群驱赶到农作物茬地上放牧抓膘。且秋季羊群放牧采食干草和草籽容易发生口渴，应注意给羊群供给充足的饮水，在羊群放牧时，应注意将羊群驱赶到溪边、河边饮用干净的水。

四、冬季放牧

冬季来临后，天寒地冻，草场上的牧草枯黄，营养成分下降。而冬季羊群放牧的主要任务则是保胎保膘，确保羊群安全越冬。但随着冬季的到来，日短夜长，天气寒冷，且风大、多雨、多雪，不利于羊群放牧，除舍饲育肥的羊群外，其他羊群则应坚持放牧。因此，在草场的放牧利用上，应逐渐由远向近、由高向低转移放牧，并坚持先阴坡后阳坡，先沟边后平地的放牧原则，以便于在雨雪天气时，羊群可以在圈舍附近的草场上放牧，并为老、弱、病羊，怀孕重胎的母羊和产后不久的母羊留下较好的草场放牧。

羊群在冬季放牧时，应尽可能做到晚出早归，对怀孕母羊应随时疏畅好母羊进出栏舍的通道，防止母羊放牧和进出栏舍时发生互相拥挤，在放牧时应防止母羊跑跳、急走，且应根据母羊怀孕月龄的增加，逐渐减轻其放牧强度，并在放牧时切忌母羊走陡坡和转急弯，以防折伤腹部引起动胎流产，同时还应切忌打冷鞭和猛然间受惊吓，天气过冷时则不可出牧，每昼夜保证母羊有 14～16 小时的休息和反刍时间。母羊怀孕最后一个月应尽量避免远牧，放牧时切忌将羊赶到过高、过陡的山坡或崎岖不平的山岗处放牧，以防母羊滑跌，并切忌母羊受寒风暴雨侵袭。母羊和育成羊放牧回舍后，应及时补喂夜草和给予适当的补料，以弥补冬季羊群放牧的不足。此外，冬季给羊群饮水不可太冷，更不可给羊群饮用冰水和雪水，最好是温水或深井水，并严防怀孕母羊空腹饮水，以免引发母羊流产。一般羊群的饲喂顺序是先饲喂适量的粗饲料，待羊群吃到半饱后再给予足够的饮水，待羊群休息 0.5～1 小时后再出牧，在羊群放牧期间，应注意将羊群驱赶到溪边或河边饮水，放牧回舍后，食槽中备足草料，水槽中备足饮水，让羊群自由采食和饮水。

此外，补盐是羊群放牧饲养过程中不可忽视的一个重要环节，食盐不仅可开胃口，调节肉羊的食欲，而且能助消化，还具有止酵、清火治病的作用，因此，肉羊应及时补盐，一般成年羊每天每只补喂 3～10 克，哺乳母羊每天每只补喂不可少于 10 克，可将食盐溶于水中让羊群饮用，而最理想的补盐方法是购置盐砖，可将盐砖吊挂在羊舍或运动场内，让羊群自由舔食。给羊群自由舔食盐砖，不仅可补盐，而且可补钙、磷、碘、铜、锌、铁、硒等元素，可一举多得。同时给羊群补盐不仅冬春枯草季节要补喂，夏秋青草旺盛季节也需要补喂，要保持常年不断地补喂。

第九章　羊场建设与主要设备

羊场建设和羊场主要设备的多少，需要根据养殖场（户）养殖肉羊的数量和发展规模以及养殖场（户）的资金状况、机械化程度等来合理制定规划。同时，还应充分考虑当地的条件，本着因场（户）制宜、节约成本，有利于管理，防止污染环境和传播传染病为原则。肥育肉羊场的建筑设计应重点强调其实用性，要尽量减少羊场的固定资产投资，既要合理节约，又要符合科学饲养的要求，切不可不符实际地追求养羊场建设的大而洋。只有这样才有可能实现高效益的肉羊生产。

第一节　羊场的场址选择

一、羊场场址选择原则

羊场场址选择时，首先要考虑羊场的地理位置、常年的风向、通风状况、输变电线路、水源水质和交通运输等条件，同时还要考虑环境保护等。羊场场址选择是否合理，直接影响着以后的肉羊养殖业的发展和养殖场（户）的经济效益以及养殖场周围居民的健康。因此，选择羊场场址需要周密考虑、统筹安排，既要有长远的规划，以适应养羊业的发展需要，又要有利于管理，防止污染环境和传播传染病，以尽可能保障肉羊养殖与自然环境的和谐。

二、羊场场址选择时应注意的问题

① 羊场应建在居民区的下风向，且距离居民住宅区较远，并处于居民水源的下游。场址地势应低于居民生活区。

② 羊场的地势应相对较高，场区地势要平坦并稍有坡度，一般坡度以不超过5度为宜。场址地块应整齐，边角过多或过于狭长均不好。如肉羊长期生活在潮湿的环境中，容易感染寄生虫及腐蹄病，影响其生长发育和健康。因此，建设养羊场应选择地势较高、面向斜坡、向阳避风、排水性能良好、通风干燥的地方，不可在低洼涝地、山洪水道、冬季风口等地建养羊场。建场时最好了解一下场址所在地的地下水位，一般以地下水位在2米以下为宜，最高地下水位也需在青贮窖坑底部0.5米以下。一般山区的地势变化大、面积小、坡度大，可结合当地的实际情况合理选定羊场场址。

③ 应有清洁而充足的水源，保证生活和生产羊群及防火等用水。切不可在严

重缺水或水源严重污染的地区建场。另外，场址的土质要结实，并具有均匀的可压缩性，一般以透气、渗水的沙壤土为佳。

④ 羊场场址应符合动物卫生条件要求。其场址的大小、相邻羊舍之间的间距等应符合卫生防疫要求，且符合配备建筑物和辅助设施以及羊场远景规划发展的需要。建场前，应充分调查了解当地的肉羊疫情，切不可在肉羊传染病和寄生虫病的疫区建场。羊场距交通道路应不少于200米，距交通主干道应在500米以上。

⑤ 交通运输应方便。为了保证饲料的及时供应和育肥肉羊的及时输出，养羊场场址应距离牧草作物种植区不远、且交通又较方便的地方。山区建养羊场应在考虑交通运输的同时，还应注意通讯和能源供应等条件。

⑥ 饲料来源应充足。一般肥育羊的群体较大，所需的饲料总量较多，因此要有充足的饲料来源。特别要注意应具备为繁殖母羊提供足够的越冬干草和青贮饲料的条件。

第二节　羊场的布局

在肉羊生产中，应选择符合要求的理想场址，并能合理地设计各种建筑物，如羊舍、房屋以及附属建设设施等。

除选择适当的场址外，养羊场内建筑物的配置应正确合理，力求紧凑，合理利用土地和节约基础设施建设的投资，既可避免冬春季节羊群受寒风的侵袭，又能保证夏秋季节的防暑和雨季的防潮，符合生产和兽医卫生及防火的要求等。

养羊场内房舍及各类建筑物应合理配置，并协调一致，符合远景规划要求，建筑物的综合规划应符合肉羊饲养管理的技术要求。相邻的羊舍之间应有一定的间隔，以利于通风和防范羊群传播疫病。

设计羊舍及其他房舍时，应考虑肉羊放牧和各种物质的运输方便，以便于饲喂肉羊的给料给草、运羊和运粪，并适应机械化操作的要求。另外，要按照卫生与防疫要求，员工生活区应距离羊舍50米以上，并用围墙隔开。贮藏畜产品的房舍应在上风向，以便于对外输出。应有良好的供水、排水设备及绿化区。舍内配置应考虑兽医卫生要求。羊舍内的出粪口应通向运动场和放牧场地，或设在羊舍一端，不可与运草料共用一个出口。堆集羊粪的场地应距离羊舍不少于50米。

兽医室及病羊隔离室应建在距羊舍100米以上的下风向处，并用围墙隔开。

羊群的运动场可设在羊舍前面，并与羊舍相连。运动场四周应植树绿化，以利于防风、防暑。运动场的面积可按每只成年羊3米^2、羔羊2米^{2}设计。

如牧区建于放牧场内的羊棚，四周应有充足的供肉羊四季放牧的草场，如草场面积有限，则起码也应有冬、春季节放牧的草场，且最好建有割草地和饲料基地，附近有洁净而充足的水源；且草场附近无肉羊寄生虫感染和肉羊疾病流行；交通运输方便，但应距离交通要道有一段距离，以防止疾病传染。一般多利用天然屏障，或靠山建圈（棚），或用石块堆垒、打土墙等。最好在羊棚或简易房舍的后面应建有圈舍，以利于雨天或天气较冷时供羊群使用。

第三节　羊场内的建筑物

肉羊场内的建筑物主要有羊舍、产房（包括哺乳室）、饲料库、饲料加工间、兽医室、病羊隔离舍、水塔、青贮窖、办公室和生活区等。

一、羊舍

羊舍应建在羊场中心。如修建数栋羊舍时，羊舍之间应平行建造，之间应相距10米左右，且前后对齐，以利于羊群的饲养管理和采光、防疫的需要。羊舍应坐北朝南，以保证冬暖夏凉，并配套建造好羊舍周围的围栏（也可采用挖沟、种树、种植绿化植物等）、栏舍进出口的消毒设施和粪污处理设施（如沼气池）。

二、饲料加工间

饲料加工间应靠近羊舍，且靠近大门，以便于饲料的运输和就近给羊群饲喂，尽可能减少不必要的劳动强度。

三、青贮塔（窖）和干草棚

青贮塔（窖）建造应靠近成年羊舍，既可方便取用，又不致于影响养羊场的整体布局。干草棚可建在距成年羊舍较远的地方，以利于防火防尘。在北方及一些较为寒冷的地区，可利用成年羊舍的顶部搭建干草棚，这样既有利于羊舍内的保暖，又可节约干草棚的建筑费用。

四、兽医室、病羊隔离舍

兽医室和病羊隔离舍应建在养羊场的下风头，距离羊舍100米以上，且用围墙隔开，以防范疾病的传播。

五、产房

产房可设在靠近母羊舍的下风向，也可在成年母羊舍内隔出产房。

六、办公区、生活区

办公区和生活区一般设在大门口附近或设在养羊场外，并处于上风向，以防止人畜相互干扰。

对于养羊场内的布局，除了安排好场内的各种建筑设施之外，还应根据其肉羊的饲养方式（如舍饲、半舍饲和半放牧饲养等方式）合理布局。

第四节 羊舍建筑

建设羊舍的目的在于为羊群创造一个适宜的生活环境，并免受不良因素的影响，以利于日常的生产管理。由于我国的肉羊养殖分布广，各地的气候条件相差较大，且肉羊的生活习性、生产方向等亦不尽相同，因此羊舍建筑要求和特点也不一样。养殖场（户）应根据肉羊怕潮湿、忌高热的生物学特性，建设羊舍一般应做到保温、通风和干燥。

一、羊舍建筑的基本要求

1. 选择合适的建筑地点

建筑地点必须选择在干燥、排水良好的地方，南面有比较平坦开阔的运动场，并接近放牧场地、水源和饲料生产基地，根据羊群的分布而合理布局。羊舍应建在办公区和生活区的下风向和水源的下游，且冬春季节容易保温的地方。

2. 有足够的面积和空间

建造羊舍应有足够的建筑面积和高度，以使羊群在舍内采食和活动时不感到拥挤，可以自由活动为宜。如羊舍建筑面积过小，则极易导致羊舍内潮湿，空气污浊，有碍于羊群的健康，而且管理也不便。如羊舍建筑面积过大，则不仅浪费了羊舍的建筑费用，而且不利于羊舍内冬季保温。如以舍饲为主的养羊场，还应设计足够的运动场地。一般羊舍的建筑面积因肉羊的生产方向、品种、性别、生理状况和当地气候等不同，亦要求不一样。具体建造羊舍时可依据以下面积参数：

种公羊：1.5～2.0 米^2/只；母羊：0.8～1.0 米^2/只。

妊娠母羊或哺乳母羊：冬季产羔 2.0～2.3 米^2/只，春季产羔 1.0～1.2 米^2/只。

幼龄公、母羊：0.5～0.6 米^2/只。

一般在产羔舍内应附设产房，并增添取暖设备，如果气温较低时可以给产房内加温，使产房内保持适宜的温度。产房的建造面积可根据母羊群的大小而定，如在冬季产羔的情况下，产房可占羊舍面积的 25%左右。羊舍的建造高度除考虑羊舍面积外，还应根据羊舍的类型及其可容纳肉羊的数量来决定其高度，如羊群的养殖数量多，可适当地增加高度，以保证羊舍内足够的空间，但过高不仅对羊舍内冬春季节保温不利，而且羊舍的建筑费用也增高。一般羊舍内高度以 2.5 米左右为宜。

3. 建筑材料应因地制宜

羊舍建造的建筑材料选用应就地取材，以经济耐用为原则。土坯、石头、砖瓦、木材、芦苇、树枝等均可作为建筑材料。有条件的地方可利用砖石、水泥、木材等修建一些坚固的永久性羊舍，以减少羊舍的维修和劳动力等费用。

4. 合理设计门窗

羊舍的门、窗和地面的建筑要求，应以不影响羊舍内的采光和羊群的身体健康为原则。舍门宽窄应适当，如过窄的舍门，可能会使怀孕母羊进出舍门时受挤而发生意外的动胎流产。一般舍门以宽 3 米，高 2 米为宜。羊群养殖数量较少或建造羔羊的羊舍，其舍门宽度可缩短至 1.5～2 米。寒冷地区的羊舍，为防止冷空气的直接侵入，可在舍门外增设套门。

建筑羊舍时应注意采光性能，以保证羊舍内卫生。窗户面积一般以占地面的 1/15，距地面 1.2 米左右为宜。且窗户应向阳，以防止贼风直接吹袭羊体。南方地区高温、多雨潮湿，为使羊舍内通风干燥，其羊舍的门窗可适当地设计大一些，若无兽害，羊舍南面可修筑半高墙，且上半部敞开，以保证舍内地面的采光和空气的流通。羊舍地面一般应高出舍外 20～30 厘米，并铺成缓斜的坡度，以利于排水。一般羊舍内地面以三合土夯实为佳，饲料室地面则可用水泥砌成或用木板铺成。现代化羊舍一般用漏缝地板铺成，并修有下水道，以利于舍内清洁。

5. 注意羊舍内温度与通风

一般羊舍内温度以冬季保持在 5℃以上，羔羊舍内温度以不低于 10℃，产羔舍内的室温以保持在 18～20℃为宜。为了保持羊舍内干燥和空气新鲜，羊舍内必须有良好的通气装置，可在羊舍的屋顶上设置通气孔，孔上安装有活门，可根据羊舍内的空气质量状况适时开启通气孔通风换气，在安装通风装置时要考虑每只羊每小时需要 3～4 米^3 的新鲜空气的要求。这样既可保持舍内足够的新鲜空气，又可避免冬春寒冷季节贼风侵袭羊群。在南方地区养羊，还应特别注意羊舍内夏秋高温季节的通风和羊舍及其运动场的遮阴，以利于高温季节羊舍和运动场的遮阴和通风降温。

6. 注意羊舍周围的绿化

一般羊舍周围的绿化条件好，可明显地改善羊舍周围环境的温度、湿度和气流等环境条件，特别是在夏秋高温季节可有效地减少辐射热，同时良好的绿化条件可吸收羊舍周围空气中的二氧化碳和氨，澄清大气中的粉尘，可有效地缓解养羊场对周围环境的污染。因此，养殖场（户）在设计建造养羊场之初，就应将羊舍周围的绿化列入议事日程。养殖场（户）在选择羊舍周围的绿化树木时，不仅应考虑绿化树木适应于当地的水土环境，还应考虑绿化树木具有抗污染，吸收有害气体的功能。养殖场（户）可根据当地的气候条件适当地选择泡桐、梧桐、小叶白杨、毛白杨、钻天杨、旱柳、垂柳、槐树、红杏、臭椿、刺槐、油松、雪松、侧柏、樟树和核桃树等对羊舍周围进行绿化。

二、羊舍的类型

羊舍的类型应根据养殖场（户）所在地区的气候条件、饲养方式等建筑不同的形式。羊舍的形式按羊床在舍内的排列方式可分为单列式、双列式；按屋顶样式可分为单坡式、双坡式、半钟楼式、钟楼式等。

按羊舍的长轴一侧是否有墙壁及其高度可分为敞开式、半敞开式、封闭式；按羊舍长墙与端墙的排列形式可分为“一”字形，“r”字形或“Ⅱ”字形等。一般大型肉羊场多采用“一”字形排列，且带有走廊的单列式羊舍。

1. 长方形羊舍

这类羊舍在我国比较普遍。其优点是采光性能好，羊舍前面有运动场，可根据羊群分群饲养的需要再分割成若干个小圈（如图 9-1、图 9-2 所示），建筑比较方便、实用。其长方形羊舍又可分为单列式和双列式两种。一般以舍饲为主的羊舍，则采用双列式的较多，其双列式又可分为对头式（即中间为走道，走道两边各一列羊舍，并靠走道两侧固定两排饲槽）和对尾式（即走道在两边，中间为两列羊舍，靠走道各固定一排饲槽）两种，一般双列式羊舍的跨度为 10～12 米，顶高 4～5 米。而北方地区较为寒冷，其羊舍则多采用单列式，一般单列式羊舍的跨度为 8 米左右，顶高 4 米左右。以舍饲为主的养羊场，羊群多数时间在舍内或运动场内活动。这类羊舍内均设置有固定的饲槽、饲草架、饮水槽等设施，同时羊群的运动场应有一定面积的遮阴棚。

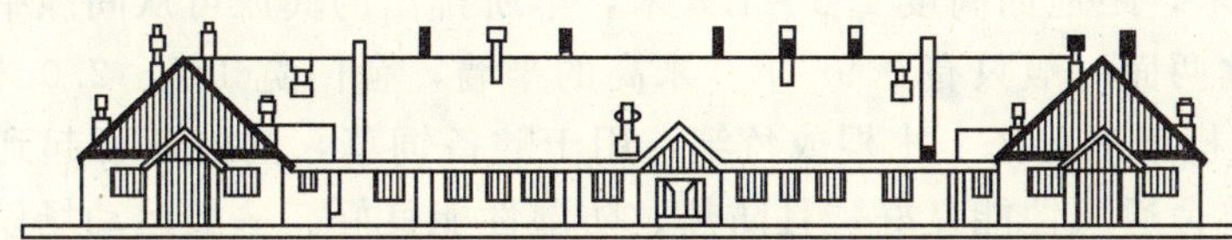

图 9-1　可容纳 600 只种羊的长方形羊舍

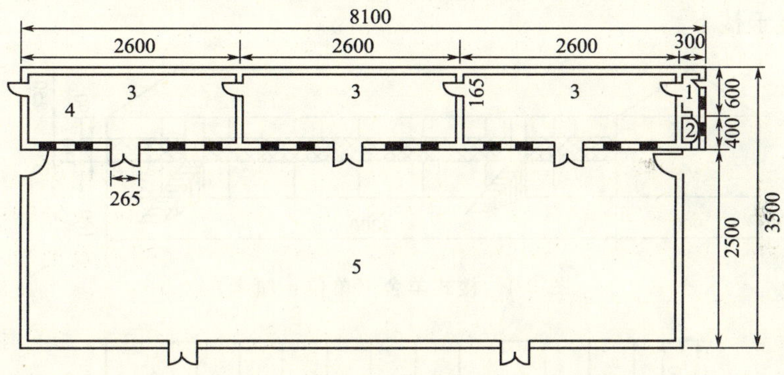

图 9-2　长方形封闭式羊舍结构图（单位：厘米）

1—职工舍；2—料舍；3—羊圈；4—通气管；5—运动场

2. 棚舍结合式羊舍

这类羊舍大致可分为两大类：一类是利用原有羊舍的一侧墙体修成三面有墙前面敞开的羊棚，平时羊群在棚内过夜，冬春季节产羔期羊群进入羊舍。另一类是三面有墙，向阳避风，前面为 1.0～1.2 米高的矮墙，矮墙上部敞开，外面为运动场，平时羊群在运动场内过夜，冬春季节羊群进入棚内（如图 9-3 所示）。这种羊舍适合于南方冬、春季节气候较暖和的地区。

3. 楼式羊舍

这类羊舍在我国南北方均有，但以南方居多。南方地区气候炎热，多雨潮湿，

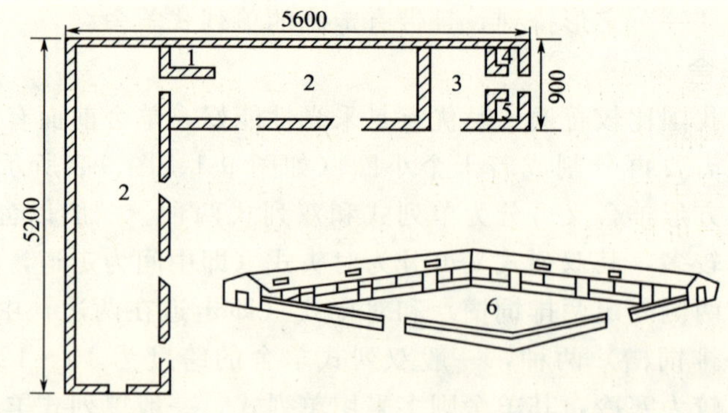

图 9-3　棚舍结合式羊舍（单位：厘米）

1—人工授精室；2—羊舍；3—产房；4—值班室；5—饲料间；6—运动场

适用于修建楼式羊舍（如图 9-4、图 9-5 所示）。舍内地面多以木条或竹片铺设，间隙 1～1.5 厘米，距地面高度 1.5～1.8 米，羊所排出的粪尿可从间隙中漏下。羊舍的南面或南北两面一般只有 0.9～1.0 米高的半墙，舍门宽 1.5～2.0 米，顶高 2～2.5 米。舍内横梁上可搭上木棍或竹竿，用于贮备饲草，同时还可起到防风隔热的作用。这类羊舍通风性能良好，且防热、防湿性能良好。一般运动场设在羊舍的南面，其面积为羊舍的 2～2.5 倍。目前也有养殖场（户）将这类羊舍稍作修改，使其使用更为方便。将楼板距地面的高度增至 2.5 米左右，干燥少雨季节可根据需要将羊群饲养于楼下。

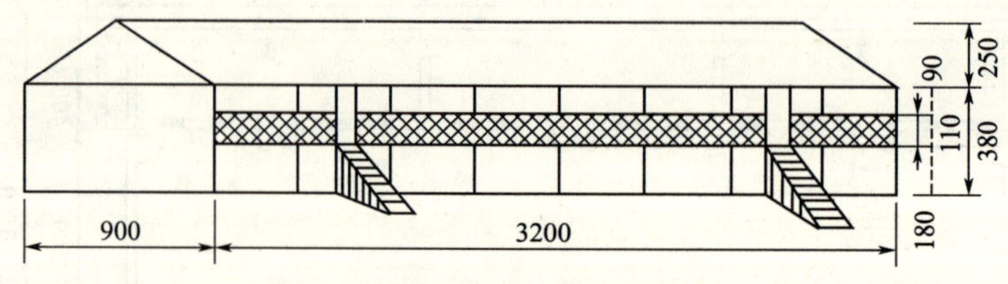

图 9-4　楼式羊舍（单位：厘米）

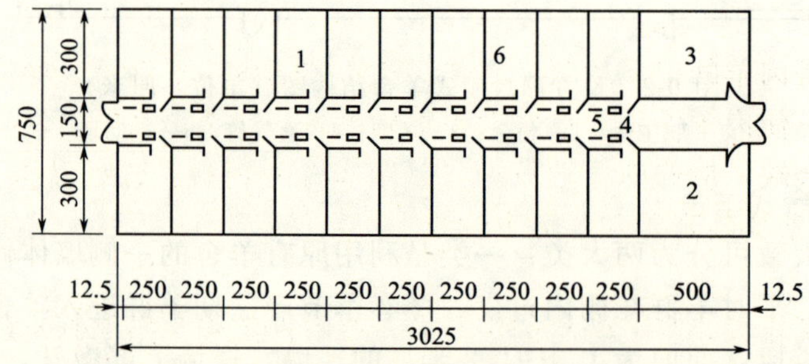

图 9-5　楼式羊舍结构图（单位：厘米，比例：1∶200）

1—羊栏；2—工作室；3—饲料间；4—水槽；5—料槽；6—草架

4. 家庭式羊舍

农户家庭小规模饲养肉羊时宜采用此种类型的羊舍，一般羊舍的长、宽各为

3.25 米左右。母羊产羔时移入生产室内，产羔数日后，可将母羊迁移至母羊圈内饲养。生产室一边靠近饲槽处设置颈枷 2～3 个，可将小羊饲养在其中。其他隔间可用木栏或铁丝网隔开。这类羊舍需要经常铺、换褥草，一般每平方米 3～4 天内需使用秸秆 1 千克左右。舍饲期若为 6～7 个月，则每只羊需要秸秆 120～150 千克。这类羊舍农户可根据养羊的规模大小灵活掌握其羊舍的建筑面积。

5. 肉羊棚

这类羊棚结构简单，造价低，特别适用于晚春、夏秋季节育肥羊或者冬春季节不太寒冷的南方地区。羊棚宽度一般为 4～8 米，羊棚的长度可根据羊群数量的多少具体掌握。

6. 塑料暖棚式羊舍

这类羊舍是近年来北方地区发展起来的一种更为经济合理、方便实用的圈舍结合式羊舍。在冬春季节可充分利用白天太阳能的蓄积和羊体自身散发的热量提高夜间羊舍的温度，避免妊娠母羊和羔羊遭受风雪严寒的侵袭。这类羊舍可在三面围墙敞棚舍的基础上，在距棚前房檐 2～3 米处筑一高 1.2 米左右的矮墙，矮墙中部留约 2 米宽的舍门，矮墙顶端与棚檐之间用直木或木框支撑，上面覆盖塑料薄膜，用木条加以固定，以防止透风。舍门以门帘遮挡，在东西两墙距地 1.5 米处各留一处可关可开的进气孔，棚顶可安装排气窗。暖棚式羊舍基本上可以保证北方养殖肉羊越冬度春的需要。养殖场（户）在使用这类羊舍时应注意羊舍内通风换气，同时注意及时修补容易损坏的塑料薄膜，保持圈内地面清洁和干燥。塑料暖棚式羊舍可大可小，省能源，成本低，容易搭建，效益显著，可大力推广应用。

第五节　羊场的主要附属设施

一、青贮设施

青贮饲料是肉羊的优质饲料，肉羊饲喂青贮饲料，不仅可以增加肉羊的食欲和采食量，而且可使肉羊的肥育效益大幅度地提高。养殖场（户）要有效地调节养殖肉羊的青饲料余缺，应修建青贮设施，并制作青贮饲料。青贮设施主要有青贮塔、青贮窖（壕）、塑料袋青贮和草捆青贮等。

1. 青贮塔

养羊场规模较大，青贮饲料的用量多，有条件的养羊场可修建永久性地上青贮塔。青贮塔虽然投资较大，但经久耐用，且青贮饲料的损失少，同时青贮饲料的质量也高。养羊场可根据其肉羊养殖规模的大小，确定青贮塔的修建体积。

2. 青贮窖（壕）

青贮窖（壕）一般有地上式、半地上式和地下式三种，其形状多以长方形较为多见，宽 2～3 米，深 1.5～2 米，长度可根据青贮饲料的饲用量的大小而确定。修建青贮窖（壕）时，必须注意选择地势高燥，地下水位低，且周围排水通畅的地方，以免渗水导致青贮饲料发生霉烂。

3. 塑料袋青贮

塑料袋青贮较适合于小规模养羊场（户），其投资小，设备简单，制作容易，不受气候和场地等条件的限制，且取用时浪费较少，运输方便，易于青贮饲料的商品化，各种类型的养羊场均可采用。但青贮饲料制成后一定要妥善管理，并防止塑料袋破裂，导致青贮饲料的霉烂变质。

4. 草捆青贮

草捆青贮较适合于制作半干青贮饲料，虽然制作简单，容易保存，取用方便，但需要有一定的机械设备。养殖场（户）在制作草捆青贮时，务必掌握好青贮草的水分含量，否则在保存过程中会发生大量的草料霉烂变质，导致草料损失。有大面积的饲料基地或草场的养殖场（户）可采用草捆青贮方法。

二、药浴设施

为了防治肉羊的疥癣等体外寄生虫病，每年均应定期给羊群药浴。没有淋药装置或流动式药浴设备的养羊场，应在不对人畜、水源、环境造成污染的地点修建药浴池。药浴池一般以长方形水沟状为宜（如图 9-6 所示）。

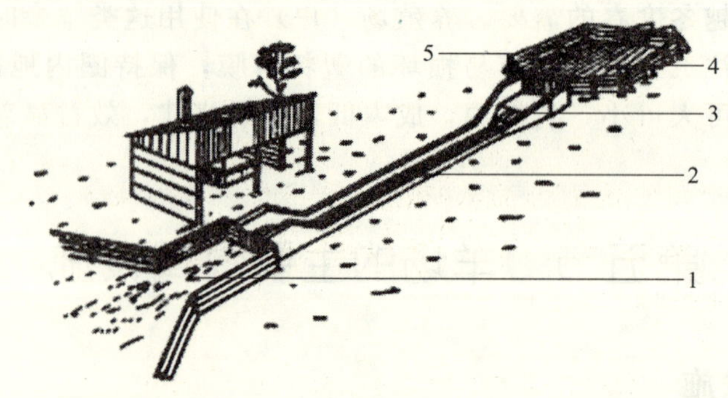

图 9-6　药浴池修建平面图

1—待浴羊圈；2—浴槽；3—出池斜坡；4—滴流台；5—浴后羊圈

药浴池用水泥筑成，池深 0.8～1 米，长 10 米左右，上口宽 0.6～0.8 米，底宽 0.4～0.6 米，一般以单羊通过而不能转身为宜。药浴池的入口端为陡坡，以便于药浴羊迅速入池。出口端为台阶式缓坡，以便于羊药浴后攀登出池，并在入口端设贮羊圈，在出口端设滴流台，以便羊群药浴后使其身上多余的药液流回池内。贮羊圈和滴流台的大小可根据羊群养殖数量的多少确定，但必须用水泥浇筑地面。

农户小型养羊场药浴池一般可修建在羊舍周围，长度为 1～1.2 米，宽度为 0.6～0.8 米，深度为 0.8～1 米，先按设计尺寸挖一个长方形的土坑，底部和四周分别用石板或砖平铺，然后用水泥抹缝；也可用砖或石料铺底砌墙，然后再用砂浆抹面。

三、供水设施

充足而清洁的饮水，并配以合理的设施，是保证肉羊健康、减轻饲养人员的劳动强度、提高劳动生产率的重要条件。如附近没有洁净水源的养殖场（户）和牧地，均应在羊舍附近修建水井、水塔或蓄水池，并通过管道引入羊舍或运动场内。在水不结冰或有防冻措施的地方，使用水塔则更为方便卫生。为了防止粪、尿等污物污染水井或水槽，其水源应与羊舍有一定的间隔距离，且井口应用砖石或水泥砌成，并安装木框加盖，最好井口以高出地面70～100厘米为好。

四、兽医室

兽医室应建在离羊舍较远的地方，在行政办公区附近，300只基础母羊的养羊场，其兽医室的面积大约为40米^{2}即可。

五、人工授精室

人工授精室是养羊场的主要设施，面积大小应以羊群的规模大小而定。并将人工授精室间隔成几个相应的小房舍，分别是采精室、精液检查室、待输精母羊舍、输精母羊舍、已输精羊舍、备品库等。

六、凉棚

肉羊在炎热的夏秋季节放牧育肥时，如日光直射羊群，对羊群的健康和肉羊的育肥均不利，因此，在夏秋高温季节，养殖场（户）必须考虑在羊舍的东西两侧、南侧沿围栏处种植树木或种植藤蔓植物（如南瓜、冬瓜、丝瓜或葡萄等）搭棚遮阴，或在围栏内搭设简易凉棚遮阴，以有利于调节羊舍周围的小气候，有效地防止羊群日射病和热射病的发生。

第六节　羊场的主要设备

一、饲槽和饲草架

饲槽和饲草架是主要用来给肉羊饲喂精饲料、颗粒饲料、青贮饲料、青草或干草的。根据其建造方式和用途，大体可分为移动式饲槽、悬挂式饲槽、固定式饲槽，移动式草架、固定式草架和草料结合的饲槽架。

1. 固定式长形饲槽

一般固定式长形饲槽设置在羊舍或运动场内，用砖石、水泥等砌成，平行排列。以舍饲为主的羊舍内应修建永久性固定式饲槽，其结实耐用，可根据羊舍结构进行设计建造。用水泥做成固定式长槽，上宽下窄，槽底呈圆形，以便于清理和洗刷，槽上宽50厘米左右，离地面40～50厘米，槽深20～25厘米。在饲槽上方设置颈枷，以固定羊头，可限制其乱占槽位抢食导致羊群采食不均，也可方便打针、刷拭、修蹄等。颈枷可用钢筋制成，一般以每隔 30～40 厘米设置 1 个，大小以能固定羊头为宜，上宽下窄（上宽 18 厘米，下宽 10～12 厘米）。在颈枷上方可设置 1 个活动木板或铁杆，当羊进入槽位，头伸进颈枷时，可将木板或铁杆放下系住，正好落在羊颈部上方。一般木板或铁杆应距离槽边 25～30 厘米。

2. 移动式长形饲槽

移动式长形饲槽可用木板或铁皮制成，其运输、存放方便，一般可作为肉羊补饲时使用。饲槽的大小和尺寸可灵活掌握，也可安装固定架，以防止羊群攀踏翻槽。

3. 饲草架

干草或青草是肉羊生产中必不可少的饲料。利用饲草架饲喂肉羊，可以减少饲草浪费。草架的形式可多种多样（如图 9-7 所示），有靠墙设置的单面饲草架，亦有在饲养场内设若干个平行双面草架。一般木制的饲草架成本低，容易移动，在牧区、半农半牧区比较实用。舍饲情况下也可在运动场内用石块砌槽，水泥勾缝，钢盘做隔栅，修建成饲料饲草两用槽架，使用效果更好。具体建造尺寸、大小可根据羊群情况合理设计。

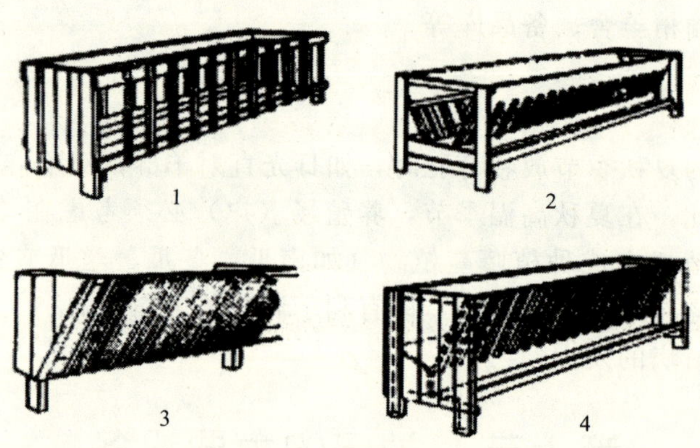

图 9-7　草架式样

1—长方形两面草架；2—U 形两面联合草架；3—靠坡固定单面草架；4—靠墙固定单面兼用草架

4. 草棚

为了防止人畜践踏浪费饲草，可在每栋羊舍的外面用栅栏、网栏、土墙或铁丝围成圈，搭成简易草棚，堆存肉羊补饲用的干草和农作物秸秆。草棚应视羊群的大小及补草量而定，一般草棚多设置在地形稍高、面向南、有斜坡的地方，以利于排水。干草和垫草棚应设置在与羊场建筑物距离在 60 米以上的下风处。

二、多用栅栏

1. 母子栏

母子栏可用结实的木条等靠墙围成高 1 米左右、宽 1.5 米左右、长 2 米左右的母子间，以供1只母羊及其羔羊单独使用（如图9-8所示）。

2. 羔羊补饲栏

羔羊补饲栏可用多个栅栏、栅板或网栏在羊舍或补饲间靠墙围成足够面积的围栏，并在开口处插入一个成年羊不可进入，而羔羊可自由出入采食的栅门。

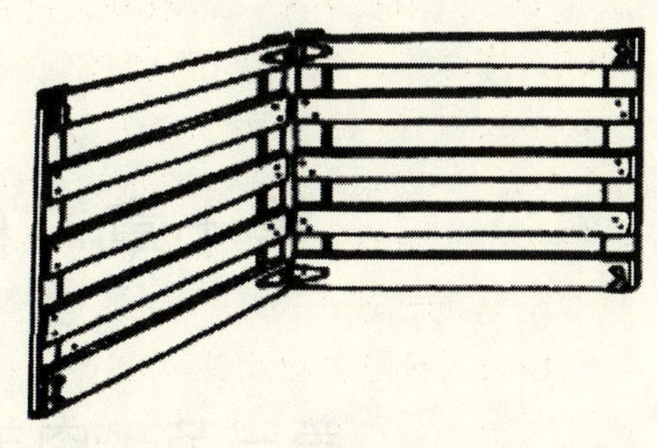

图 9-8 产羔圈折合转栏

3. 分群栏

分群栏是养殖场（户）进行肉羊鉴定、分群、防疫的必要设备。采用分群栏可减轻劳动强度，提高工作效率。分群栏要求坚固，最好用钢筋、三角铁、铁丝网制作而成，再配以若干个带支撑的固定设施。肉羊在分群前可根据其工作量，用分群栏围成一个喇叭形入口，且比羊体稍宽的狭长形通道，其通道一侧可安装一些可使羊能出不能进的活动门，再在门外围以若干个贮羊圈即可。

三、磅秤及羊笼

根据养殖场（户）常规肉羊生产、育种或科研的需要，为定期称测羊的体重，各类养羊场均应备置小型的地秤或一般的磅秤，上面安置用竹、木或钢筋制成的长方形羊笼。羊笼的长、宽、高分别为1.4米左右、0.6米左右、1.0米左右，两端安置活门以供羊进出。为称重方便，可用栅栏或网栏设置1个连接羊圈的狭长通道，也可将带羊笼的磅秤安放在分群栏的通道入口处。

第十章　肉羊的疾病防控

第一节　肉羊疾病综合防控措施

肉羊的疾病是养殖肉羊的大敌，养殖场（户）要保证肉羊健康，防止和减少羊群发生疾病，有效地促进肉羊养殖业的发展，必须坚持“预防为主”的方针，应搞好羊群的日常管理、防疫注射、检疫、羊舍和羊体的清洁卫生、病羊隔离治疗以及病死羊的无害化处理等综合措施，控制和消灭肉羊的传染病。具体来说，养殖场（户）应根据自身的条件，因地制宜地建立一整套控制和消灭肉羊疾病的综合防控措施。

一、加强肉羊的饲养管理，增强机体的抗病能力

肉羊是否易发病与机体的天然抗病能力有着密切的关系。凡是饲养管理良好，体质健壮的肉羊，对病源微生物的侵袭有较强的抗病能力，往往发病率较低，如羊群的饲养管理不良，致使肉羊的体质瘦弱或肉羊个体体质状况由好转坏时，则羊群的抗病能力就会相应地减弱，往往羊群的发病率则较高。因此，加强羊群的饲养管理，保证肉羊的健康，是预防肉羊发生疾病的重要条件。

俗话说：“病从口入”。养殖场（户）要保证羊群的健康，必须经常保持羊群的饲料和饮水的清洁卫生，霉变、腐败和喷洒过农药不久的饲草不可饲喂羊群，饲喂羊群的饲料应做到青饲料适时收割饲喂，粗饲料切短或粉碎后细喂，精饲料粉碎或发芽后饲喂。饲喂羊群的饲料应力求新鲜、多样化，各种饲料应进行适当地搭配和调制，饲喂羊群（特别是羔羊）时应做到“四定”（即定时、定量、定质和定温），并做到少喂勤添，不突然更换饲料种类，确保羊群体质健壮。

二、坚持“自繁自养”，防止疫病传入

养殖场（户）无基本的母羊群，靠从外地和市场上购进羊源，如不采取严格的检疫和隔离饲养措施，往往易购进病羊或带菌羊而将疫病传入，因此，坚持自繁自养是防止肉羊疫病传入的一项基本措施。各地养殖肉羊的实践证明，凡是坚持自繁自养的养殖场（户），防疫制度健全，就很少发生或不发生传染病。养殖户（特别是养殖大场、大户）必须建立基本母羊群，坚持自繁自养，如需要进行品种调配、血液更新或补充种源，需要从外地或外场（户）引进肉羊时，必须及时了解引进

地的肉羊疫情，并从健康的羊群中进行选购，如需要从市场上购进肉羊时，更应特别注意羊群的健康，新购进的肉羊必须进行严格的检疫，并隔离饲养半月以上，经饲喂试验，确诊无病后，方可将羊群合群饲养。养殖场（户）对于出现不明原因死亡的个体，需要进行焚烧、掩埋等无害化处理，严禁出售、随地乱扔，防止病源扩散。此外，应规范肉羊养殖场的防范措施，养殖场应尽量远离城镇、工矿区和人口密集的村庄，合理布局养殖场的生产区、生活区、管理区和隔离区，生产区四周应建有防疫围墙和防疫隔离带，进出口设立车辆及人员消毒通道，进出车辆和人员必须严格消毒，生产区严禁外来人员随意出入，防范肉羊疫病的转入和传出。

三、定期给羊群防疫注射，防止羊群发生传染病

给肉羊定期进行防疫注射，使机体产生特异性的抗病能力，在一定的时间内，可以避免羊群遭受传染病的侵袭，因此，给肉羊定期进行防疫注射是防止羊群发生传染病的重要防疫措施之一。所有的养殖场（户）均应建立和健全定期防疫注射与不定期的补防相结合的防疫制度，在每年进行定期防疫注射的同时，对一部分漏防的羊只，如母羊临产或母羊产后不久、羔羊产后日龄过小以及肉羊患病等暂时没有防疫注射时，以后应及时补防，为便于考查羊群是否防疫注射，可在给羊群防疫注射时以卡耳标和填写防疫登记卡作为标记，以此达到羊群头头注射，只只免疫，预防羊群发生传染病。

四、搞好羊舍内环境卫生，消除肉羊疾病隐患

羊舍是羊群长期生活的场所，养殖场（户）应经常打扫羊舍，保持羊舍内清洁干燥，羊舍内的垫草应勤起勤换，并保持羊舍内冬暖夏凉，给羊群创造良好的生活环境。羊舍清扫后，应将粪尿、垫草及其残渣物及时运送到离羊舍较远的地方进行堆积发酵后再作为肥料使用，污水应经过排污沟引入污水处理池，加入漂白粉（或生石灰）进行消毒，食槽和饲养用具使用后，及时洗刷干净，与此同时，建立定期消毒制度，对羊舍、食槽及其饲养用具定期用消毒药液进行消毒处理，其常用的消毒药物和消毒方法有：①3%来苏儿溶液用于羊舍、用具等的消毒；②10%～15%生石灰乳用于圈舍、排泄物等的消毒；③0.5%过氧乙酸溶液用于喷洒地面、墙壁和食槽等的消毒；④1%～2%氢氧化钠溶液用于被细菌和病毒污染的圈舍、地面和用具等的消毒（氢氧化钠溶液有腐蚀性，消毒圈舍、地面和用具时，应将羊群赶出圈外，待消毒2～3小时后，再用清水洗净圈舍、地面和用具后方可让羊群进圈）；⑤0.5%～2%氯胺溶液用于被污染的圈舍、地面和用具的消毒。消毒应分两步进行，即先清扫圈舍，然后再用消毒溶液喷洒地面、墙壁和天花板；产房应在产羔前、中、后期进行多次消毒；病羊舍的入口处应有消毒池或浸有消毒液（2%～4%氢氧化钠溶液）的麻袋片或草垫。及时杀死外界环境中的病原体，切断和防制肉羊疫病的发生。

第二节 肉羊常见传染病的防控

一、羊传染性脓疱病

羊传染性脓疱病俗称“羊口疮”，是由羊口疮病毒引起的一种人、畜共患传染病，主要危害羊，尤其是3～6月龄的羊，未接种过本病疫苗的成年羊也发病，常呈群发性流行。该病毒的抵抗力较强，可连续危害羊群多年。大多数发病痊愈的羊可获得终身免疫。

1. 发病原因

本病的病原是羊口疮病毒，病羊是主要传染源。主要通过皮肤和黏膜感染。

2. 发病症状

本病的潜伏期为4～8天。临床上可分为唇型、蹄型、外阴型，也偶尔可见混合型，一般以唇型较为多见。

(1) 唇型　病羊先在口角、上唇或鼻镜等皮肤上出现散在的小红斑，逐渐变为丘疹和小结节，继而发展成为水疱、脓疱，破溃后，结成黄色或棕色的疣状硬痂。如为良性经过，则经1～2周后，痂皮干燥、脱落而康复。严重病例则患部继续发生丘疹、水疱、脓疮、痂垢，并互相融合，波及整个口唇周围及眼睑和耳廓等部位，且形成大面积的痂垢，其痂垢不断增厚，基部伴随有肉芽组织增生，整个嘴唇肿大外翻呈桑葚状隆起，以致病羊常因采食困难，日趋衰弱而死亡。病程一般为2～3周。有些病例甚至蔓延至口腔黏膜，可见病羊口腔黏膜潮红、增温，发生水疱或脓疱，破溃后形成糜烂或溃疡。病羊采食、咀嚼和吞咽困难，口流发臭带泡沫的唾液，最后衰竭死亡。有些病羊常伴有继发感染，如引起深部组织化脓、坏死，口腔黏膜发生水肿、脓疱和糜烂等。染病羔羊由于吸吮母乳，可导致母羊的乳头皮肤和唇部发生同样的病症。

(2) 蹄型　在病羊的蹄冠、蹄叉或系部皮肤上发生水疱、脓疱，破溃后形成带有脓汁覆盖的溃疡，如坏死杆菌继发感染后可发展为蹄病。病羊跛行，长期卧地，如果得不到良好的照顾，就会因饥饿而衰竭死亡。

(3) 外阴型　此型较为少见。在母羊的外阴部皮肤和阴道黏膜上发生水疱和脓疱，破溃后形成溃疡，母羊外阴肿胀，且肿胀的外阴及其附近的皮肤发生溃疡，阴道内流出带有脓性和黏性分泌物。有些病例甚至波及到乳房和乳头上发生脓疱、烂斑和痂垢。公羊表现为阴稍和肛门周围皮肤发生小脓疱和溃疡。

3. 临床诊断

根据羔羊发病率高，且病情严重；患部仅局限于头、蹄、乳房和外阴部，尤其以唇、口角和口腔黏膜最为多见；病变不波及全身皮肤；痂皮为特征性疣状厚痂，一般可作出确诊。但应注意与羊痘区别。羊痘全身症状明显，发热，且出现全身性痘疹，水疱中央有脐状凹陷，结痂呈圆形，界限明显。

4. 预防措施

（1）加强饲养管理　不从疫区引进肉羊和羊产品，如因特殊情况需要从外地购种或引进羔羊，羊引进后必须隔离检疫2～3周，待确认健康并对蹄部消毒后方可与其他羊混群。同时应加强对羊群的饲养管理，防止幼羊和羔羊发生皮肤和黏膜损伤，如有羊发生皮肤和黏膜损伤，应隔离病羊，并用10%石灰乳或2%火碱或20%热草木灰水消毒羊舍、饲养用具和环境。

（2）免疫预防接种　在本病流行的地区，一般的预防性措施对本病已无济于事，必须免疫预防接种。可每年用羊传染性脓疱弱毒冻干苗预防接种。本疫苗适宜于各种年龄的肉羊，可在羊的口唇黏膜内注射免疫，其剂量均为0.2毫升，免疫期为3～5个月。据报道，肉羊接种羊痘疫苗也可减轻该病的症状。

5. 治疗方法

对病羊的局部可先用水杨酸软膏软化垢痂，除去垢痂后用0.1%～0.2%高锰酸钾溶液冲洗创面，再涂以2%龙胆紫、碘甘油或土霉素软膏，每天1～2次。如属于蹄型，可将羊的蹄部置于5%～10%的福尔马林溶液中浸泡2～3分钟，连续浸泡2～3次；或隔日用3%龙胆紫溶液、土霉素软膏涂拭患部。

为促进病羊痊愈，应加强对病羊的饲养管理，确保病羊每天不受饥饿。对吸吮母乳困难的羔羊，可将母乳挤入干净的盐水瓶内，插上吊针管，将吊针管的另一端（去掉细段）放入羔羊的口中，使羔羊避免因吸吮母乳造成的疼痛，如能使患病羔羊获得足够的营养，并经过精心的治疗，一般不会导致羔羊死亡。对患病的青年羊和成年羊，则应供给营养价值高、适口性好、不伤及口腔黏膜的青绿饲料和配合饲料，诱导病羊摄取足够的营养，同时配合积极的治疗措施。

二、羊快疫

羊快疫是由腐败梭菌引起的一种急性传染病。该病以病程短、突然死亡和病羊真胃出血性炎症为主要特征。

1. 流行特点

本病的病原是腐败梭菌，腐败梭菌广泛存在于低洼的草地、熟耕地和沼泽地。病原菌随污染的饲料和饮水进入羊的消化道。本病常发生于秋冬和初春季节，当气候骤变，阴雨连绵、风雪交加，或羊采食了冰冷且带霜的草料，使其机体抵抗力降低时，易诱发本病的发生。本病多发生于6～18月龄的绵羊，山羊则很少发生。

2. 症状与病变

患羊发病突然，往往没等出现临床症状就已经死亡，整个病程仅10多分钟到10多个小时。若能发现症状，其主要表现为病羊常离群独处，喜卧地，不愿走动，驱赶时步态踉跄，有的病羊发生肚胀并有疼痛表现，体温升高，呼吸困难，口流白沫，初期兴奋，而后昏迷而死。

剖检可见真胃出血性炎症变化严重，胃黏膜尤其是胃底部及幽门附近的黏膜常有大小不等的出血斑点或坏死病灶，黏膜下组织常伴有水肿，胸腔、心包大量积液，且暴露于空气中易凝固。

3. 临床诊断

本病一般在羊的生前诊断比较困难。死后可通过剖检，观察到真胃出血性炎症的病理特征，并结合其疾病的流行特点可怀疑为本病，而确诊本病则需要进行实验室检查。

4. 预防措施

本病发病急、死亡快，应以预防为主。

（1）免疫预防接种　在常发生本病的地区，无论羊的年龄大小，一律定期注射菌苗。羊快疫的菌苗有三联苗（羊快疫、羊猝疽、肠毒血症）、五联苗（羊快疫、羊猝疽、肠毒血症、羊黑疫、羔羊痢疾）、六联苗（羊快疫、羊猝疽、肠毒血症、羊黑疫、羔羊痢疾、大肠杆菌）和单菌苗，每只羊皮下注射5毫升，两周后产生免疫力。三联苗的免疫期为1年，五联苗和六联苗的免疫期为半年。

（2）加强对羊群的饲养管理　放牧羊群尽可能不到低洼草地和沼泽地，注意羊群的饲料和饮水卫生，冬春季节注意对羊群（特别是羔羊）保温，避免清晨过早放牧，不让羊群采食冰冷且带霜的草料。

（3）发现病羊及时采取措施　羊群内一旦发现病羊，应及时隔离，对死亡病羊的尸体、粪便及其污染物进行深埋处理，对全群疑似健康羊及时采取紧急预防措施，并全群内服2%硫酸铜溶液，每只羊内服100毫升。对疫情发生严重的地区，应立即转移羊群的放牧场地。

5. 治疗方法

因本病急性病例的病程短促，往往来不及治疗。对病程较缓慢的病羊，可每只内服2%硫酸铜溶液100毫升，并配合用抗生素类药物治疗，同时配合强心、镇静、补液等对症治疗措施，具有一定的治疗效果。

三、羊肠毒血症

羊肠毒血症是由D型产气荚膜梭菌（D型魏氏梭菌）引起羊的一种急性传染病。由于D型产气荚膜梭菌在羊的肠道内大量繁殖，产生毒素而致病，故称羊肠毒血症；患羊死后肾组织易于软化，故又称之为羊软肾病；而在临床上其症状与羊快疫的症状极其相似，故又称之为类快疫。

1. 流行特点

本病多呈散发，有明显的季节性和发病条件，通常以2～12月龄，且膘情较好的羊群多发生本病，主要发生于绵羊，山羊较少发病，但群养的奶山羊发病较多。牧区以春夏之交青草逐渐走向旺季和秋季牧草结籽后发病较多，农区则多见于收割抢茬季节，羊群采食了大量的菜根、菜叶或谷物类籽实牧草，而D型产气荚膜梭菌则为土壤中的常在菌，羊在采食时其病原菌随饲草进入体内后，在适宜的条件下，常致使羊的肠道蠕动迟缓，或肠道的正常蠕动与分泌机能减弱，引起病菌大量繁殖而呈散发性流行。

2. 症状与病变

本病以病羊急性死亡和病羊死后肾脏软化为主要特征。病羊多呈急性经过，突然表现不安，迅速倒地，昏迷，呼吸困难，继而窒息死亡。病程较缓的病羊，发病初期表现兴奋不安，口腔空嚼咬牙，转圈或撞击障碍物，随后倒地死亡。有些病羊死前出现肠鸣、腹泻，且粪便中混有黏液和灰白色假膜，有恶臭气味。有些病羊行走不稳，肌肉振颤，头颈和四肢抽搐，鼻流白沫，四肢黏膜苍白，在昏迷中死亡。本病一般体温不高，病程一般为1～4小时，最长不超过24小时。

剖检可见胃内充满食物和气体，小肠黏膜充血、出血，肾脏易于软化且呈脑髓样，肺充血水肿，胸腺出血，幼羔心包大量积液。

3. 临床诊断

根据流行特点、突然发病、迅速死亡等症状及患羊死后剖检所见肾脏软化的病理特征，进行综合分析，可以作出初步诊断。确诊需要通过实验室检查，证明回肠内有毒素。

4. 预防措施

本病发病急、死亡快，应以预防为主。

（1）免疫预防接种　在常发生本病的地区，无论羊的年龄大小，一律定期注射菌苗。其羊肠毒血症菌苗有三联苗（羊快疫、羊猝疽、肠毒血症）、五联苗（羊快疫、羊猝疽、肠毒血症、羊黑疫、羔羊痢疾）、六联苗（羊快疫、羊猝疽、肠毒血症、羊黑疫、羔羊痢疾、大肠杆菌）和单菌苗，每只羊皮下注射5毫升，两周后产生免疫力。三联苗的免疫期为1年，五联苗和六联苗的免疫期为半年。

（2）加强对羊群的饲养管理　牧区应将羊群驱赶到较高燥的牧地放牧。农区对羊群应尽量少喂菜根、菜叶等多汁饲料；放牧农作物茬地时，应防止羊群吃得过饱并急饮水；冬春季节舍饲羊群时，应粗、精、多汁饲料合理搭配，并让羊群多运动。

（3）发现病羊及时采取措施　羊群发现病羊，应及时隔离，对死亡病羊的尸体、粪便及其污染物进行深埋处理，对全群疑似健康羊及时采取紧急预防措施，并对病羊及时采取治疗措施。

5. 治疗方法

（1）肌内注射羊肠毒血症高免血清30毫升，或肌内注射氯霉素，每次0.5～0.75克，1日3次。也可给病羊内服10%石灰水，成年羊每只每次内服200毫升，小羊每次内服50～80毫升。

（2）中药治疗：可用苍术10克、大黄10克、贯众5克、龙胆草5克、玉片3克、甘草10克、雄黄1.5克，先将前6味药煎成汤，然后再加入雄黄混匀后给羊内服，羊内服中药汤后再内服一定量的植物油。对于病程较缓的病羊，可用白茅根9克、车前草15克、野菊花15克、筋骨草12克，煎水给羊内服。

四、羊猝疽

羊猝疽是由C型魏氏梭菌引起的一种急性传染病。病羊常以腹膜炎、溃疡性肠炎和急性死亡为主要特征。

1. 流行特点

本病经消化道感染。主要发生于1～2岁的成年绵羊，山羊则很少发病。常呈地方性流行，多发生于在低洼草地、沼泽地放牧的羊群，且早春和冬季发病较多。

2. 症状及病变

患羊病程短促，常未发现临床症状即突然死亡。有时可在羊群放牧时，病羊常掉群、卧地不安、抽搐、迅速死亡。剖检可见十二指肠和空肠黏膜充血、出血、糜烂和溃疡，胸腔、腹腔和心包大量积液，浆膜上有点状出血。死亡8小时左右，尸体骨骼肌发生类似于黑腿病的气肿。

3. 临床诊断

根据流行特点和临床症状及其病变可作出初步诊断。但确诊需要作实验室细菌分离鉴定和检验小肠内容物有无毒素。

4. 预防措施

本病发病急、死亡快，应以预防为主。

(1) 免疫预防接种　在常发生本病的地区，无论羊的年龄大小，一律定期注射菌苗。羊猝疽的菌苗有三联苗（羊快疫、羊猝疽、肠毒血症）、五联苗（羊快疫、羊猝疽、肠毒血症、羊黑疫、羔羊痢疾）和六联苗（羊快疫、羊猝疽、肠毒血症、羊黑疫、羔羊痢疾、大肠杆菌），每只羊皮下注射5毫升，两周后产生免疫力。三联苗的免疫期为1年，五联苗和六联苗的免疫期为半年。

(2) 加强对羊群的饲养管理　羊群尽可能不到低洼草地和沼泽地放牧，注意羊群的饲料和饮水卫生，冬春季节注意对羊群（特别是羔羊）保温，早春和冬季避免清晨过早放牧，不让羊群采食了冰冷且带霜的草料。

(3) 发现病羊及时采取措施　羊群中发现病羊，应及时隔离，并对死亡病羊的尸体、粪便及其污染物进行深埋处理，对全群疑似健康羊及时采取紧急预防措施。对疫情发生严重的地区，应立即转移羊群的放牧场地。

5. 治疗方法

因本病急性病例的病程短促，往往来不及治疗。对病程缓慢的病羊，可每只内服2%硫酸铜溶液100毫升，并配合用抗生素类药物治疗，同时配合强心、镇静、补液等对症治疗措施，具有一定的治疗效果。

五、羊黑疫

羊黑疫又名羊传染性坏死性肝炎，是由B型诺维梭菌引起羊的一种急性高度致死性传染病，以患羊死亡后皮肤呈黑色和肝脏出现坏死灶为主要特征。

1. 流行特点

绵羊和山羊均可感染本病，常以2～4岁膘情较好的肥胖羊最易感。本病常发生于春夏季节和羊肝片吸虫流行的低洼潮湿地的放牧地区。B型诺维梭菌广泛存在于土壤中，羊常在采食饲草时，其病原菌随饲草经消化道进入体内，并潜伏于肝脏，当肝片吸虫在羊的体内迁徙时，破坏肝脏组织，使潜伏于肝脏的B型诺维梭菌的繁殖获得适宜的条件，进行大量繁殖，并产生毒素而致病。

2. 症状及病变

本病病程短，大多数病例在未发现临床症状时即突然死亡，仅有少数病例可拖延1～2天，但最多不超过3天。一般病羊食欲废绝，反刍停止，呼吸困难，体温升高至41.5℃左右，常呈昏睡俯卧状态下安静死亡。

剖检可见皮下静脉显著淤血，皮肤呈暗黑色；肝脏表面和肝脏的深层有数目不等的灰黄色坏死病灶，且界线明显，周围常有鲜红色的充血带围绕，切面呈半圆形。

3. 临床诊断

在肝片吸虫流行地区，发现病羊急性死亡或处于昏睡状态下死亡，并通过剖检肝脏的特征性病变，即可作出初步诊断。确诊本病需要作细菌学检查和毒素检查。

4. 预防措施

本病发病急、死亡快，应以预防为主。

(1) 免疫预防接种　在常发生本病的地区，无论羊的年龄大小，一律定期注射菌苗。羊黑疫菌苗有二联苗即羊黑疫、羊快疫灭活菌苗，每只羊皮下注射5毫升，两周后产生免疫力。二联苗的免疫期为1年。

(2) 加强对羊群的饲养管理　羊群尽可能不到低洼草地和沼泽地放牧，注意羊群的饲料和饮水卫生。对肝片吸虫流行的地区应对羊群定期驱虫。

(3) 发现病羊及时采取措施　羊群发现病羊，应及时隔离，对死亡病羊的尸体、粪便及其污染物进行深埋处理，对全群疑似健康羊及时采取紧急预防措施。对疫情发生严重的地区，应立即转移羊群的放牧场地。

5. 治疗方法

因本病急性病例的病程短促，往往来不及治疗。对病程较缓慢的病羊，可用抗生素类药物治疗，同时配合强心、镇静、补液等对症治疗措施，具有一定的治疗效果。

六、羊痘

羊痘的病原体为羊痘病毒，是各种家畜痘病中最为典型和最为严重的一种急性、热性、接触性传染病。

1. 流行特点

所有品种、性别和年龄的羊均可感染，羔羊较成年羊敏感，病死率高。本病主要流行于春季。天气寒冷和饲养管理不良等因素均可诱发本病的发生或加重患羊的病情，病羊为主要传染源。该病毒主要存在于病羊皮肤和黏膜的痘疤中，既可通过呼吸道感染，也可通过损伤的皮肤或黏膜侵入机体而感染。被病毒污染的空气、饲料、饮水、用具、饲养管理人员和寄生虫等均可成为其传播媒介。

2. 发病症状

本病的潜伏期一般为6～8天。病初羊的体温可达41～42℃，病羊流泪和流鼻液，后变为脓性分泌物。呼吸急促，眼结膜充血，食欲减少甚至废绝，精神委靡，全身不适，病后1～4天发痘，多在唇、鼻、颊眼、尾和四肢内侧、乳房、阴唇、阴囊、包皮等少毛或无毛处，其他部位则较少。先出现红斑，继而成为结节，突出于皮肤表面，几天内变为豆大水泡，再变为脓疱，往往可见痘脐，其后逐渐干涸，痂块脱落遗留一个红斑。咽和支气管亦常有痘疹。体温仅在病初和脓疱期升高。严重时可并发肺炎、肠炎或败血症，造成患羊大批死亡。怀孕母羊常因感染此病而造成流产，羔羊死亡率较高。另外，也常见细菌性败血症变化，病羊常因继发感染而死亡。

3. 预防措施

经常保持羊舍内清洁干燥，冬春季节对羊群应适当地补饲精饲料，并做好防寒保暖工作。在羊痘流行期到来之前应进行预防注射羊痘鸡胚化弱毒疫苗，可在尾内皮下或股内皮下注射0.5毫升，4～6天后即可产生免疫力，其免疫期可达到1年。并加强对羊舍及其周围环境的消毒。对病死羊的尸体应进行深埋或烧毁等无害化处理，羊舍经常用3%石碳酸、2%福尔马林、2%火碱溶液、30%热草木灰水或20%石灰乳彻底消毒。

4. 治疗方法

一旦羊群发生羊痘，应立即将病羊隔离，封锁疫区，严格消毒。并对尚未发病的羊群，用羊痘鸡胚化弱毒疫苗进行紧急预防注射。

对患羊的局部可采用对症治疗方法：可用0.1%高锰酸钾溶液、2%硼酸溶液洗涤痘区，再涂以碘甘油或1%紫药水等。皮肤病变可涂擦5%的碘酊。为了防止继发感染，可应用青霉素、链霉素等抗生素类和磺胺类药物等进行治疗。有条件的可早期注射高免血清，按羊每千克体重注射1毫升，对羔羊疗效明显。

中药治疗可根据实际情况选用如下治疗方法。

① 用板蓝根10克、栀子6克、黄芩6克、黄柏6克、金银花10克、连翘10克、知母10克、龙胆草10克、元参6克、荆芥15克、防风15克、甘草6克（剂量依体重、年龄而定），煎汤候温后给病羊内服，每天内服1剂，连续内服2～3天。若配合青霉素及氨基比林肌内注射则疗效更佳。

② 用西河柳、葛根各15克，炒牛蒡子12克，蜜知母、元参、荆芥、薄荷、麦冬（去心）、蝉蜕、竹叶各9克，甘草6克。在痘疹的初期可用上述药物加紫草、升麻、桔梗各9克；出痘期若出现化脓、高热等症状则加板蓝根、地丁、连翘、石膏、花粉、黄芩各9克，并减去荆芥、薄荷，水煎两次，共计300毫升（中等羊可

用250毫升，小羊可用150毫升），加入适量白酒后分早晚两次给患羊内服；结痂期可用沙参麦冬汤加减（即扁豆、玉竹、花粉、甘草各9克，粪干者加火麻仁9克，不食者加焦山楂、谷芽各9克），煎水给患羊内服。

③ 用升麻9克、葛根12克、赤芍6克、薄荷4克、牛蒡子6克、黄芩9克、木通6克、金银花8克、连翘8克、炙甘草6克（每只成年羊的剂量为20～30克），煎汤或研为细末给羊冲调内服，每天内服1剂，连续内服2～4天为一疗程。如未愈的患羊可继续服药至痊愈为止。

④ 用葛根20克、紫草20克、苍术20克、黄连15克、白糖50克、绿豆50克，煎水，候温后给患羊内服。

⑤ 用僵蚕、当归、茯神、薄荷、赤芍、防风、金银花、升麻各8克，佩兰、板蓝根、连翘各10克，煎水，候温后给患羊内服。

七、羔羊痢疾

羔羊痢疾主要是由B型魏氏梭菌（B型产气荚膜梭菌）引起初生羔羊的一种急性肠道传染病。本病以患羔剧烈腹泻和小肠发生溃疡为主要特征。

1. 流行特点

本病可经消化道、脐带和创伤感染。常呈地方性流行，2～5日龄的羔羊发病最多，7日龄后则很少发生。其发病率和死亡率以绵羊系肉羊发病较高，杂交羊次之，土种羊发病较低。母羊怀孕期间营养不良，体质瘦弱，羔羊出生后护理不当，羊舍卫生条件差，阴冷潮湿，气温骤变，羔羊受冻、饥饿等不良因素均可诱发本病的发生。

2. 症状及病变

本病的潜伏期为1～2天。病初患羊精神委靡，不愿吃奶，不久即发生腹泻，粪便恶臭，或稠似面糊，或稀薄如水，呈黄绿、黄白或灰黄色，有的含有血液，或完全为血便。患羔体质衰弱，卧地不起。若不及时治疗，常在1～2天内死亡。有的患羊腹胀而不下痢，或仅排出少量的稀粪，卧地不起，呼吸急促，口流白沫，最后昏迷，头向后仰。若不及时抢救，常在数小时到十几小时内死亡。

剖检可见病羊尸体脱水，真胃内有未消化的乳凝块；小肠黏膜充血，并有多处溃疡，其溃疡周围有一出血带环绕；肠道内容物呈血色。心包积液量多，且在空气中很快凝固。

3. 临床诊断

根据羔羊的发病日龄、剧烈腹泻和小肠溃疡等特征可作出初步诊断，但确诊需要进行实验室细菌分离鉴定和毒素测定。

4. 预防措施

加强对母羊怀孕期（特别是母羊怀孕后期）的饲养管理，增强母羊的体质，提高羔羊的初生重，以增强羔羊的抵抗力。羔羊出生后应强化护理，并对泌乳母羊进行均衡喂养，保障母羊的乳汁品质，同时对羔羊及时喂足初乳，保持羊舍内清洁干燥，并使羊舍内保温性能良好，如遇气温骤变，应做好羔羊的防寒保温工作，防止羔羊受冻，尽可能降低和减少诱发羔羊痢疾的发病因素。对羔羊痢疾发病率较高的地区，为预防羔羊群内发生羔羊痢疾，可在羔羊产后肌内注射抗羔羊痢疾高免血清0.5～1毫升。

5. 治疗方法

对患羔羊痢疾的病羊应及早发现并及早采取治疗措施，同时给予患羊精心护理，注意保暖和哺乳。

(1) 除了呈现神经症状的垂危羔羊难以挽救外，对一般患病羔羊可肌内注射抗羔羊痢疾高免血清3～10毫升，其治疗率可达到90%。

(2) 用乳酶生给羔羊内服，每天每只羔羊内服3～6克，连续内服5天左右。

(3) 抗生素类药物疗法：①用土霉素按每只羔羊0.2～0.5克，加入胃蛋白酶0.1～0.2克，用温水调匀后给羊内服，每天内服两次；②用抗菌增效剂（敌菌净）1份与磺胺类药物（磺胺脒，或磺胺五甲氧嘧啶，或磺胺六甲氧嘧啶）5份混合，按患羊每千克体重给药25毫克，每天内服1次，首次量加倍，直到患羊痊愈为止；③用呋喃唑酮按每只羔羊0.1～0.2克、次硝酸铋0.2克，调成舔剂给患羊内服，每天内服两次。

(4) 中药治疗：可用白头翁、黄连、柯子肉、茯苓、白芍各10克，秦皮、山萸肉各12克，山药30克、白术15克、干姜5克、甘草6克，水煎两次，每次煎汤300毫升，混合后给羔羊内服，每次内服30～50毫升。

八、羊流行性感冒

羊流行性感冒简称为“羊流感”，是由羊流行性感冒病毒引起羊发生的一种急性高度接触性传染性疾病。其主要特征为病羊发病突然，且迅速传遍全群，并以病羊发热、肌肉或关节疼痛以及上呼吸道炎症为主要发病症状。

1. 流行特点

本病仅感染羊，不同年龄、品种、性别的羊均可发生。发病具有明显的季节性，多发生于春秋气温骤变的季节。寒冷、潮湿、拥挤、贼风侵袭、营养不良和体内外寄生虫侵袭等因素均可降低羊体的抵抗力，促使本病的发生和流行。传染源是病羊和带毒羊（痊愈后可带毒6周至6个月）。传染途径主要通过飞沫经呼吸道传染。

2. 症状及病变

潜伏期很短，几小时至数天。羊突然发病，常在1～3天内全群暴发。病羊体温升高达到40.5～42℃，精神沉郁，食欲减退或废绝，肌肉疼痛，不愿站立，呼吸加快，呈腹式呼吸，咳嗽，粪便干硬。眼和鼻流出黏性分泌物，有时鼻分泌物带有血色。病程较短，如无并发症，多数病羊可于7～10日内康复。如发生继发感染，可使羊的病情加重，并诱发肺炎而死亡。

剖检可见鼻、喉、咽、气管和支气管黏膜充血肿胀，并含有大量黏液状混血泡沫。肺组织坚硬且呈深紫红色，与周围界限分明，切面如鲜肉状。颈部和纵隔淋巴结充血、水肿。脾轻度肿大。胃肠黏膜发生卡他性炎症。

3. 临床诊断

本病来势猛、传播快、发病率高、致死率低，各种羊多在春秋发病，且患羊高热、咳嗽、呼吸困难，有鼻漏现象。病死羊呼吸道黏膜充血，呈卡他性炎症，肺水肿，肺部炎症区膨胀不全。根据以上特点进行综合分析，可作出初步诊断。如要确诊，还需要进行实验室病毒分离和病毒鉴定。

4. 预防措施

目前尚无预防本病的有效疫苗。平时应加强对羊群的饲养管理和卫生防疫工作。在阴雨潮湿天气和气候变化急剧的季节，应特别注意羊群的饲养管理，保持羊舍内清洁、干燥、温暖，避免羊群受凉和过分拥挤。定期驱除体内外寄生虫。一旦发现本病，应立即隔离病羊并进行及时的治疗，加强对羊群的饲养管理，给羊群饲喂富含维生素的饲料，并用10%～20%新鲜石灰乳或2%～5%漂白粉等消毒药物对被污染的圈舍、用具和食槽等进行消毒。

5. 治疗方法

目前尚无特效的治疗药物。一般对病羊可采用对症疗法，并使用抗生素和磺胺类药物控制并发症。具体治疗方法如下（以下治疗的药物用量以羊50千克体重计算）。

（1）解热镇痛，肌内注射30%安乃近3～5毫升；或复方安基比林5～10毫升；或柴胡注射液10～20毫升。

（2）注射抗生素类药物。庆大霉素8万～16万单位肌内注射，或青霉素和链霉素按羊每千克体重5000～10000单位肌内注射，1天两次。也可肌内注射磺胺类药物。

（3）肌内注射鱼腥草或板蓝根注射液3～5毫升，每天注射两次，连续注射3～5天。

（4）中药治疗：

① 用柴胡18克、土茯苓12克、陈皮18克、薄荷18克、菊花15克、紫苏12克，生姜为引，煎水，候温后1次给病羊内服。

② 用葱白60克、生姜30克、食盐15克、煎水，候温后1次给病羊内服；或用穿心莲20～45克，煎水，候温后1次给病羊内服。

③ 用金银花、连翘、黄芩、柴胡、牛蒡子、陈皮、甘草各10～16克，煎水，候温后1次给病羊内服。或用银翘解毒丸2粒，用温水给羊冲服。

九、羊传染性胸膜肺炎

羊传染性胸膜肺炎俗称“烂肺病”，是一种高度接触性的呼吸系统传染病。该病在临床上以卡他性鼻炎、咳嗽、结膜炎、呼吸带有啰音、纤维性胸膜肺炎和纤维性坏死性胸膜肺炎，以及部分母羊发生流产为主要特征。

1. 流行特点

本病一般呈地方性流行，不同年龄的羊均可感染，通常以3岁以下的羊最易感，并主要发生于冬季和早春的枯草季节。患羊和带菌羊是本病的主要传染源。病原菌主要存在于患羊的肺组织和呼吸道渗出液中，健康羊染病主要通过空气飞沫经呼吸道传染，且在大群集约化饲养的条件下最易接触感染。羊群之间的传播主要是引种检疫不慎，引入带菌羊和慢性患病羊以及患羊与健康羊之间串群所致。本病在羊群中的发病率和死亡率有较大差异，初次发病羊群的发病率和死亡率均较高，经过一段时间后可逐渐趋于缓和，发病率和死亡率明显下降。冬春季节，如果羊舍卫生条件过差、潮湿、通风不良、羊群饲养密度过大、长途运输、饲喂不良、营养缺乏、维生素缺乏，特别是维生素E供应不足、天气突变等均会导致羊传染性胸膜肺炎的发生。

2. 症状及病变

根据羊群的免疫状况、饲养环境、卫生状况以及感染病菌的毒力和数量，常可分为最急性型、急性型和慢性型3种类型。

最急性型：患羊发病急骤，体温升高至41～42℃，食欲废绝，呼吸急促或痛苦呻吟，咳嗽，并从鼻腔中流出带血鼻液，听诊肺泡呼吸音减弱或呈捻发音，叩诊呈浊音和实音；患羊卧地不起，四肢伸直，呼吸极度困难，黏膜高度充血、发绀，目光呆滞，窒息死亡。病程一般在1天左右，表现最急的患羊一般在没有任何征兆的情况下突然倒地死亡。病死羊鼻孔中流出带血泡沫或血水，且耳、颌下、腹部皮肤大片发紫发绀。

急性型：患羊病初体温升高，精神沉郁，采食量逐渐减少，呼吸困难，咳嗽，从鼻腔流出浆液性或黏液性鼻液，听诊肺部呈湿性啰音，叩诊有实音区。患羊胸部有疼痛感，放牧时常离群掉队，怀孕母羊出现流产，少数患羊呈现顽固性腹泻。如果治疗不及时，常于1～2天内死亡。如果患羊病初的临床症状比较轻，病程耐过7～15天左右常能自行康复或转为慢性。

慢性型：多由急性型病例转归而来，患羊体温变化不明显，呈间歇性咳嗽，鼻腔内流出黏液性鼻液，采食量减少，生长发育迟缓，部分患羊有轻度瘤胃臌气、慢性眼结膜炎等症状，听诊肺部呈干性啰音或磨擦音，病羊不愿行走，病程长者可持续数月之久。

剖检可见病死羊两侧的肺呈紫红色，充血水肿，并有针尖状出血点，肺部表面有多处病变区，切面呈大理石样病变。肺门淋巴结、气管及纵膈淋巴结充血肿大，实质性变性。胸腔内积有浆液性胸水，色泽淡黄清亮，胸膜上有大量呈网状或条素状的纤维渗出物覆盖，支气管黏膜坏死脱落，管腔内充斥破碎细胞残屑，大部分肺泡壁上皮组织肿胀和血管扩张淤血，肺泡内常见大量网状纤维素、炎性细胞和少量渗出液。慢性型病例则以呼吸系统病变为主，表现为纤维素肺炎，并常发生胸膜、肋膜、心包膜粘连，支气管淋巴结、纵膈淋巴结实质性变性，病程较长者则淋巴结萎缩、变硬。

3. 预防措施

防制羊传染性胸膜肺炎重在防范，养殖场（户）应遵循以防为主，防治结合的原则，制定行之有效的防范措施。

（1）加强羊群饲养，做好日常管理。冬春枯草季节备足草料，羊群除了放牧采食外，应及时补料补草，确保羊群在冬春季节不掉膘，以增强羊群的抵抗力。同时，羊舍应勤打扫、勤消毒，经常保持羊舍内的清洁卫生。羊群出牧后，应将羊舍门窗打开通风换气，如遇气温突变应及时做好防寒保暖工作。羊舍及运动场应有足够的面积，避免羊群过分拥挤。

（2）坚持自繁自养，严格羊群检疫。养殖场（户）应建立自己的基础母羊群，坚持自繁自养，尽可能减少从外地和市场上购进羊只，以免带入病原。如需进行品种调整、血液更新或补充种源，应及时了解购进地羊群的疫情，并从健康的羊群中选购。对新购进的羊应严格地检疫，并隔离饲养半月以上，确诊健康后方可合群饲养。如果羊群中发现病羊和可疑病羊，应及时采取防范措施，严防疫情扩散。病羊和可疑病羊应与健康羊分群隔离饲养，并分别给予紧急预防接种和治疗。对羊舍、运动场以及饲养用具等可用20%的石灰乳或1%的菌毒敌进行彻底消毒，对病死羊尸体作深埋或焚烧处理，并对污染场地及用具用2%的火碱溶液彻底消毒。

（3）规范羊群免疫接种，防范疫情流行。养殖场（户）特别是疫区应规范羊群免疫接种程序，每年定期给羊群免疫接种羊传染性胸膜肺炎氢氧化铝灭活疫苗，6月龄以下的羊肌内注射3毫升，6月龄以上的羊肌内注射5毫升。对母羊临产或产后不久、羔羊日龄过小以及羊患病而暂时没有免疫接种时，日后应及时补防，以防疫情流行。

4. 治疗方法

对确诊患有传染性胸膜肺炎的病羊，可选用特效得米先治疗，按羊每千克体重0.1毫升肌内注射。或选用新胂凡纳明（“914”），成年羊用药0.3～0.5克，用生理盐水或葡萄糖生理盐水稀释成5%的溶液给予静脉注射。对病情严重的患羊，可配以高渗葡萄糖、维生素C、安那加等药物给予混合静脉注射，每日两次，连续用药两天，间隔3～5天后重复用药1次。治疗该病也可选用土霉素、四环素、氯霉素、复方新诺明等药物进行肌内注射。

十、羊败血性链球菌病

羊败血性链球菌病是由兰氏C群兽疫链球菌引起的一种急性败血性传染病。患羊常以出血性败血性浆膜炎为主要特征，其发病率高，传播快，死亡率高。

1. 流行特点

一般不同年龄的羊群均可感染本病。病羊和病愈后带菌羊是主要的传染源，其排泄物、分泌物、病死羊的肉、内脏及废弃物均可传播本病。一般可经呼吸道、皮肤伤口感染。本病一年四季均可发病，但以5～11月份发病较多，在某些地区常呈地方性流行，有时甚至呈暴发性流行。

2. 症状及病变

本病的潜伏期一般为1～3天或稍长。常根据临床表现可分为急性和慢性两种类型。

急性型：患羊突然发病，体温升高到41～43℃，食欲减退或废绝，粪便干燥，常有浆液性鼻漏，眼结膜潮红、流泪。几小时至一两天内一部分病羊出现多发性关节炎、跛行、爬行或不能站立。有的病羊出现运动失调，磨牙，空嚼，四肢作游泳状或昏睡等神经症状。有少数病羊的颈、背、四肢等部位皮肤呈广泛性充血，有的甚至有出血斑。病程后期常出现呼吸困难，体温下降，则很快死亡。病程一般经过较快，如不及时治疗，常在1～3天内死亡。致死率可达到80%～90%以上。若治疗不及时或药效不足则常转为慢性。

慢性型：常由急性型转变而来，或出现于流行后期发生的新型病例。其发病特点是病程长（十多天甚至一个多月以上），病羊的症状比较缓和，体温时高时低，精神、食欲时好时坏，一肢或多肢关节肿大，跛行，逐渐消瘦、衰弱，或逐渐好转而康复，或突然恶化死亡。

剖检可见鼻腔内有红色泡沫，肺水肿，支气管及肺泡内充满泡沫状液体，呼吸道、肺、淋巴结、脑膜以及胃肠黏膜等充血出血。轻度纤维素性心包炎、胸膜炎、腹膜炎。肿大的关节囊内外有黄色胶样液体或纤维素性脓性物质。

3. 临床诊断

根据流行特点、临床症状进行综合分析，常可作出初步诊断。确诊还需要进行实验室微生物学检查。

4. 预防措施

(1) 平时定期进行羊舍内外环境消毒，减少环境中的有害链球菌；羔羊阉割的创口、皮肤伤口应用碘酒严格消毒。加强肉羊的检疫，严禁病羊进入交易市场，对病死羊须进行深埋或烧毁等无害化处理，病羊污染的用具、场地用5%～10%生石灰乳，或1%～2%烧碱，或30%草木灰水消毒。

(2) 预防接种。我国目前生产的菌苗有羊链球菌病活菌苗和羊链球菌病灭活菌苗，专门用于预防由兽疫链球菌引起的羊败血性链球菌病，效果很好。在使用时按菌苗瓶鉴注明的只份数，用生理盐水稀释，羊链球菌病活菌苗对6个月以上的羊，一律尾根皮下注射（不得在其他部位）1.0毫升；如以气雾法给羊群免疫，露天气雾则按每只羊3亿活菌苗计算给药，室内气雾则按每只羊3000活菌苗计算给药。羊链球菌病灭活菌苗对肉羊无论大小，一律皮下注射5毫升，免疫期为6个月。在羊免疫接种前后10天内不应使用抗生素药物，以免影响其免疫效果。

5. 治疗方法

治疗本病，其治疗用药要及时，且用药剂量要足，特别应避免病羊的病情经治疗后稍有好转就中途停药，以免影响其治疗效果。一般治疗本病使用抗生素和磺胺类药物均有效。可用青霉素按病羊每千克体重两万单位，给予肌内注射，每天肌内注射2～3次，连续用药3～5天；或用青霉素、链霉素混合后肌内注射，每天用药两次，连续用药 3～5 天；或用磺胺类药物加抗菌增效剂，肌内注射，首次量加倍。

【附】羊淋巴结脓肿：本病是由 E 群链球菌引起的一种呈良性经过的传染病。多发生于育肥羊，常可见患羊的颌下淋巴结、咽、颈部淋巴结发生化脓性炎症，且形成脓肿。对于本病，为了缩短病程，加快痊愈，在化脓时，可切开皮肤排脓，以促进早日愈合；为了防止病情恶化引起全身感染，可应用抗生素、磺胺类药物等进行全身性治疗。

十一、羊沙门菌病

羊沙门菌病是由鼠伤寒沙门菌、羊流产沙门菌和都柏林沙门菌引起羊发病，在临床上以患羊出血性下痢和怀孕母羊流产为主要特征的一种羊的急性传染病。

1. 发病原因

羔羊副伤寒的病原为都柏林沙门菌和鼠伤寒沙门菌；羊流产的病原为羊流产沙门菌。沙门菌属是肠道杆菌的一大菌属，革兰染色呈阴性，且两端钝圆。需氧或兼性厌氧的羊沙门菌病包括羔羊副伤寒病和母羊流产。

2. 流行特点

本病可通过消化道和呼吸道引起感染，患羊和健康羊交配或用患病公羊的精液人工授精也可引起感染。本病常发生于不同年龄的羊，患羊无明显的季节性，育成期羔羊常于夏季和早秋发病，怀孕母羊主要在晚冬、早春季节发生流产。

3. 症状及病变

本病主要以羔羊急性败血症和泻痢、母羊怀孕后期发生流产为主要特征。根据临床症状可分为两种类型：一类是羔羊腹泻型（副伤寒）：多发生于 15～30 日龄的羔羊，患病羔羊表现精神沉郁，离群，低头弓背，发热，体温升高达到 40～41℃，患羊厌食，喜卧，并发生腹泻，排黏性带血的稀粪，且迅速出现脱水症状，一般在发病 1～5 天内死亡。其病变为尸体消瘦，真胃和小肠空虚，黏膜充血、出血，有糊状分泌物，肠系膜淋巴结肿大，肝脏充血，胆囊肿胀，心内、外膜有小出血点。二类是母羊流产型：患病母羊多在怀孕后期发生流产或产出死胎，患病母羊在流产前体温升高，拒食，精神委靡，并伴有胃肠炎和败血症等症状，母羊流产前后数天内生殖道内有分泌物流出。感染母羊体内的病菌可经血液传给胎儿，使胚胎受到损害，并早死在患病母羊的腹中；有的病羊可产出弱胎，并伴有腹泻症状。部分发病母羊可在流产后或无流产的情况下死亡，其流产率和病死率可达到 60％以上。剖检流产、死产胎儿或生后 1 周内死亡的羔羊，其主要表现为败血症病变，组织水肿、充血，肝脾肿胀，有灰色病灶，胎盘水肿、出血。

4. 预防措施

主要应加强羊群的饲养管理，保持羊舍清洁卫生，并定期对羊舍及其周围的环境进行消毒。冬春寒冷季节应注意做好羊群的保暖工作，羔羊在出生后应及早补喂初乳，羊群不可使用受到病原菌污染的饲料和饮水。发现可疑病羊应及时进行隔离治疗。对本病高发的地区，可给羊群及时免疫接种鼠伤寒沙门菌和都柏林沙门菌灭活苗，一般应间隔 2～3 周皮下注射接种两次，每次 2 毫升。一般于注射后 14 天可产生免疫力。如发现病羊应及时隔离治疗，严防本病扩散。

5. 治疗方法

病羊应隔离治疗或淘汰处理。对患病羊应在采取治疗的同时，必须配合相应的护理及对症治疗措施。治疗本病的首选药物为氯霉素，其次为土霉素和新霉素，羔羊可按每天每千克体重用药 30～50 毫克，肌内注射或静脉注射均可，一天用药两次。也可应用呋喃唑酮，按每天每千克体重用药 5～10 毫克，分 2～3 次内服，连续用药不得超过 2 周。对症治疗可试用促菌生、调痢生、乳康生等微生态制剂，按照说明拌料给羊喂服或口服，但在使用时则不可与抗生素类药物合用，同时并用葡萄糖生理盐水 50～100 毫升，给羊静脉注射，以补充体液。

十二、羊破伤风

羊破伤风又名“强直症”，俗称“锁口风”，是由破伤风梭菌经伤口感染，产生外毒素而引起的一种人畜共患传染病。其主要发病特点为患羊的运动神经中枢应激性增高，肌肉持续性痉挛收缩。

1. 流行特点

本病各种家畜均有易感性，其中单蹄兽最易感，猪、羊、牛次之。破伤风梭菌广泛存在于自然界，动物的肠道也可能存在，感染发病必须具备一定的条件。如伤口小而深，创伤内发生坏死，或创口被粪、土、痂皮封盖，或创伤内组织严重损伤、出血、有异物，或在与需氧菌混合感染的情况下，破伤风梭菌才能生长发育，产生毒素，并引起发病。本病通常为散发，没有季节性，易感动物不分品种、年龄、性别均可发生。

2. 发病症状

病羊常因公羔阉割或其他伤口而感染。一般发病时从头部肌肉开始痉挛，患羊叫声尖细，瞬膜外露，牙关紧闭，流涎，不能采食和饮水，排便困难。应激性增高，四肢僵硬，逐渐全身痉挛，角弓反张，卧地不起呈强直状态，呼吸困难，最后多因窒息或继发感染而死亡。病程长短不一，通常为 1～2 周。如患羊症状较轻，体温正常，能度过 2 周，则多可治愈。反之，则致死率极高。病羊死后剖检无特殊诊断价值。

3. 临床诊断

根据患羊的特殊症状，如神志清醒，应激性增高，肌肉强直，体温正常，并多有创伤史，即可确诊。

4. 预防措施

阉割公羔时，切口可用 5%碘酊消毒，在发病较多的地区，公羊阉割后应注射精制破伤风抗毒素 5000 单位。

5. 治疗方法

本病应早发现、早治疗才有希望治愈，治疗时应采取综合性治疗措施，其综合性治疗措施主要包括以下三个方面。

(1) 加强护理 患羊应置于光线较暗，且安静的环境中，冬天应注意患羊的保暖。对采食困难的患羊，应给予易消化的饲料和充足的饮水；对不能采食的患羊，可用胃导管给予半流汁食物；恢复期能开口进食的患羊，应防止过食造成消化不良和便秘。

(2) 创伤处理 若感染创中存在脓汁、坏死组织、异物等，应进行清创或扩创处理，并用3%双氧水或1%高锰酸钾或5%～6%碘酊进行消毒，再撒以碘仿硼酸合剂，并结合青霉素、链霉素作创口周围封闭注射处理，以消除感染，减少毒素继续产生。此外，火烙创口也是简单易行、可靠的消毒方法。

(3) 药物治疗 发病早期可用破伤风抗毒素4万～8万单位肌内注射，第2天用同样剂量再注射1次，其疗效较好。同时配合用青霉素、链霉素肌内注射。

此外，也有人对早期发病的患羊在积极采取强化护理，并及时做好创伤处理的前提下，使用1%甲醛溶液10～30毫升给患羊静脉注射，每天注射1次，连续用药5～7天，也可取得较满意的治疗效果。

第三节 肉羊常见普通病的防治

一、羊球虫病

羊球虫病是由多种艾美尔球虫寄生于羊的肠道引起的寄生原虫病。临床上患羊主要以血痢、进行性贫血和消瘦为主要特征。本病常呈地方性流行，且主要危害羔羊。

1. 流行特点

各种品种的羊对本病均有易感性，但以羔羊的易感性最高，发病症状也较重。成年羊大多为带虫者而散布病原，由其粪便污染的草料、饮水、羊舍及哺乳母羊的乳汁而引起本病的传播。本病大多发生于春、夏、秋三季，特别是多雨季节在低湿牧地放牧的羊群更易感染发病。如突然改变羔羊的饲料种类，使羊群的抵抗力降低可诱发本病的发生。

2. 发病症状

羊感染球虫病大多呈慢性经过。病初患羊精神沉郁，食欲减退，粪便中带血且带有恶臭味。当病情加重时，则患羊食欲废绝，反刍停止，身体虚弱，喜欢卧地，体温升高达41℃左右，肠蠕动增强，排黑褐色并混有纤维素性假膜的恶臭稀便或血便，甚至肛门失禁，体温下降而死亡。慢性病例则患羊表现长期下痢，病羊消瘦、贫血，最后衰弱死亡。

3. 临床诊断

根据流行特点、临床症状和当地有无本病的发病史等进行综合分析，可以作出初步诊断，但确诊需要实验室镜检患羊的粪便并发现虫卵。

4. 预防措施

在本病发生的地区，其成年羊大多为带虫者，应及时将成年羊与羔羊分开饲养与放牧。如发现病羊应及时隔离治疗。注意羊群的饲料和饮水的清洁卫生，对圈舍应经常清扫，对清扫的粪便应集中堆积发酵处理，以利杀死虫卵。

5. 治疗方法

① 用呋喃唑酮，按羊每千克体重用药 7～10 毫克，内服，连续内服 7 天左右；

② 用磺胺甲嘧啶和磺胺二甲嘧啶，按羊每千克体重用药 70 毫克，首次量加倍，内服，一天内服两次；

③ 用氨丙啉，按羊每天每千克体重用药 20～25 毫克，内服，连续内服 5～6 天；

④ 用三字球虫粉，配制成 10% 的水溶液，按羊每千克体重用药 12 毫升，内服，连续内服 3～5 天，对羊球虫病有很好的疗效；

⑤ 磺胺脒 1 份、次硝酸铋 1 份、矽炭银 5 份，混合均匀，40～50 千克的成年羊一次内服 35 克，每天内服 1 次，连续内服数天，其治疗效果甚好；

⑥ 中西结合治疗：用槐花 15 克、马齿苋 15 克、白头翁 15 克、地榆炭 18 克、柯子 18 克、五倍子 18 克、磺胺脒片 3 片，研为细末，温水冲调给羊内服，每天内服 1 次。同时配合用 5% 葡萄糖盐水 250 毫升、20% 磺胺五甲氧嘧啶 20 毫升，给羊静脉注射。

二、羊肝片吸虫病

羊肝片吸虫病又称之为肝蛭病，是由于肝片吸虫和大片吸虫寄生于羊的肝脏及其胆管中引起的一种疾病。肝片吸虫病是羊的一种常见寄生虫病之一，该病的发生可引起病羊的肝实质炎、胆管炎和肝硬化等病变。病羊主要表现为消化不良，且生长发育受到影响，甚至会引起大批羊死亡。

羊肝片吸虫呈淡红色或带灰褐色，虫体扁如柳树叶状，长 20～35 毫米，宽 5～13 毫米，前端比后部宽，且前端呈圆锥状突出；大片吸虫与肝片吸虫的形体相似，只是较肝片吸虫的虫体大一些。虫卵呈椭圆形，黄褐色，前端有不太明显的卵盖，后端钝圆，卵内充满卵黄细胞和早期发育的胚细胞。肝片吸虫的成虫产下的虫卵随粪便排出体外，在水中孵化发育成毛蚴，毛蚴钻进中间宿主锥实螺体内，再经过胞蚴、雷蚴、尾蚴三个阶段的发育，离开螺体，在水中附着在水生植物或其他物体上，形成具有较强抵抗力的囊蚴。当羊采食水草或饮水时吞入囊蚴即可被感染，并引起发病。

1. 症状及病变

羊发病症状的轻重主要取决于感染虫体的数量、羊的年龄、体质及其饲养管理等。一般羊感染虫体的数量多、羊的年龄小、体质弱和饲养管理条件差则发病症状较重，反之则症状较轻。羊在轻度或中度感染肝片吸虫时，如羊的体况较好，一般不表现临床症状，严重感染时即可引起羊发生感染症状，在临床上常呈现急性型和慢性型两种。急性型：患羊有轻度发热，精神沉郁，行动迟缓，放牧时常离群落后，偶有腹痛、消化不良、腹泻症状的出现。患羊的肝脏浊音区扩大，肝部有压痛。常在发病的3～5天内死亡。粪检时查不到虫卵，剖检肝实质可找到幼小的虫体，且肝脏有急性炎症病变。慢性型：患羊常表现贫血，可视黏膜苍白，下颌部、腹部及腹下部等处发生水肿；患羊食欲不振，体态消瘦，被毛粗乱并失去光泽，且枯干易断、易脱落；呈慢性下痢症状，且呈渐进行性消瘦，怀孕母羊有流产现象发生，泌乳母羊泌乳量减少。严重感染时会出现前胃弛缓等症状，甚至引起死亡。

2. 临床诊断

在羊肝片吸虫病发生的地区，一般根据患羊的临床症状和病变特征即可怀疑本病，确诊需进行实验室粪便检查发现虫卵和在肝实质、胆管中找到虫体。一般实验室粪便检查常采用彻底洗净法（沉淀法），粪便检查方法是：取患羊的粪便3～5克放入烧杯中，先加入少量的清水搅拌成糊状，再继续加水20～30倍，经充分地混合，用铜纱过滤器或纱布滤入另一烧杯中，将滤过的粪便混悬液静置20～30分钟后，倒掉上清液，再继续加水混合，静置沉淀，这样反复进行直到上清液透明为止。最后吸取沉淀物于载玻片上，加盖玻片镜检，发现肝片吸虫虫卵即可得到确诊。

3. 预防措施

应尽量地避免羊群在低湿牧地和有锥实螺的牧地放牧，对羊的粪便应进行堆积生物热发酵处理，以利于杀死虫卵，并随时注意羊群的饮水卫生，以消除羊群的感染机会；对有锥实螺活动的区域可多饲养水禽并实施放牧，以减少锥实螺的危害，也可喷洒硫酸铜杀螺；如羊群在沼泽地和低湿牧地放牧，当在牧场上大量地出现感染肝片吸虫囊蚴的夏秋季节，应对羊群采用轮换牧场的方式减少感染肝片吸虫病的机会，并在每年的夏初和秋末对羊群进行两次预防性驱虫，以消除肝片吸虫对羊群的危害。

4. 治疗方法

（1）用硫双二氯酚（别丁），按羊每千克体重用药100毫克，内服（主要对驱杀成虫有效）。

（2）用硝氯酚（拜耳9015），按羊每千克体重用药3～5毫克，内服（主要对驱杀成虫有效）。

（3）用丙硫苯咪唑（抗蠕敏），按羊每千克体重用药10～15毫克，内服（主要对驱杀成虫有效）。

（4）用碘硝酚晴，按羊每千克体重用药10～15毫克，1次皮下注射（主要对驱杀成虫有效）。

（5）用双乙酰苯氧醚，按羊每千克体重用药12毫克，口服（主要对驱杀幼虫有效）。

（6）用溴酚磷（蛭得净），按羊每千克体重用药12毫克，口服（对驱杀成虫和幼虫均有效）。

(7) 用三氯苯咪唑（肝蛭净），按羊每千克体重用药10毫克，口服（对驱杀成虫和幼虫均有效）。

(8) 中药治疗：

① 用贯众15克、槟榔18克、厚朴18克、木通18克、泽泻18克、肉蔻18克、苏木24克、茯苓18克、龙胆草18克、甘草6克，煎水给羊内服，隔天内服1次，连续内服2～3次。

② 用贯众、槟榔、苏木各50克，龙胆草、厚朴、肉豆蔻各30克，鸦胆子、百部、甘草各15克，共研为细末，开水冲调，候温后给羊内服。如羊体质瘦弱可加党参、生黄芪各50克，当归、川芎、苍术各30～40克；如羊食欲不佳可加陈皮、麦芽、山楂各50克；如羊排尿量少以及排黄白色稀粪时，可加茯苓、车前草各50克，泽泻、木通、通草各20克，猪胆汁1个。

三、羊疥螨病

羊疥螨病俗称“羊癫”，是由羊疥螨和痒螨寄生于羊皮内所引起的一种慢性皮肤性寄生虫病。患羊瘙痒不安，常导致生长发育不良，逐渐消瘦，甚至会发生死亡。

羊疥螨和痒螨是一种小型龟状寄生虫，虫体的头、胸、腹部融合而不分节，头部有口器，腹部有4对足。疥螨虫在潮湿、寒冷环境下生命力强，故冬春季节羊群发病较为严重；在干燥、温暖和阳光直射的环境中则易于死亡，患羊的病势减轻。本病常通过与病羊或带虫羊直接或间接接触使健康羊感染而发病，羔羊对本病最易感，成年羊则常为带虫者，拥挤和卫生不良的羊群发病较多。

1. 发病症状

本病通常先从头部、眼下窝、颊及耳部开始，以后蔓延到背部、躯干两侧及后肢内侧。患羊局部发痒，常以肢搔痒或就墙角、柱栅等处摩擦，引起皮肤发炎，并伴有淋巴液渗出、结痂。病情严重时患羊脱屑，脱毛，皮肤外观呈污灰白色，干枯、增厚，粗糙有皱纹，甚至干裂。患羊食欲减退，生长停滞，逐渐消瘦，甚至死亡。

2. 临床诊断

根据临床症状和流行情况可作出初步诊断，确诊需要检查发现虫体。检查虫体可用以下方法。

(1) 直接涂片法：在羊的患处与健康皮肤交界处刮取皮屑，刮至快要出血时为止，将病料置于载玻片上，加一滴甘油或甘油生理盐水，覆以盖玻片镜检，可见到活的疥螨和痒螨虫体。

(2) 沉淀法检查：将上述病料置于试管内，加10%氢氧化钠溶液煮沸数分钟，然后离心沉淀，倒去上清液，检查沉渣，如发现有虫卵、幼虫或成虫均可确诊。

(3) 漂浮法检查：将上述沉淀法所得沉渣加饱和盐水混合，使其液面高于管口，静置10分钟，蘸取表层液面于载玻片上，然后镜检，可见到疥螨和痒螨的虫体。

3. 预防措施

经常保持羊舍清洁卫生，通风干燥，并定期进行消毒杀虫；不可引进病羊；如发现病羊应及时隔离治疗。

4. 治疗方法

（1）对大羊群可选用0.5%的敌百虫溶液或0.2%杀虫脒溶液，选择晴朗无风的天气对羊群进行药浴治疗；

（2）对小群羊或农户养殖户可选用如下治疗方法。

① 0.075%塔克蒂克水溶液涂搽全身或对患羊药浴3分钟；

② 0.05%双甲脒溶液涂搽患处；

③ 0.005%倍特溶液涂搽患处；

④ 0.5%螨净乳剂涂擦患处；

⑤ 2%敌百虫水溶液涂搽患处，但注意不可用碱性水洗刷；

⑥ 灭虫丁，按羊每千克体重用药0.3毫克，1次肌内注射；

⑦ 烟草末2.5千克，加水50千克，先浸泡一昼夜，再煮沸半小时，过滤后涂搽患处；

⑧ 樟树叶30克、岗松90克，加芦荼120克、桉树叶120克；煎水洗搽患处，一般洗搽两次左右即可治愈；

⑨ 棉油10份，硫黄1份，混匀后涂搽患处；

⑩ 硫黄30克、大枫子9克、蛇床子12克、木别子9克、花椒子25克、五倍子15克，共研为细末，调和香油150～300毫升，涂搽患处。

四、羊感冒

羊感冒是以羊上呼吸道感染为主症的急性全身性疾病，本病无传染性，是羊的一种常见病，且一年四季均可发生，但多以冬、春季节气温多变、寒暖失常的天气最易发生。

1. 发病原因

主要是气温多变、寒暖失常或阴雨潮湿天气，使羊遭受风寒、风热刺激而发病。另外，羊舍阴暗、潮湿，冬春时节羊群防寒保暖条件差，羊舍地面无垫草，以及长途运输等，均可诱发本病的发生。

2. 发病症状

患羊精神倦怠，食欲减少，体温升高，毛松逆立，尾紧夹，弓腰，畏寒颤抖，四肢末端及耳尖发凉，体表冷热不均，鼻汗时有时无，呼吸不畅，鼻流清涕或黏性鼻涕，咳嗽，口冷流清涎，舌软易于拉出，口色淡红舌底青蓝，重症患羊则低头搭耳，精神沉郁，四肢无力，卧多立少，鼻流浓涕，呼吸急促，食欲废绝，瘤胃微胀，小便淡黄，大便稍硬，如风寒夹湿症则患羊兼有泻稀便之症状。

3. 治疗方法

本病以解热镇痛，并防止并发症为治疗原则。

(1) 10%复方氨基比林注射液（安痛定）或 30%安乃近 5～10 毫升；青霉素 40 万～160 万单位，肌内注射，1 天 2 次。解热镇痛也可用柴胡注射液 3～5 毫升；防止并发症还可用土霉素、磺胺类等抗生素类药物治疗。

(2) 中成药银翘解毒丸 1～2 丸内服。

(3) 生姜 30 克（炒），大蒜 60 克（捣烂），松树叶 120 克，煎汁，拌料给患羊喂服，1 天内服两次，连续内服 2～3 天，羔羊用药量减半。

(4) 中药治疗：

常根据患羊感冒所表现的不同症状分别给予治疗。如患羊呈风寒感冒，表现畏寒，体温稍高，鼻流清涕，鼻汗时有时无，口冷流清涎，舌软口色淡红，可给患羊内服紫苏散，即紫苏 18 克、防风 20 克、桔梗 20 克、黄皮叶 40 克、鸭脚木 40 克，煎水给患羊内服；或给患羊内服荆芥败毒散，即荆芥 10 克、防风 10 克、羌活 8 克、独活 8 克、柴胡 8 克、前胡 8 克、枳壳 8 克、桔梗 8 克、茯苓 10 克、川芎 8 克，共研为细末，开水冲调给患羊内服。如患羊呈风热感冒，表现体温升高，口渴喜饮水，鼻流黄涕或浓涕，鼻镜干燥，口腔发热，舌紧缩，口色红赤，可给患羊内服银翘散，即金银花 10 克、连翘 10 克、荆芥 10 克、薄荷 8 克、桔梗 8 克、牛蒡子 8 克、淡豆豉 8 克、甘草 8 克，煎汤给患羊内服；若患羊发热重者则另加栀子 8 克、黄芩 8 克；若患羊口渴甚者则另加天花粉 8 克。也可给患羊内服杏苏散，即杏仁 12 克、桔梗 15 克、紫苏 15 克、炙半夏 10 克、陈皮 12 克、前胡 12 克、枳壳 12 克、茯苓 10 克、甘草 8 克，共研为细末，切细的生姜 20 克为引，开水冲调分两次给患羊内服。

五、羊肺炎

羊肺炎是由于肺组织受到病原微生物的侵袭或异物刺激而引起的炎症。该病常常与支气管炎同时发生，并以咳嗽，呼吸困难，肺部可听到啰音为主要特征。

1. 发病原因

羊群饲养管理不当，圈舍潮湿、阴冷、不清洁；气温突变，夏秋季节羊群在放牧时突然遭受雨水侵淋，或冬春季节防寒保暖工作做得不好，遭受寒流霜冻袭击；长途运输，或感染寄生虫等均可降低机体的抵抗力，致使病原微生物乘虚而入，而引起肺部感染发炎。如羊发生感冒治疗不及时，或治疗不当也可发展为肺炎；某些传染病也可引起肺炎；给羊内服药物不当而导致药物误入气管，或羊在采食时吸入异物等均可刺激肺脏引起异物性肺炎。

2. 发病症状

因病原微生物感染所引起的肺炎，一般羔羊发病较多。患羊精神不振，食欲降低或不食，体温升高达到 41℃左右，呼吸急促，鼻流黏性鼻液，咳嗽，先是干性痛咳，后变为湿性弱咳，肺部听诊有湿性啰音和无肺泡音区。随着病情发展，羊的可视黏膜发绀，咳嗽加剧，呼吸困难。

如属于异物性肺炎，则患羊病初咳嗽，但体温一般正常，继之咳嗽增强，体温稍高，食欲不振，且鼻流黏涕，呼吸困难，患羊表现烦躁不安。

3. 治疗方法

治疗本病原则应以消炎、止咳、祛痰为主，同时应改善对患羊的饲养管理。

（1）青霉素40万～160万单位，链霉素50万～100万单位，肌内注射，1天注射3次；或用10%磺胺嘧啶钠溶液按羊每千克体重用0.2～0.5毫升，或5%磺胺噻唑钠注射液按羊每千克体重0.4～0.8毫升，或四环素按羊每千克体重8～15毫克，肌内注射，1天注射3次。同时辅以止咳剂（如复方樟脑酊1～3毫升，或复方甘草合剂10～20毫升）和祛痰剂（如氯化铵0.2～2克，或吐酒石0.2～0.5克），并根据病情还可给予强心、补液等对症治疗。

（2）中药治疗：

① 用麻黄6克、杏仁10克、生石膏25克、二花10克、连翘10克、黄芩10克、知母10克、元参10克、生地黄10克、麦冬10克、花粉10克、桔梗10克（成年羊的用药量），共研为细末，蜂蜜50克为引，开水冲调给羊内服。

② 用栀子12克、黄芩15克、白芍12克、桑白皮12克、桔梗15克、枯矾15克、款冬花12克、陈皮12克、甘草15克、麦冬9克、瓜蒌9克（体重为40千克左右羊的用药量），煎水给羊内服。

③ 用玄参15克，柴胡、桔梗、陈皮、茯苓、石斛、麦冬各12克，薏仁、党参各9克，甘草3克，煎水给羊内服。

④ 用苍耳子30克、桑皮30克、茄子根60克（体重为40千克左右羊的用药量），煎水给羊内服。

⑤ 用鱼腥草、白茅根各30克，金银花15克、连翘9克，煎水给羊内服。

⑥ 用麻婆子草（荔枝草）、夏枯草、石菖蒲、桉叶各30克，煎水给羊内服，成年羊1次内服，羔羊酌减用量。

六、羊亚硝酸盐中毒

亚硝酸盐中毒是羊的一种常见中毒病。常见于羊大量采食调制不当的青饲料后数十分钟内发病，患羊突然出现狂转乱跳，痉挛倒地，窒息死亡。本病俗称“饱潲病”。

1. 发病原因

亚硝酸盐中毒是由于喂羊的青绿饲料（如青菜、白菜、萝卜叶、甜菜叶、莴笋叶、牛皮菜、野菜及瓜藤叶等）贮存或调制不当，如长时间堆放发生腐烂，或盖锅焖煮未充分搅拌，上层半生不熟，煮后闷放过久等，使饲料中的硝酸盐大量转化为有毒的亚硝酸盐。羊吃了这类饲料后就易发生中毒。此外，羊误食了化肥（硝酸铵、硝酸钠、硝酸钾等），或饮用了从耕地排出的肥水、浸泡过大量植物的井水、池塘水等，也有可能引起羊亚硝酸盐中毒。

2. 发病症状

羊在饱食后数十分钟内突然发病，严重者数分钟内即可死亡。主要症状是患羊狂躁不安，口吐白沫，呼吸困难，呕吐流涎，腹痛发抖，皮肤、可视黏膜为青紫色，耳尖及四肢末梢发凉，走路摇晃，歪斜或转圈，倒地痉挛，很快死亡，且健壮的、采食量大的羊，发病重并发病死亡也多。患羊死后剖检最典型的变化是血液呈酱油色，不易凝固；胃肠黏膜可见充血或出血性炎症；肺淤血、水肿。

3. 预防措施

① 不给羊饲喂腐烂变质的青绿饲料，青绿饲料应以鲜喂或发酵后再给羊饲喂，这样既可保持其青绿饲料中的维生素不被破坏，又不会致使羊发生中毒。

② 青绿饲料需要煮熟时，应现煮现喂，且需用大火急煮，迅速煮熟煮烂，并揭开锅盖，严禁用慢火煮得半开半温、加盖焖在锅里过夜的青饲料喂羊。

③ 青绿饲料存放时，应摊开放在通风良好的地方，以免其大量产生亚硝酸盐。

④ 管理好羊的饮用水源，以防止含亚硝酸盐的水混入羊的饮水中，不用从耕地排出的水，或是浸泡有大量植物的池塘水调制饲料或作为羊的饮用水。

4. 治疗方法

① 特效解毒药为美蓝和甲苯胺蓝。1%美蓝溶液（美蓝 1 克，溶于 10 毫升酒精中，再加灭菌生理盐水 90 毫升），患羊每 10 千克体重用药 1 毫升静脉注射或耳根部肌内注射，必要时，在两小时后再重复注射一次。5%甲苯胺蓝按患羊每 10 千克体重用药 1 毫升，静脉注射或肌内注射，其注射后作用迅速，无副作用，治疗效果较美蓝好。

② 若没有以上两种药物，可给患羊注射大剂量的维生素 C（500～1000 毫克），也可起到治疗作用。

③ 也可用文具店出售的蓝墨水，按羊每千克体重肌内注射 0.2～0.3 毫升，其治疗效果也很好。

④ 配合对症治疗，可给羊注射安钠咖或樟脑液，以增强心脏功能；呼吸困难时，可给羊注射尼可刹米。

⑤ 采用割耳断尾法治疗羊亚硝酸盐中毒，将患羊的两耳和尾巴切割 1/3，一般放血 20～50 毫升，体格健壮的患羊可放血 100 毫升左右，重症患羊可实行多次放血，其治疗效果良好。

⑥ 内服甘草汤治疗，用甘草与水以 1∶10 的比例煎汤，候温后，成年羊可内服 3 碗，羔羊内服 1 碗（约 500 毫升）。

七、羊氢氰酸中毒

氢氰酸中毒是羊采食了含氰苷的青绿饲料及误食或吸入了氰化物（氰化钾、氰化钠、氰化钙）而引起的中毒。其主要特征是患羊中毒发病快，并伴有呼吸困难、震颤、惊厥综合征的组织中毒性缺氧症。

1. 发病原因

高粱幼苗、玉米幼苗、亚麻叶、亚麻饼、杏仁、桃仁和南瓜藤等，均含有一定量的氰苷。羊采食了含氰苷的青绿饲料后，在胃内酶和盐酸的作用下，氰苷迅速生成剧毒的氢氰酸，而使羊发生中毒。如羊误食0.1～0.2克的氰化钾后，数分钟内即会出现中毒症状，便会迅速死亡。

2. 发病症状

羊氢氰酸中毒发生很快，一般在采食后半小时内突然发病。病羊张嘴伸颈，流涎，呕吐，腹痛，起卧不安，可视黏膜鲜红，呼吸困难，呼出的气体有苦杏仁味，行走不稳，很快倒地，肌肉痉挛，眼球震动，瞳孔散大，呼吸浅表，最后昏迷而窒息死亡。整个病程很短，重症病羊数分钟至半小时内死亡，轻症病羊数小时内死亡。

剖检病死羊最典型的病变是血液鲜红，不易凝固。肺水肿，淤血。胃内充满气体，有特殊的苦杏仁味，且伴随有胃肠炎症。

3. 预防措施

① 不用氰苷含量高的青绿植物（如高粱幼苗、玉米幼苗）饲喂肉羊，或少喂肉羊，或与其他饲料搭配后饲喂肉羊。

② 改进饲料的调制方法。将富含氰苷的植物放置在流水中浸泡24小时；或发酵处理；或加食醋后加热。氰苷在40～60℃的条件下容易分解成氢氰酸，在酸性环境时容易挥发，经过上述处理可防止羊氢氰酸中毒。

③ 对氰化物要加强管理，防止被羊误食。

4. 治疗方法

① 特效解毒药：1%亚硝酸钠，按羊每千克体重用药0.5～1毫升，配以5%葡萄糖生理盐水500毫升，静脉注射；5%～10%硫代硫酸钠，按羊每千克体重用药1～2毫升，一次静脉注射；1%美蓝溶液，按羊每千克体重用药1毫升，静脉或肌内注射。一般亚硝酸钠的解毒效果较美蓝的效果好，治疗时亚硝酸钠和硫代硫酸钠两种药物应按前后间隔3～5分钟使用，可提高其解毒效果。

② 对中毒早期的患羊，可用1%硫酸铜50毫升或吐根酊1～5毫升，给予内服催吐，或用0.1%～0.5%的高锰酸钾液或过氧化氢溶液洗胃，然后内服10%硫酸亚铁10毫升。

③ 配以进行强心、补液等对症治疗措施。

④ 用绿豆250克（去壳）、金银花50克（藤500克），煎水给患羊内服。

⑤ 用空心菜根2500克、崩大碗2000克、甘草2000克，共捣烂，加水12千克，加黄泥2千克混合，澄清，取上清液，每只羊内服150～300毫升。

八、羊霉变饲料中毒

羊霉变饲料中毒是羊食入发霉变质的饲料后而引起的一种中毒性疾病，羔羊和怀孕母羊最易感。

1. 发病原因

霉菌广泛存在于自然环境中，如饲料贮藏保管不善，或小麦、玉米等禾本科植物在生长过程中感染赤霉菌，使饲料发生黄、赤、褐、白等不同颜色的霉败现象，霉菌在生长繁殖过程中产生的黄曲霉素、赤霉菌毒素、镰刀菌毒素等有毒物质，羊对这些毒素均较为敏感，如羊采食了含有一定量毒素的饲料后，则可导致羊出现临床中毒症状。其中以黄曲霉素毒性最大，危害也最为严重。

2. 发病症状

羊常在采食发霉变质饲料后5～15天内出现中毒症状。急性病例常在无任何症状的情况下突然发生死亡，或在发病后两天内死亡。病羊精神委靡，食欲废绝，呕吐流涎，后肢无力，行走摇晃，黏膜苍白，粪干且带血，多数病例伴随有神经症状，如头弯向一侧呆立或头顶墙壁。慢性病例患羊则表现精神不振，食欲减退，且伴有异食癖现象，粪便干燥或腹痛下痢，弓背卷腹，迅速消瘦，眼结膜发白或黄染，舌苔黄腻，有的病羊呈现兴奋不安，冲跳，狂躁。一般成年羊多呈慢性经过，羔羊则多表现急性症状，怀孕母羊可引发流产。

由赤霉菌素引起的中毒，母羊还表现阴户肿胀，阴户、阴道出血、发炎，乳房增大等假发情现象；公羊包皮发炎、阴茎肿胀。

3. 预防措施

加强饲料的储藏管理工作，防止饲料发霉。严重霉变饲料不可饲喂肉羊；轻度发霉饲料，可先进行磨粉，然后加3倍左右的清水浸泡，并反复换水，直至浸泡水呈无色为止，即使如此处理，饲喂时仍需与其他精饲料配合使用。

4. 治疗方法

立即改喂青绿且易于消化的饲料，并采用对症治疗或选用中草药治疗措施。

(1) 对症治疗：内服盐类泻药，静脉注射5%葡萄糖液，皮下注射樟脑液，若患羊兴奋不安可配合使用镇静剂，若患羊黄疸严重则可配合使用维生素C、维生素B_{12}等静脉注射。

(2) 中药治疗：

① 用金银花15克、连翘15克、丹参10克、茯苓12克、柴胡12克、白芍6克、香附15克、白术12克、益母草15克、茵陈12克、车前草12克、地麸子8克、甘草18克。加水煎汤，候温后给患羊内服。若羊有呕吐症状则加半夏、藿香。

② 用菊花、银花、玄参、炒黄柏、黄芩、甘草、黄连须各20克，山豆根、大黄、花粉、郁金、黄药子各30克，芒硝90克（后下），泽泻、栀子各20克，共研为细末，开水冲服给患羊内服（本方剂适用于羊霉玉米中毒的治疗）。

③ 用凤尾草、车前草各60～90克，加水煎汤，候温后给患羊内服（本方剂适用于羊赤霉菌毒素中毒的治疗）。

④ 用防风15克、甘草30克，煎水，加绿豆汤500毫升，白糖60克，混匀后给患羊内服。

⑤ 用香附、田七、青木香、广木香、大洛血、党参各9克，冰片1.5克，小

洛血 6 克，研为细末，温水调匀，1 次给患羊内服。1 天内服两次，连续内服两天，羔羊可酌减其用药量（本方剂适用于羊霉玉米中毒的治疗）。

⑥ 用绵茵陈 20 克、川郁金 15 克、制香附 15 克、广陈皮 20 克、炒柴胡 10 克、炒神曲 20 克、杭白芍 15 克、炒白术 15 克、车前草 20 克、生甘草 5 克（为 50 千克左右羊的用药量），煎水，候温后给患羊内服，每天内服 1 剂，连续内服 3 剂，对病程较长，皮肤发红的病羊，可加红花 5 克、三棱 5 克、莪术 10 克（本方剂适用于羊霉玉米中毒的治疗）。

⑦ 50%蒲公英注射液 10～20 毫升肌内注射，每天注射两次，连续用药 3～5 天（适用于羊霉玉米中毒的治疗）。

⑧ 三桉一樟注射液治疗羊黄曲霉中毒。可取大叶桉、小叶桉、柠檬桉、樟脑树鲜叶各 500 克，加清水没过药面，浸泡 4 小时，蒸馏得药液 500 毫升，过滤，分装，灭菌，密封备用（每毫升相当生药 4 克）。给患羊颈部皮下注射 15～20 毫升，每天注射 1 次，4～6 天为一个疗程。

九、羊棉籽饼中毒

棉籽饼是一种高蛋白质饲料，但其含有毒物质棉酚，如果长期多量地给肉羊饲喂棉籽饼，就有可能导致羊发生中毒，甚至会导致羊死亡。

1. 发病原因

棉籽饼中的棉酚一般在动物体内比较稳定，不易被破坏，同时排泄也较缓慢，如长时间多量使用棉籽饼饲喂肉羊，棉酚在肠道内被吸收，经过一段时间的蓄积就有可能导致羊发生中毒。当肉羊饲料中缺乏维生素、矿物质（特别是维生素 A 和钙的缺乏）和缺乏青绿饲料时均可促进中毒的发生。经试验，肉羊每天随饲料摄入 150 毫克棉酚，在 28 天左右即可引起中毒死亡；给肉羊饲喂含有 0.02%棉酚的饲料，3～8 周可致肉羊中毒死亡。棉籽毒（棉酚）经加热处理可被破坏，所以棉籽在榨油过程中加热时间愈长，温度愈高，则棉籽饼中毒素的含量愈低。一般机榨油饼中含 0.1%～0.3%的游离棉酚。

2. 发病症状

一般中毒较轻的患羊，表现食欲减退，精神不振，低头弓背，被毛粗乱无光泽，行动无力，喜卧，消瘦。中毒较重的患羊，眼结膜暗红，并有黏稠眼屎，视力模糊，甚至失明；食欲废绝，粪便秘结，粪尿带血，后期下痢，且粪便呈恶臭。并常出现皮肤发紫，尤其以耳尖、尾部较为明显，躯干部亦出现皮肤疹块，全身水肿。呼吸困难，张口喘息，卧地难起，痉挛，昏睡，最后体质瘦弱，衰竭而死亡。怀孕母羊可引发流产。棉酚还可通过母乳，间接使哺乳羔羊发生中毒。

3. 预防措施

给肉羊饲喂棉籽饼时应设法减毒、脱毒，并限制其饲喂量。

（1）将棉籽饼加水煮沸 1～2 小时后再给肉羊饲喂，则可使棉籽饼的毒性大大地降低。若在棉籽饼中加入 10%其他面粉类饲料同煮，则脱毒效果更好。

(2) 用0.1%硫酸亚铁溶液或1%氢氧化钠溶液或2%石灰水浸泡棉籽饼一昼夜，然后用水洗可以减毒。

(3) 限制其棉籽饼对肉羊的饲喂量，成年羊每天的饲喂量不可超过0.5千克，怀孕母羊、哺乳母羊及羔羊最好不饲喂棉籽饼。如给肉羊饲喂棉籽饼时，可每饲喂一个月左右后，应停喂7～10天，以降低棉酚的蓄积。

4. 治疗方法

目前尚无特效解毒药剂，主要是采取消除致病因素，加速毒物的排除和采取对症疗法措施。

(1) 发现肉羊出现棉籽饼中毒症状，应立即停喂棉籽饼，用0.1%高锰酸钾或3%～5%小苏打溶液洗胃；内服30～80克硫酸钠或硫酸镁等盐类泻剂；如发生胃肠炎时，可内服1%硫酸亚铁溶液100～200毫升，或内服磺胺脒5～10克、鞣酸蛋白2～5克；静脉注射5%葡萄糖生理盐水500毫升，肌内注射10%安钠咖液5～10毫升，以增强心脏功能，促进其解毒；如发生肺水肿时，可用10%氯化钙10～20毫升，20%乌洛托平20～30毫升，混合静脉注射；如患羊视力减弱者，则应配合注射维生素C、维生素A。当患羊表现食欲时，则应尽可能多饲喂青绿饲料，并注意增加饲料中的矿物质，特别是钙的含量。

(2) 中药治疗：

① 用大蒜75克、香油100克、溏鸡屎（鸡粪）少许，给患羊内服。或用鸡蛋清10个、滑石粉150克、木炭末150克，淘米水调匀给患羊内服。

② 用大蒜30克、生甘草15克、酒曲15克，共捣烂，加清油100毫升，调匀给患羊内服。

③ 用绿豆500克（去皮）、苏打粉45克，煎汤给患羊内服。

④ 用大黄、芒硝、厚朴、枳实，先煎枳实、厚朴，后下大黄，煎成汤后去渣，再加芒硝，待溶后给患羊内服。其用药量应根据肉羊的大小而酌定。

十、羊菜籽饼中毒

菜籽饼营养丰富，含有32%左右的蛋白质，是饲喂肉羊的良好蛋白质补充饲料。但菜籽饼中含有一种叫芥子苷的物质，在芥子酶的作用下，水解形成异硫氰酸丙烯酯或丙烯基芥子油等，从而对肉羊具有毒性。当肉羊采食了未经适当处理的菜籽饼后，其中的有毒物质对消化道黏膜会产生强烈的刺激作用，则引起羊发生胃肠炎和肾炎。

1. 发病症状

中毒肉羊常常表现不安，流涎，不食，腹痛，腹泻，严重时粪中带血，血尿。怀孕母羊常发生流产。

2. 预防措施

(1) 脱毒处理：将菜籽饼打碎，加水煮沸半小时；将菜籽饼发酵处理，可去掉约90%的毒素；用清水浸泡菜籽饼半天，漂洗后也可使之减毒。

（2）菜籽饼和其他饲料搭配饲喂，每只肉羊每天的饲喂量最多不超过 0.5 千克，并且以干喂为宜，且肉羊饲喂菜籽饼后暂不给予饮水则比较安全；菜籽饼与其他青饲料一起青贮后饲喂肉羊，也可避免肉羊发生中毒。

3. 治疗方法

采用对症疗法。口服鸡蛋清、稀面糊或豆浆水；或用 0.5%～1%鞣酸溶液洗胃或内服；或用甘草 60 克，煎水后加醋 90 克，一次给羊内服；或用甘草、绿豆各 60 克，水煎给羊内服。另外，还可给予强心、镇痛等对症治疗措施。在治疗羊菜籽饼中毒的过程中应注意的是，除发生严重便秘的患羊外，一般不宜使用泻下药。

十一、羊瘤胃酸中毒

羊瘤胃酸中毒是肉羊日粮中的精粗比例失调，羊采食了大量易发酵的含碳水化合物的饲料（如玉米、蚕豆、豌豆、大麦、小麦、稻谷、麸皮等谷物类和豆类饲料、块根块茎类饲料）、容易发酵的单糖物质（如糖蜜、黑色糖浆、葡萄糖）和日粮 pH 值偏低（如饲喂青贮饲料、糟渣类饲料、蔬菜副产品等过多）等后，瘤胃乳酸产生过多而引起瘤胃微生物区系失调和功能紊乱的一种代谢性疾病，因此该病也称之为羊乳酸中毒。

1. 发病原因

导致肉羊瘤胃酸中毒的原因，首先是肉羊的日粮结构突然发生变化，即肉羊一时采食过多的精饲料（如遇下雪下雨天气或青粗饲料缺乏季节，一时给肉羊饲喂精饲料过多，或母羊泌乳期补饲精饲料过多）或突然改变肉羊的日粮组成和饲养方式等；其次是肉羊的日粮结构不合理，如日粮中配合有过多的易发酵的含碳水化合物的饲料、容易发酵的单糖物质和日粮 pH 值偏低（如饲喂青贮饲料、糟渣类饲料、蔬菜副产品等过多）等。肉羊日粮中谷物类饲料配合和加工方法不同，肉羊发生瘤胃酸中毒的概率也不相同。玉米通常因适口性好，能量含量高，而广泛地用于肉羊的配合饲料中，玉米的淀粉含量高达 70%～75%，淀粉在肉羊瘤胃中的发酵速度快，发酵程度高，易产生大量的乳酸。据有人试验，肉羊饲喂玉米 8 小时内瘤胃乳酸浓度上升缓慢，8 小时后则迅速上升，当肉羊饲喂玉米的采食量达到羊每千克体重的 60%～80%时，羊即会出现瘤胃酸中毒，羊每千克体重饲喂玉米的采食量达到 100 克时，则可视为致死量。但在相同饲喂的条件下，肉羊采食多量的小麦和大麦则比玉米更易引起肉羊瘤胃酸中毒。

2. 发病症状

急性发作的病羊，一般羊在喂料前精神、食欲、泌乳均正常，通常在羊过量采食精饲料（或偷食精饲料）后 3～5 小时内突然发病，患羊表现精神高度沉郁，喜卧不愿走动，行走时步态不稳，呼吸急促，心跳加快，体温下降到 36.5～38℃，并伴有腹泻脱水、腹部膨大、瘤胃蠕动停止、瞳孔散大、双目失明等症状，常于发病的 2～3 小时内因中毒性休克而死亡。患羊死前张口吐舌，甩头蹬腿，并不时鸣叫，从口内流出泡沫样含血液体，剖检瘤胃内容物稀软而呈水样，瘤胃液 pH 值降低至 5 以下，甚至达到 4。发病较缓的患羊，病初兴奋甩头，而后转为沉郁，精神委靡，食欲减退或废绝，目光无神，眼结膜充血，眼窝下陷，呈现严重的脱水症状；部分病羊表现空嚼磨牙、呻吟、流涎，反刍减少或停止，瘤胃中度充满，收缩无力，听诊瘤胃蠕动音消失，体温正常或稍低，心跳加快；部分母羊产羔后瘫痪卧地，眼睑闭合，呈昏睡状态，左腹部臌胀，感到瘤胃内容物较软，犹如面团；大部分病羊表现口渴，喜饮水，排尿量少或无尿，并伴有腹泻症状。若不及时消除病因并采取相应的治疗措施，其病情持续发展可继发和诱发其他并发症，甚至导致中毒性休克死亡。

3. 预防措施

羊瘤胃酸中毒发病快，急性病羊通常不被人觉察，在羊采食精饲料（或偷食精饲料）后 3～5 小时内突然发病，发病较缓的病羊也症状剧烈，最有效的预防方法是饲喂肉羊的精饲料（特别是谷物类饲料）喂量不可超过各类羊的饲养标准，对易于发病的产前、产后母羊和哺乳母羊，应多喂品质优良的青干饲料，其混合精饲料的喂量每顿不得超过 250～500 克，对于急需补喂精饲料增膘或催奶的母羊，应经过 7～10 天的过渡期并逐渐提高精饲料的饲喂量，使其瘤胃能够逐渐适应饲料的变化，也可将多种谷物类饲料按适当的比例搭配使用，并在日粮中按补喂精饲料总量添加 0.5%～1%碳酸氢钠混匀后饲喂，此外，要注意适当地给羊饲喂高纤维素的粗饲料（如农作物秸秆等）。

4. 治疗方法

对发生瘤胃酸中毒的羊，为提高疗效，治疗应采取综合措施。

① 静脉注射生理盐水或 10%葡萄糖氯化钠 250～500 毫升，以增加血液总量，补充水分和电解质；

② 静脉注射 5%碳酸氢钠注射液 50～100 毫升，纠正体液的酸碱度，缓解酸中毒；

③ 肌内注射抗生素类药物，防止羊发生继发感染；

④ 当病羊表现兴奋甩头等症状时，可在静脉注射的药液中加入 20%甘露醇或 25%山梨醇 5～10 毫升，以使羊保持安静；

⑤ 当病羊中毒症状减轻，脱水症状缓解，而仍表现卧地不起时，可静脉注射葡萄糖酸钙或氯化钙 5～10 毫升，以补充血钙浓度，加强心脏收缩，增强抵抗力，同时促进血管收缩，减少渗出。

十二、羊有机磷农药中毒

有机磷农药广泛地应用于农业生产中，有些养殖场（户）用来作肉羊的驱虫和驱除蚊蝇药，但有机磷农药有较大的毒性，如处理不当，则往往易引起人畜中毒。

有机磷农药种类很多，我国使用较多的有机磷农药制剂有剧毒类：如对硫磷

(1605)、内吸磷（1059)、甲基对硫磷（甲基 1605)；强毒类：如乐果、敌敌畏(DDVP)、甲基内吸磷（甲基 1059)、杀螟松；弱毒类：如敌百虫、马拉硫磷等。

1. 发病原因

羊有机磷农药中毒，多是经口腔或皮肤接触吸收而引起的。如用喷洒过有机磷农药不久的蔬菜、藤蔓、瓜果下脚料饲喂肉羊；肉羊在喷洒过农药不久的田地里放牧；用被农药污染的饲料饲喂肉羊；肉羊舔食了未经洗净的用药工具，喝了被农药污染的水；也有的是由于养殖场（户）处于喷洒农药的顺风方向，风将农药吹入而引起肉羊中毒。用敌百虫驱除肉羊体内外寄生虫时，剂量过大也可能引起羊发生中毒。

2. 发病症状

患羊流涎呕吐，站立不安，肌肉颤抖，步态不稳，眼球震颤，瞳孔缩小，视力模糊，呼吸急促，突然倒地，抽搐嚎叫，多死于呼吸中枢麻痹或心力衰竭。死后剖检，胃内容物有大蒜味，胃肠伴有炎症病变。

3. 预防措施

应加强农药管理，严禁将农药和用农药拌过的种子与饲料混放在一起。肉羊不得去喷洒过农药不久的地方放牧，也不得采集和收割喷洒过农药不久的野草、野菜饲喂肉羊；不用喷洒过农药不久的蔬菜和下脚料饲喂肉羊（在喷洒药后 6 周内)。管理好肉羊，防止误食或接触农药；严禁给羊饮用被农药污染的饮水。如用敌百虫给肉羊驱虫时，应按规定的剂量和方法进行驱虫，用药后注意观察羊肉，如出现可疑症状时，应立即采取治疗措施。

4. 治疗方法

对发生有机磷农药中毒的肉羊，应尽快排除体内尚未被吸收的毒药，并给予特效解毒药治疗，同时辅以其他对症治疗措施。

① 特效解毒药治疗：立即皮下注射 1%硫酸阿托品注射液，每次 3～6 毫克，必要时 30 分钟后可再重复注射一次。解磷定（解磷毒)、氯磷定，按羊每千克体重用药 20～40 毫克，溶于生理盐水或 5%葡萄糖溶液中，缓慢静脉注射或肌内注射，必要时，可每隔 2～4 小时重复注射一次；或用双福磷、双解磷，按羊每千克体重用药 40～60 毫克，溶于生理盐水或 5%葡萄糖溶液中，缓慢静脉注射或肌内注射，其解毒效果较解磷定好。

② 如经消化道中毒的肉羊，可用 2%～3%的碳酸氢钠溶液或食盐水洗胃，并内服活性炭；如属敌百虫中毒时，可用 0.1%高锰酸钾溶液洗胃；洗胃困难时，可用硫酸铜 1 克溶于100 毫升水中，给予内服催吐。如经皮肤中毒的肉羊，可用肥皂水或 5%石灰水或 0.5%氢氧化钠溶液洗刷肉羊的体表皮肤，但敌百虫中毒时则忌用碱性溶液清洗，可用清水冲洗。

③ 用绿豆（去壳）250 克，甘草、滑石各 30 克，研为细末，煎水给羊内服。

④ 对中毒羊配以强心、补液、镇静、给予维生素 C 等辅助治疗措施，以利于患羊的恢复。

十三、羊有机氯农药中毒

有机氯农药常见的是六六六和滴滴涕（二二三）。这两种农药除用于植物杀虫外，还可用于防治肉羊的体外寄生虫病，如被肉羊误食后，即可引起中毒。

1. 发病原因

用喷洒过六六六或滴滴涕不久的青饲料饲喂肉羊；或肉羊误食、误饮了有机氯农药污染的饲料、饮水；用有机氯制剂杀灭羊体表寄生虫（羊虱、疥螨等）时，药剂浓度过大，或涂擦面积过大，经皮肤吸收或被羊舔食，均可引起中毒。若皮肤有创伤或炎症时，药物更易被吸收，如使用有机氯农药油剂则尤其危险。也有因六六六熏蒸剂浓度过大，导致羊吸入中毒的。另外，哺乳母羊中毒或多次大量涂擦有机氯农药治疗肉羊体表寄生虫时，也可引起吮奶羔羊发生中毒。

2. 发病症状

发生急性中毒时，患羊不食，呕吐，流涎，磨牙，肌肉震颤，阵发性痉挛，后肢摇摆或麻痹。心跳亢进，呼吸加快，最后倒地昏迷而死。

发生慢性中毒时，则患羊食欲不振，精神较差，全身无力，步态不稳，皮肤发疹发炎，且有痒感。羔羊生长停滞，母羊在发情期不发情。

3. 预防措施

应加强农药管理，严禁将农药和用农药拌过的种子与饲料混放在一起。不去喷洒过农药不久的地方放牧，也不采集和收割喷洒过农药不久的野草、野菜饲喂肉羊；不用喷洒过农药不久的蔬菜和下脚料饲喂肉羊（在喷洒药后 6 周内）。管理好肉羊，防止误食或接触农药；严禁给羊饮用被农药污染的水。如用有机氯制剂杀灭羊体表寄生虫（羊虱、疥螨等）时，应按规定的剂量和方法进行，用药后注意观察，如羊出现可疑症状时，应立即采取治疗措施。

4. 治疗方法

① 如经皮肤吸收中毒时，可用温水、肥皂水或 0.1% 高锰酸钾溶液清洗皮肤。如经口腔食入中毒时，可用温水、生理盐水或 2% 苏打水洗胃（或用催吐剂催吐），导出流液后，再用胃管投服硫酸钠或硫酸镁 30～40 克缓泻，但忌用油类泻剂，以免增加毒物的吸收。

② 患羊如出现神经症状时，可使用镇静剂：盐酸氯丙嗪，按羊每千克体重用药 1～2 毫克，肌内注射；苯巴比妥钠，按羊每千克体重用药 25 毫克，内服或注射；水合氯醛 2～4 克，内服。

③ 为了保护肝脏，增强解毒功能，可用高渗葡萄糖注射液和维生素 C 注射液，静脉注射。

有机氯农药中毒，一律禁用肾上腺素，避免引起患羊突然发生死亡。

十四、羊瘤胃臌气

羊瘤胃臌气又称肚胀和气胀，是由于羊采食了过量且易于发酵的饲料，在瘤胃细菌的作用下过度发酵，而迅速产生大量的气体，致使瘤胃急剧胀大，并呈现反刍和嗳气障碍的一种消化道疾病。

1. 发病原因

引发羊瘤胃臌气的主要原因有：①羊采食了过量的青绿、幼嫩、多汁的牧草，特别是豆科牧草如紫玉英、苜蓿等；②羊采食了雨后的青草或露水草、有霜的牧草及其冰冻的牧草、腐败或含有霉菌的干草；③长期舍饲的羊群，一旦外出放牧采食了大量的青草，以及入春后羊群由采食枯草突然转为采食青草。此外，羊发生有毒植物中毒、前胃迟缓、食道阻塞、瓣胃阻塞等均会引起羊继发性瘤胃臌气。

2. 发病症状

病羊发病迅速，常在采食后不久即产生臌气，病羊表现不安，左腹部急性臌胀，按压紧张而具有弹性，扣之如鼓。食欲、反刍停止，呼吸困难，结膜发紫，若不及时治疗，即可导致羊瘤胃破裂或窒息死亡。而羊继发瘤胃臌气则臌气发展缓慢，且臌气症状表现时轻时重。

3. 预防措施

给肉羊饲喂青绿多汁、幼嫩、易发酵的牧草（特别是豆科牧草），应限制羊的饲喂量，或晒干后拌以适量的普通干草一起饲喂；春季在羊群放牧前，应先给羊群饲喂适量的粗饲料（如农作物秸秆、晒干草等），再让羊群出牧，经过一段时间的过渡，让羊的胃肠机能逐渐适应青饲料的消化特点后，再转入全天放牧；羊群在雨后或早上露水未干前不要放牧；不给羊群饲喂腐烂、发霉变质的草料。放牧人员在羊瘤胃臌气发生的高发季节（如春季初牧时）可随身携带套管针和制酵药物，以备羊发生瘤胃臌气时急用。

4. 治疗方法

（1）实施人工放气。对羊发生严重急性瘤胃臌气有窒息死亡危险时，可用套管针紧急实施瘤胃放气。在实施瘤胃放气时，可选择羊体的左侧腹部臌胀最高处剪毛、消毒，先用柳叶刀将羊的腹部皮肤切开一小口，再将套管针直刺入羊的瘤胃，随后将针拔出后，用手掌捂住套管口缓慢地将气体放出（严防放气过快，防止引起羊脑贫血死亡）。放气结束后，可从放气的针孔中向瘤胃内注入一些止酵剂（如来苏儿、福尔马林等）。

（2）促进羊嗳气。羊在放牧时发生瘤胃臌气，可在牧场上寻找臭椿树枝或山桃树枝、山楂树枝、柳树树枝等放进羊的口内让羊咀嚼嗳气，以利排出气体，也可用花椒或茴香少许放进羊的口内让羊咀嚼嗳气。

（3）制止发酵，防止继续产气。可任选以下药物制酵：

① 用福尔马林或来苏儿 2～5 毫升，加水 200～300 毫升，混匀后给羊内服；

② 用鱼石脂 5 克、松节油 5 毫升、酒精 10 毫升，混匀后给羊内服；

③ 如羊呈泡沫性臌气，可任选适量的豆油或花生油、棉籽油给羊内服；

④ 可用氯化镁 5～15 克，加适量的水混匀后给羊内服；

⑤ 用干姜6克、陈皮9克、香附9克、肉豆蔻3克、砂仁3克、木香3克、神曲6克、萝卜籽3克、麦芽6克、山楂6克，煎水去渣候温后给羊内服；

⑥ 用木香6克、陈皮6克、槟榔6克、枳壳6克、茴香12克、炒莱菔子24克，煎水去渣候温后给羊内服；

⑦ 用生二丑5克、烟叶80克，煎水后加食醋50毫升混匀后给羊内服；

⑧ 用丁香10克、木香10克、青皮5克、藿香5克、陈皮5克、槟榔5克，共研为细末，开水冲调，加香油5毫升混匀后给羊内服。

十五、羊瘤胃积食

羊瘤胃积食又称宿草不转，是由于羊采食了大量的难以消化且易于发酵的饲料所致。病羊常以瘤胃内容物大量积滞，容积增大，胃壁受压和运动神经麻痹为主要特征。

1. 发病原因

羊过量采食了粗纤维含量较高的饲料如麦草、稻草、豆秸、花生藤、红薯藤、棉籽皮等，特别是羊过量采食了半干枯的植物藤蔓类饲料则最易致病，或羊过量采食了豆类和谷物类精饲料。此外，羊远牧过度也可促使本病的发生。

2. 发病症状

病羊食欲、反刍、嗳气减少或停止，瘤胃蠕动微弱或停止，左腹部增大，按压坚硬或呈面团样，病羊有腹痛感；排便稀软或腹泻，且粪便呈黑色、带有恶臭味，严重的病羊粪便中带有血液和黏液。病羊一般体温正常，而呼吸、心跳加快，部分病羊表现肌肉震颤，运动轻微失调。如羊过量采食了豆类和谷物类精饲料而发病，可引起病羊严重脱水和酸中毒，病羊眼球下陷，血液浓稠，呈暗红色，亦出现狂躁不安等神经症状。

3. 预防措施

加强对肉羊的饲养管理，防止羊采食饲料过量，对饲喂肉羊的粗饲料应进行适当地加工后再饲喂，严防肉羊采食过量的豆类和谷物类精饲料，并防止羊群远牧过度。

4. 治疗方法

(1) 内服泻药。可用硫酸镁或硫酸钠50～100克，加鱼石脂3～5克，加适量水混匀后给羊内服；也可用石蜡油或植物油100～120毫升一次给羊内服。

(2) 促进瘤胃蠕动。给羊静脉注射10%氯化钠溶液50～60毫升，或用酒石酸锑钾0.5～0.8克，溶于1000～3000毫升水中给羊内服。

(3) 对因采食过量的豆类和谷物类精饲料而引起羊瘤胃积食的病例，如伴有脱水、酸中毒和神经症状时，则可用5%葡萄糖生理盐水500～1000毫升，并加入安钠咖和维生素C静脉注射，同时静脉注射5%碳酸氢钠溶液50～100毫升。当病羊高度兴奋时，可肌内注射氯丙嗪30～50毫克。

(4) 中药治疗：

① 用陈皮9克、枳实9克、神曲9克、厚朴6克、山楂9克、莱菔子9克，煎水候温后给羊内服；

② 用神曲12克、麦芽12克、山楂12克、大黄18～24克、芒硝50～100克、枳实12克、厚朴12克、槟榔6克，煎水候温后给羊内服；

③ 用刘寄奴12克、厚朴6克、木通9克、神曲9克、枳实12克、木香6克、槟榔12克、茯苓12克、青皮9克、山楂12克、甘草9克，煎水候温后给羊内服。

十六、羊异食癖

羊异食癖是指羊喜舔食墙壁、食槽、地皮，以及啃食泥巴、砖瓦、石块、塑料薄膜等平时不可食用的物质。

1. 发病原因

饲喂肉羊的饲料单一，饲草营养片面和营养缺乏（特别是蛋白质、矿物质和维生素缺乏）是导致羊发生异食癖的主要原因，如在冬春季节，肉羊主要以农作物秸秆、晒干草等粗饲料为主要日粮，如精饲料补喂不足，且青饲料缺乏，加之矿物质（特别是钙、磷缺乏，比例失调，食盐补喂量低或不补喂食盐）、维生素（特别是维生素A、维生素D）补喂不足，满足不了肉羊生长发育的需要，为弥补生长发育所需的养分，肉羊即会发生异食癖。此外，羊体内寄生虫严重，掠夺性吸取羊的营养，也易引发羊异食癖。

2. 发病症状

羊发生轻微的异食癖现象，一般在临床上并不表现其他症状，仅见羊喜舔食墙壁、食槽、地皮，并时有啃食平时不可食用物质（如泥巴、砖瓦、石块、塑料薄膜等）的现象发生。如羊发生较为严重的异食癖现象，绝大部分会表现体况消瘦，皮毛焦躁，生长发育不良。

3. 临床诊断

一般根据羊喜舔食墙壁、食槽、地皮，并时有啃食平时不可食用物质（如泥巴、砖瓦、石块、塑料薄膜等）的现象发生即可确诊。

4. 预防措施

对较易引发异食癖的怀孕母羊、羔羊和育肥肉羊，除放牧采食青粗饲料外，应适当地增加精饲料的补喂量，并注意在补喂羊的精饲料中适当地搭配骨粉、蛋壳粉、食盐等矿物质饲料，同时对饲喂羊的饲草和补喂羊的精饲料应力求新鲜、多样化，幼嫩的牧草、胡萝卜等青绿多汁饲料则可多喂。如遇冬春季节青饲料缺乏，可用谷物籽实制作发芽饲料给羊补喂，以满足羊的营养需要。对哺乳羔羊应在保证羔羊哺喂母乳的前提下，尽可能做好羔羊的提早引料和补料工作，如对羔羊补喂人工奶，应注意矿物质饲料和微量元素添加剂的补充。为防范羊群的矿物质饲料和微量元素缺乏，也可购置盐砖，将其盐砖吊挂在羊舍或运动场内，让羊群自由舔食（给羊群自由舔食盐砖，不仅可补盐，而且还可补钙、磷、碘、铜、锌、铁、硒等元素，可一举多得，同时给羊群补盐不仅冬春枯草季节要补喂，夏秋青草旺盛季节更需要补喂，并保持常年不断地补喂）。同时还应适当地对羊群（特别是羔羊）进行放牧活动，勤晒太阳，以利于促进新陈代谢，防范羊群发生异食癖。此外，应根据羊群的生长发育状况，及时驱除体内外寄生虫，以防范寄生虫危害诱发羊异食癖的发生。

5. 治疗方法

一般羊发生异食癖，在改善对羊群的饲养管理的条件下，注意各种饲料的合理搭配，保障羊对蛋白质、矿物质和维生素的需要，其羊的异食癖现象即可得到消除，但对羊发生较为严重的异食癖现象且影响到羊的生长发育则应采取相应的对症治疗措施，如患羊体质瘦弱则应静脉注射补充能量物质，再如母羊继发产后瘫痪应则静脉注射钙制剂和维生素 D。

十七、羔羊佝偻病

羔羊佝偻病是由于维生素 D 缺乏、钙磷代谢障碍引起骨组织发育不良的一种疾病。临床上常以患羊消化机能紊乱、异食癖、跛行及骨骼变形为主要特征。本病常发生于羔羊，特别是刚断奶后不久的羔羊。

1. 发病原因

饲料配合不当，羔羊长期饲喂单一的饲料，如酒糟、糖渣、豆腐渣等，以致使钙、磷和维生素 D 含量不足或缺乏；或钙、磷比例不平衡。羊舍阴暗，缺乏阳光照射，羊皮肤中的 T-脱氢胆固醇则不能转变为维生素 D_3，也可导致维生素 D 缺乏。羔羊对维生素 D 缺乏极为敏感，维生素 D 缺乏可影响肠道对钙、磷的吸收，以及钙在软骨组织中的沉着。怀孕母羊日粮中的维生素和矿物质供给不足时，所产羔羊可发生先天性佝偻病。此外，某些慢性胃肠病、寄生虫病以及先天发育不良等因素，均会影响维生素和矿物质的吸收和利用，从而诱发本病的发生。

2. 发病症状

病初食欲减退，消化不良，生长发育缓慢，多卧，少立，不愿行走。患羊有啃咬食槽、墙壁、泥土、垫草、砖块、粪便等异物的现象发生。如果病情继续发展，可见患羊起卧困难，强行运动时，步履蹒跚，步样强拘，常常发出痛苦的叫声或呻吟声。有时出现突然倒地、痉挛等神经症状。病情严重时，骨骼发生变形，面骨肿胀，关节变形、粗大，肋骨有念珠状肿，并向内弯曲，胸廓扁平狭小，足的姿势改变，呈 X 形。有的患羊不能站立，跪卧采食。如病程时间长，则可导致患羊消化功能紊乱，消瘦，常并发其他疾病而引起死亡。母羊患本病时，则易发生产后瘫痪。

3. 预防措施

改善怀孕母羊和哺乳母羊的饲养管理，饲喂富含钙、磷的饲料及青饲料。羊舍应温暖、干燥、清洁、光线充足，通风良好，同时加强羊群运动，有放牧条件的应尽可能放牧。注意羔羊饲料中的钙、磷比例平衡，其钙、磷比例应保持在（1～2）∶1，同时应经常让羔羊晒太阳以满足维生素 D 的供给，必要时可给予补充。如在羔羊群中发生本病，对同群的其他羔羊可补给酵母麸皮，即用 1.5～2.5 千克麸皮加 50～70 克酵母煮后过夜，每天分 3 次给羔羊喂服；或用磷酸钙，按每只羔羊用药 2～5 克，或用 10%氯化钙溶液，每只羔羊每次 1 小汤匙，每天两次，拌入精饲料中给羔羊喂服。

4. 治疗方法

① 肌内注射维生素 D_3 注射液 2～5 毫升，或维丁胶性钙注射液 2～4 毫升；或肌内注射维生素 D_2 注射液 5 毫升，隔日 1 次，或用多维钙片给患羊内服。

② 用钙片按羊每两千克体重用药 1 片（每片含乳酸钙 0.1 克、碳酸钙 0.1 克、磷酸氢钙 0.1 克），或用亚硒酸钠按羊每 5 千克体重用药 1 毫克，或用骨化醇按羊每千克体重用药 500 单位，混合于精饲料中给患羊喂服，每天 1 次（亚硒酸钠隔 3 天 1 次），直至痊愈。

③ 对食欲减少或不良的患羊，可肌内注射 0.1%亚硒酸钠溶液，按羊每千克体重用药 0.1 毫升（总量最多不能超过 4 毫升），3 天后可重复注射 1 次。同时肌内注射维丁胶性钙注射液，按羊每 5 千克体重用药 1 毫升，每天注射 1 次。

④ 用兽骨 0.5 千克，烧炭研细，拌料饲喂母羊或羔羊，每天 1 次，连续用药 5～7 天；或用鸡蛋壳 0.5 千克，研为细末，混拌于精饲料中给母羊喂服；或将田螺捣烂，混拌于精饲料给母羊喂服。

⑤ 用苍术 5～10 克，研为细末，分两次给羊内服，连续内服数天。

⑥ 用益智仁、白术、陈皮、甘草各 1 克，焦三仙、砂仁、枳壳、牡蛎各 3 克，水煎给羊 1 次内服。

⑦ 用何首乌 9 克、熟地黄 12 克、山药 12 克、白术 12 克、陈皮 12 克、党参 9 克、甘草 12 克、厚朴 12 克，共研为细末，煎水给羊 1 次内服（适用于体重在 30 千克左右的羊）。

⑧ 成年母羊静脉注射 10%葡萄糖酸钙 30～50 毫升，隔天注射 1 次，连续注射 2～3 次。

十八、母羊瘫痪

母羊瘫痪是以产前或产后母羊四肢运动能力减弱或丧失为主要特征的一种疾病。

1. 发病原因

本病的主要原因是对母羊的饲养管理不当，饲草中营养不良，特别是母羊怀孕期间饲草中缺乏矿物质。母羊怀孕后期及泌乳期，由于胎儿迅速生长和泌乳的需要，母羊对矿物质的需要量增加，此时若饲草中缺乏钙、磷，或钙磷比例失调，必然会引起母羊动用贮存于骨骼中的钙，以满足胎儿生长和泌乳的需要，若贮存于骨骼中的钙动用过多则会导致血液中钙、磷水平下降，骨质缺钙、脱钙，使母羊后肢或全身无力，甚至骨质发生变化，而发生瘫痪。另外，母羊饲草中蛋白质、维生素缺乏，导致母羊体质瘦弱；母羊产后护理不良，冬春季节圈舍寒冷、潮湿也可诱发本病的发生。

2. 发病症状

母羊产前发生瘫痪，多为产前数天突然发病，母羊喜卧地，站立困难，行走时后躯摇摆，步态不稳，检查局部无其他明显的变化，食欲、精神、知觉和痛觉反射等无明显异常。如母羊产后发病则多在产后2～5天，也有在产后20～40天才发病的。患羊精神沉郁，对各种刺激反应微弱，食欲减退或废绝，泌乳量减少。轻症者勉强行走时，后躯摇摆不稳；重症者则后肢麻木，不能站立，神志昏迷，有时磨牙，四肢发凉。

3. 预防措施

合理地搭配母羊怀孕期间的饲草，并注意保持饲喂怀孕母羊饲料的多样化，适当地补喂骨粉、蛋壳粉，碳酸钙、鱼粉和食盐等。注意对产前和产后母羊的圈舍保温和保持适当的光照，并经常保持圈舍内清洁、干燥，同时，加强对母羊产后的护理，使母羊保持适当的放牧运动并晒太阳。

4. 治疗方法

（1）静脉注射20%葡萄糖酸钙50～100毫升，或10%氯化钙溶液20～50毫升。给患羊静脉注射时速度应缓慢，并防止漏于皮下，必要时可间隔3小时左右后再重复注射一次。皮下注射10%樟脑油5～10毫升。

（2）肌内注射维生素D_3 3～5毫升，隔日注射1次；或用维生素D_2 5毫升，或用维丁胶性钙10毫升，肌内注射，每天注射1次；连续注射3～4天。

（3）静脉注射高渗葡萄糖注射液200～300毫升。

（4）磷酸氢钙50～80克，食盐15～20克（为母羊1天的用量），混合均匀，分2～3次给母羊内服，连续内服7～15天。如母羊发生便秘时，可改用钙制剂静脉注射。

（5）中药治疗：

① 用炒白术30克、当归30克、川芎10克、白芍20克、党参25克、阿胶20克、焦艾叶10克、炙黄芪25克、木香10克、陈皮15克、紫苏12克、炙甘草10克，煎汤，黄酒90毫升为引，给母羊内服。

② 用鸡蛋4个，骨头50克（捣烂），加热白酒调匀给母羊喂服。

③ 用黑豆500克（炒）、童尿一泡，黄酒250毫升，给母羊煎水内服。

④ 用动物骨头烧成灰，碾成细面，给母羊每次喂服10～15克。

⑤ 用乳香、没药、土鳖、牛膝、川续断、骨碎补、当归、红花各15克，龙胆草根、哈粉、牡蛎、龙骨、甘草各10克，共研为细末，开水冲调，加黄酒100毫升为引，给母羊1次内服。每天内服1次，连续内服3～5天。

十九、母羊产后热

母羊产后热是因母羊产后发生细菌感染，且患病母羊表现以高热为主的一种疾病。

1. 发病原因

产房、羊舍卫生条件差，助产消毒不严及母羊产道损伤，致使母羊在分娩过程中或产后发生细菌感染，引起本病的发生。母羊营养不良、体质差，或圈舍阴冷潮湿，或母羊突然受风寒等可降低其机体的抵抗力，诱发本病的发生。

2. 发病症状

母羊产后不久食欲减退或废绝，眼结膜发红，呼吸急促，耳尖及四肢末端发凉，畏寒颤抖，发高烧，体温持续在40～41℃，乳房收缩，乳汁减少。阴户内流出黄色或棕褐色恶臭液体，母羊时常作排尿状。病重时，患病母羊不愿站立，卧地昏睡。

3. 预防措施

母羊分娩前应及时转入消毒好的产房待产，如母羊在分娩过程中一旦发生难产应及时给予助产，并注意助产消毒和防止母羊产道受损，严防母羊在分娩过程中或产后受到细菌感染；母羊产后，应及时清除羊舍内的污物，换以干净柔软的垫草，保持羊舍内清洁、干燥，并让母羊得到充分地休息；同时，对分娩后的母羊应饲喂质量优良且容易消化的草料，如优质的青干草和青绿多汁饲料，但也要适量，以免引起母羊发生消化道疾病。如母羊产后排出的恶露呈灰褐色，且气味恶臭，应及时追查病因，并用消炎药物对母羊子宫进行冲洗和配合全身抗菌消炎，从而消除恶露，促进母羊恢复正常。

4. 治疗方法

（1）青霉素160万单位，链霉素100万单位，肌内注射，1天注射2～3次，连续注射数天；安乃近10毫升肌内注射，1天注射两次。另外，可给母羊子宫中投放土霉素或四环素片5～10片。也可肌内注射垂体后叶素10～20国际单位，或己烯雌酚3～10毫升。

（2）中药治疗：

① 用艾叶30克、益母草15克、当归10克、川芎3克、黄柏10克、香附子10克、黄连3克、黄芩9克。煎汤，候温后给母羊内服。

② 用当归25克、川芎25克、益母草30克、桃仁15克、败酱草25克、连翘30克、金银花25克、栀子30克、黄苏30克、马鞭草50克、臭丹45克。煎汤，候温后给母羊内服，每天内服1剂，连续内服2～3剂。

③ 用柴胡30克、党参30克、黄芩30克、半夏15克、大枣30克、天冬30克、麦冬30克、生地黄20克、大黄30克、白术30克、山楂30克、神曲60克。煎汤，候温后给母羊内服。

④ 用益母草30克，柴胡、黄芩、乌梅各15克，煎汤，黄酒、红糖各120克为引，1次给母羊内服。

⑤ 用土三七15克、益母草30克，煎水给母羊内服。

⑥ 用大葱30克、生姜30克、霜打桐叶1把，黄酒200毫升，混合后1次给母羊内服。

二十、母羊产后缺乳

缺乳即是母羊正常分娩后，无乳或乳汁不足。引起母羊缺乳的原因非常复杂，据分析主要是由于母羊产后营养不良，饲喂羊的饲料单一，缺乏蛋白质、矿物质、维生素。也有可能是由于母羊配种月龄过早，乳腺尚未发育完全；或母羊年龄过大，乳腺功能减退；或由于其他原因引起泌乳机能障碍。

1. 发病症状

一般母羊的精神、食欲、粪便均无异常，仅产后乳房松弛或干瘪，乳汁缺乏或无乳，不能供养羔羊。

2. 预防措施

加强哺乳母羊的饲养管理，合理地搭配哺乳母羊的饲草，母羊除放牧外，应适当地补喂营养丰富的精饲料如玉米粉、饼类（豆饼、麻饼）、麦麸、米糠或其他混合精饲料，适当地补喂青绿多汁饲料或青贮饲料，尤其对体质瘦弱及一胎产羔过多的高产母羊更应重点照顾，以确保母羊膘情偏上，为母羊泌乳打下良好的基础。特别是在冬春枯草季节更应适当地保证母羊产后的青绿多汁饲料或青贮饲料的供应，并注意母羊圈舍的保温和保持适当的光照，经常保持圈舍干燥，同时母羊应适当地运动。如发现母羊发生缺奶，应及时给予治疗。

3. 治疗方法

应在改善哺乳母羊的饲养管理、保障母羊适当膘情的前提下，配以相应的治疗措施。

（1）用己烯雌酚 2～4 毫升，给母羊皮下注射，每日 1 次，连续用药 7～8 天。此法常用于母羊配种月龄过早，乳腺发育不全的治疗。在用药的同时，可配合给予母羊乳房热敷按摩，每天热敷按摩 3～4 次，每次 10～20 分钟，以促进母羊乳腺的发育。

（2）用催产素 5 毫升，给母羊肌内注射，可用于排乳障碍的母羊治疗。

（3）中药治疗：

① 用王不留行 24 克、通草 9 克、穿山甲 9 克、白术 9 克、白芍 12 克、当归 12 克、黄芪 12 克、党参 12 克，共研细末，一次拌入精饲料中给母羊喂服，连续喂服 2～3 剂，母羊的乳汁即可逐渐增多。

② 用吹吹草（元宝草）、奶浆草（地绵草）、益母草、胡椒草（芽青草）、观音韭、香附子各 60～90 克。煎水或拌料给母羊喂服。

③ 用广地龙 50 克、通草 10 克、黄酒 400 毫升。将地龙、通草加水 1200 毫升，煎煮 20 分钟，然后冲入黄酒，候温后，加入 60 克左右麸皮，连渣给母羊喂服，1 天喂服 1 剂，连续喂服 2～3 剂。

④ 用黄芪 30 克、白芷 15 克、当归 30 克，共研细末，黄酒 200 毫升为引，1 次给母羊喂服。

⑤ 用鸡蛋 5～7 个，核桃仁 5～7 个，大葱 120 克，王不留行 15 克。先加水煎

王不留行，去渣后加其他药物，半小时后加食盐 5～10 克，待温后给母羊喂服，1 天喂服 1 次，连续喂服数剂。

⑥ 对膘肥体壮缺乳的母羊，可用当归 60 克、木通 30 克、鲜柳树皮 500 克，煎水与小米粥混合后给母羊喂服。

⑦ 将母羊的胎衣洗净煮熟切碎后，加适量的精饲料和食盐，分 3～5 次给母羊喂服，一般催乳效果显著。

二十一、母羊子宫内膜炎

母羊子宫内膜炎是引起母羊产后不孕的主要疾病之一，患羊的主要发病特征是子宫黏膜感染发炎，并从生殖道内流出黏性或黏脓性污浊分泌物。

1. 发病原因

引起母羊子宫内膜炎的病原菌主要是大肠杆菌、链球菌、葡萄球菌等，其病原菌广泛存在于自然界。当母羊难产助产、子宫脱出整复和人工输精时不注意消毒或操作不慎，母羊本交不注意卫生，均可将病原菌带入母羊的子宫，而引起子宫感染；母羊发生胎衣不下，子宫复旧不全，也易引起子宫感染，并引发子宫内膜炎。母羊产后饲养管理不当，机体抵抗力降低，可增加本病的发生概率。

2. 发病症状

母羊急性子宫内膜炎多见于母羊产后，患羊体温升高，食欲减退，常卧地，并从生殖道内流出灰红色和黄白色脓性腥臭分泌物，患羊常作排尿动作。母羊慢性子宫内膜炎则多是由于母羊急性子宫内膜炎治疗不及时而转为慢性，患羊精神、食欲、体温没有明显变化，有时从生殖道内流出黏脓性分泌物，或发情时黏液带有少量脓絮；母羊甚至出现不发情、发情异常或发情周期正常但配种不易受孕。

3. 预防措施

无论是母羊人工输精配种，还是母羊分娩、难产助产、子宫脱出整复、发生胎衣不下等均应注意各个环节的消毒，防止将病原菌带入母羊子宫，而引发子宫感染；同时要加强对母羊的饲养管理，以增强母羊机体的抵抗力，从而降低本病的发生概率。

4. 治疗方法

母羊子宫内膜炎一般应予以子宫局部给药治疗为主，若伴有体温升高等全身症状时，则应配合肌内注射抗生素类药物。如母羊产后子宫颈口关闭导管插不进去时，可先给母羊肌内或皮下注射 0.5～2 毫升己烯雌酚等雌激素药物，以促使其子宫颈口开张，然后再给予注药。以下治疗方法可供选用。

(1) 青霉素 80 万单位、链霉素 100 万单位，共溶于 30 毫升蒸馏水中给予母羊子宫注入；或土霉素（或四环素）1 克，或氯霉素 1 克，或雷佛奴尔 0.5 克溶于 30 毫升蒸馏水中给予母羊子宫注入。每天或隔天注入 1 次，连续用药 5～7 次。同时配合皮下或肌内注射己烯雌酚或雌二醇则治疗效果更佳。

(2) 肌内注射前列腺素 $F_{2\alpha}$ 及其类似药物也可收到较好的治疗效果，其用药量可按药物的使用说明使用。

(3)“清宫液”子宫灌注剂，每次灌注50～80毫升，隔天灌注1次，有良好的杀菌消炎、促进子宫恢复的作用（该药由中国农业科学院中兽医研究所研制并生产）。

(4)“宫得康”子宫灌注剂，每次用1支，隔天灌注1次。

(5)配以中药治疗：

① 用当归15克、川芎15克、桃仁10克、牡丹皮20克、木通30克、栀子30克、黄柏40克、连翘30克、益母草30克、防己30克、柴胡30克，煎汤，候温后给母羊内服。

② 用益母草、野菊花、全草各30克，白扁豆、蒲公英、白鸡冠花、玉米须各30克，煎汤，加红糖100克为引，给母羊内服。

③ 用益母草、炒枳实各30克，炒小茴香15克，当归、川芎各15克，共研细末，加黄酒200毫升为引，给母羊内服。

④ 用车前草、木通、栀子、萹蓄、秋石、常山、白果、肉苁蓉、桑白皮各15克，煎汤给母羊内服，1天内服1剂，连续服药2～3剂。

⑤ 用白背叶根60克、墨鱼骨20克、鸡冠花45克、加水1000～2000毫升，煎汁浓缩至500毫升左右，候温后给母羊内服。或用野牡丹、三白草、鸡冠花各20克，煎汤分3次给母羊内服。

二十二、母羊不发情

母羊不发情是指繁殖母羊本应该有的周期性发情表现消失了。它是母羊卵巢静止、卵巢萎缩、持久黄体、黄体囊肿等一系列疾病的一个共同的临床症状。

1. 发病原因

引起母羊不发情的原因比较多，也比较复杂，据分析主要有以下原因：一是母羊营养不良，体质过肥或过瘦；二是母羊年龄过大，繁殖机能减退；三是饲喂母羊的饲料单一，饲料中缺乏某些营养物质，如蛋白质、微量元素、维生素等；四是母羊患子宫内膜炎、乳房炎或其他一些疾病等。以上这些因素均可导致母羊的生殖内分泌机能紊乱，卵巢活动异常，而引起母羊不发情。

2. 发病症状

母羊产后或母羊进入发情配种季节，本该发情的母羊而不发情，育成母羊到了发情年龄而不发情，母羊曾有过发情，未怀孕但不恢复发情。一般患羊在临床上无其他明显的异常表现。

3. 预防措施

加强对母羊的饲养管理，母羊除放牧采食外，应适当地增加精饲料的补喂量，并注意适当地搭配骨粉、蛋壳粉、食盐、微量元素等矿物质饲料，同时对饲喂母羊的饲草和补喂母羊的精饲料应力求新鲜、多样化，其幼嫩的牧草、胡萝卜等青绿多汁饲料则可多喂，以确保母羊的体质中等偏上。对患病的母羊应及时治疗，以促进母羊尽快恢复健康，并促使母羊尽早发情排卵。

4. 治疗方法

在进行药物治疗的同时，应加强对母羊的饲养管理，并特别注意母羊对蛋白质、矿物质，维生素和微量元素等营养物质的需要，增加母羊的营养，以促进母羊正常发情。

（1）苯甲酸雌二醇 2 毫升，1 次给母羊肌内注射；或己烯雌酚 2～4 毫升，1 次给母羊肌内注射。

（2）绒毛膜促性腺激素（HCG）500～1000 单位，给母羊肌内注射；或孕马血清促性腺激素（PMSG）200～1000 单位，给母羊肌内注射；或使用垂体促性腺激素（GnRH）及其类似药物给母羊肌内注射。

（3）前列腺素 $F_{2\alpha}$ 及其类似药物，如氯前列烯醇，用于因持久黄体或黄体囊肿而引起母羊不发情的治疗。

（4）中药治疗：

① 用当归 25 克、官桂 15 克、阳起石 25 克、元参 20 克、杜仲（炭）20 克、茴香 20 克、熟地黄 20 克、川芎 15 克，共研细末，掺入精饲料中给母羊喂服。

② 用当归、熟地黄、肉苁蓉、淫阳藿、阳起石、白芍、益母草各 10～15 克，煎汤，拌入精饲料中给母羊喂服。

③ 用淫羊藿、阳起石各 30 克，肉桂、当归、熟地黄、山药、黄芪各 20 克，研为细末，拌入精饲料中给母羊喂服。

④ 用淫羊藿 9 克，烘干，研为细末，拌入精饲料中给母羊喂服，每天喂服 1 次，连续喂服 2～3 次。

二十三、母羊乳房炎

母羊乳房炎又称为乳痈，本病是由细菌感染母羊的乳腺组织，而引起发炎的一种疾病。在临床上常表现为母羊的乳房红、肿、热、痛，甚至溃烂化脓。本病常发生于泌乳期的母羊。

1. 发病原因

多是由于母羊的乳房外伤，如羔羊吃奶时咬破乳头，母羊卧地时擦伤乳房，寒冷天气时母羊卧地，乳房与湿冷地面接触时间过长而发生冻伤，细菌经母羊的乳房损伤部位感染而发病；或因圈舍环境卫生条件较差，机体抵抗力低下时病原菌经乳孔侵入感染而发病，或母羊患子宫内膜炎等感染性疾病时引起乳房并发感染或羔羊断乳不当，乳汁蓄积过多，影响乳房局部防卫机能而感染发病等。

2. 发病症状

患病母羊乳房红肿、发热、疼痛，当羔羊哺乳时常见母羊躲让，甚至拒绝给羔羊哺乳。母羊在病初乳量减少，乳汁清淡或混有冰渣样凝乳块，甚至乳孔闭塞，挤出的乳汁呈黄色，有时甚至乳汁中混有脓血，最后乳房化脓溃烂，母羊病重时，全身发热，食欲减退。如转为慢性，则触摸母羊乳房有大小不等的硬块，且挤不出乳汁。

3. 预防措施

母羊产后应及时转入哺乳舍，哺乳舍内应注意保温，且经常保持清洁干燥，羊床上应垫以柔软的垫草，谨防母羊擦伤、冻伤乳房；加强哺乳母羊的饲养管理，提高母羊的抵抗力，合理搭配母羊的日粮组合，保持哺乳母羊乳汁充足，谨防母羊缺乳导致羔羊咬伤乳头，如发生母羊乳房或乳头出现破伤现象，应及时给予治疗，谨防引发乳房炎。

4. 治疗方法

（1）挤净乳汁后，用青霉素25万单位和链霉素0.25克，溶于5～10毫升注射用水中，用乳导管注入乳孔内，然后按住乳头，轻轻按摩乳房，使其药液散开。同时用樟脑软膏或鱼石脂软膏涂擦患部；或母羊发病初期用毛巾对母羊的乳房施以冷敷，或母羊发病中后期用毛巾对母羊的乳房施以热敷；也可用0.25%～0.5%的盐酸普鲁卡因作母羊乳房基底封闭注射。当患羊并发和继发全身症状或母羊乳房注入困难时，可给母羊肌内或静脉注射抗生素类药物进行治疗。

（2）中药治疗：

① 用蒲公英30克、金银花25克、连翘20克、丝瓜络30克、通草10克、芙蓉花15克、穿山甲10克，煎汤，候温后给患羊内服。

② 用蒲公英60克、连翘60克、金银花30克，研为细末，混入精饲料中给患羊喂服。

③ 用黄芪、当归、忍冬藤、野菊根、蒲公英、紫花地丁、紫背天葵、甘草各15～30克，煎水，黄酒200毫升为引给患羊喂服。

④ 用云实、清风藤、皂角刺、忍冬藤、大蒜秆各80～100克，煎汤，候温后给患羊内服。

⑤ 用皂针、赤芍、归尾、荆芥、防风、花椒、黄柏、连翘、透骨草各30克，煎水，候温后温洗乳房，每日1～2次，轻症者2～3次即可治愈。

⑥ 用柳叶、白前各250克（鲜品），威灵仙60克，加米酒煎汤给患羊内服。

⑦ 用红花注射液（西南制药三厂出品）5～10毫升作乳房局部注射，轻症患羊注射1次即可治愈，严重的患羊隔日注射1次，最多注射2～3次即可康复。

⑧ 用丝瓜蒂20克，煎水1次拌入精饲料中给患羊喂服，每天喂服2～3次，并辅以热敷乳房。

⑨ 用茄子蒂或南瓜蒂7个，烧成灰，用白酒30毫升，加适量水拌匀后给患羊内服。

二十四、母羊动胎流产

母羊动胎流产即是怀孕母羊产期未到，而发生胎儿动荡，腹痛不安，并从生殖道内流出黏液或血水等产羔症兆，有些母羊甚至产出死胎或弱胎。

1. 发病原因

一是母羊患布氏杆菌病导致怀孕母羊出现传染性流产。二是怀孕母羊机械性损伤导致流产，如母羊放牧时跑跳、急走、走陡坡和转急弯折伤腹部；母羊进出栏舍互相拥挤；放牧时打冷鞭和猛然间受惊吓等。三是怀孕母羊饲养管理不良，导致母羊体质瘦弱、天气寒冷时饮冷水、天气过冷或过热时出牧、母羊饲喂发霉变质或有毒的饲草等均有可能导致母羊动胎流产。

2. 发病症状

如母羊因患布氏杆菌病引起流产，一般患病羊群中常有发生关节肿大、跛行的病羊，且同群饲养的公羊有睾丸肿大现象发生；如母羊因机械性损伤流产和饲养管理不良等引起流产，则一般怀孕母羊在动胎前均有机械性损伤和饲养管理不良等事件发生，而导致母羊表现腹痛不安，胎儿动荡，并从生殖道内流出黏液或血水等产羔症兆，有些母羊动胎后还会产出弱胎或死胎。

3. 预防措施

养殖场（户）如经常发生母羊流产现象，且羊群中经常有关节肿大、跛行的病羊发生，并且同群饲养的公羊中经常有睾丸肿大现象，应及时对羊群进行布氏杆菌病普查，以排除羊布氏杆菌病的危害及其引起的母羊流产（并谨防传染给人类）。母羊怀孕后，应加强饲养管理，注重饲草品种的多样化，并根据母羊的营养状况适当地补喂精饲料，给怀孕母羊补喂的饲草和添加的精饲料应做到少喂勤添，且禁止喂给马铃薯、酒糟和未经去毒处理的棉籽饼或菜籽饼，并禁止饲喂霉烂变质、过冷或过热、酸性过重或掺有麦角、毒草（如闹阳花、无刺含羞草等）的饲料，以免引起母羊流产、难产和发生产后疾病。怀孕母羊在放牧时应防止跑跳、急走、走陡坡和转急弯，以防折伤腹部引起动胎流产，同时要切忌对怀孕母羊打冷鞭和猛然间受惊吓，天气过冷或过热时不可出牧，并防止母羊放牧时受寒风暴雨侵袭；随时疏畅好怀孕母羊进出栏舍的通道，防止母羊放牧和进出栏舍时互相拥挤而引起母羊流产。

4. 治疗方法

① 内服烧酒 50～100 毫升，给予轻度麻醉，抑制母羊努责和阵缩；

② 轻症动胎的母羊，可肌内注射黄体酮 2～5 毫升；

③ 如母羊因损伤性胎动，可配合内服止痛清热安胎散，即酒知母 3 克、酒黄柏 3 克、川续断 6 克、没药 3 克、乳香 3 克、地榆 5 克、当归 5 克、生地炭 3 克、酒黄芩 6 克、砂仁 3 克、鹿角霜 6 克、川芎 3 克、桑寄生 5 克、茯苓 5 克、台乌 5 克、血竭花 5 克、熟地黄 6 克、甘草 3 克，研为细末，开水冲调，童便 20 克为引给母羊内服；

④ 如母羊血热宫燥，并从生殖道阴道内流出血水，可配合内服苎麻根安胎汤，即鲜苎麻根 20 克、仙鹤草 30 克、艾叶 10 克，煎水给母羊内服；

⑤ 对呈习惯性流产的母羊，为达到预防和治疗的目的，可在确定母羊怀孕后，每隔半月左右给母羊内服一次保胎安全散，即全当归 6 克、川芎 3 克、菟丝子 6 克、炒白芍 3 克、川贝母 3 克、黄芩 6 克、荆芥 3 克、厚朴 3 克、艾叶 3 克、炒枳壳 3 克、羌活 3 克、甘草 3 克、黑杜仲 3 克、续断 6 克、故纸 3 克，研为细末，生姜 5 克为引，同调给母羊内服。

第十一章　防控肉羊疫病的主要疫（菌）苗及其使用

第一节　防控肉羊疫病的生物药品

一、兽用生物药品概述

兽用生物药品系用微生物（细菌、病毒、立克次体）及其微生物的毒素和生物工程技术制造的用于预防、治疗以及诊断动物传染病的一类生物制品，其中包括菌苗、疫苗、类毒素、抗病毒血清、抗毒素、干扰素等以及用于诊断动物传染病的各种抗原、抗体诊断液等。

二、菌苗、疫苗和类毒素

1. 菌苗

菌苗可分为死菌苗和活菌苗两种。死菌苗是将具有良好免疫原性的强毒菌种，经过适宜的培养基培养，利用化学的或其他的方法，将其杀死而制成的制剂。菌苗制剂具有性质稳定，安全性能高，但需要对动物的免疫次数多，且用量大，免疫期持续时间短的特点。而在死菌苗中加入了适当的佐剂后，则可增强其免疫力。常见的死菌苗如气肿疽灭活苗、羊出血性败血症死菌苗等。

活菌苗是选用弱毒或无毒但具有免疫力的菌株，经过培养增殖后而制成的制剂。活菌苗进入肉羊体内后能持续性生长繁殖，且能长时间地刺激机体产生抗体。活菌苗具有接种用量小、免疫效果好且免疫期长等优点，但长期且大量地使用不慎，则易诱发羊群带菌或带毒，造成新的感染。常见的死菌苗如霍乱弱毒菌苗、Ⅱ号炭疽芽孢菌苗等。

2. 疫苗

疫苗是使用病毒或立克次体等接种动物、鸡胚或经组织细胞培养后加以适当地处理而制成的制剂。疫苗可分为弱毒活疫苗和死毒疫苗。弱毒活疫苗一般均制成冻干产品，以利于保存，常见的弱毒活疫苗有羊痘鸡胚化弱毒疫苗、布氏杆菌病弱毒菌苗等。而死疫苗则一般是用甲醛或其他化学药品等将病毒灭活而保留其免疫原性的制剂，如羊痘氢氧化铝灭活苗、羊流产衣原体油佐剂卵黄灭活苗等。

3. 类毒素

类毒素是将细菌产生的外毒素用甲醛处理后，使之变成无毒性而仍有免疫原性的制剂，如破伤风类毒素等。

三、抗病血清

抗病血清包括抗病毒血清、抗菌血清和抗毒素血清。用病毒免疫动物所制备的血清称为抗病毒血清，用细菌免疫动物所制备的血清则称为抗菌血清，用细菌类毒素或毒素免疫动物所制备的血清则称为抗毒素血清。抗病血清含有大量的特异性抗体，如注入动物机体后，能立即获得抵抗该传染病的能力。一般抗病血清常用于羊传染病的紧急预防或治疗。

四、诊断液

常见的诊断液包括抗原、诊断血清和变态反应原等。

1. 抗原

抗原是常用于检验单位血清中有无特异性抗体的生物制品，如鸡白痢平板凝集抗原、法氏囊琼脂扩散抗原等。

2. 诊断血清

诊断血清又称之为阳性血清，内含经标定的已知抗体，用来检查可疑单位组织内有无该疫病特异性抗原，包括抗原衍生物及其代谢产物，如伪狂犬病病毒阳性血清、炭疽沉淀素等。

3. 变态反应原

变态反应原是指能够引起动物变态反应（过敏反应）性疾病的物质，包括粉尘、昆虫类、动物皮毛、植物及植物花草、食物等。变态反应原制品是指用于诊断或治疗动物变态反应性疾病的产品。

五、生物药品的使用及其注意事项

① 弱毒活疫苗要求冷链运输和保存，要求运输和保存温度在0℃以下。死菌苗、诊断血清要求温度在2～15℃条件下运输和保存，且应防止冻结和高温。

② 生物药品的药瓶上应有完整的瓶签，并注明生产厂家、保存条件、使用方法等。

③ 经过稀释后的生物药品，必须在规定的时间内用完，否则超过规定时间必须废弃。使用后的生物药品的空药瓶必须经过高温灭菌消毒后方可处理，以防止扩散病源。

④ 在使用生物制品之前，应对羊群的健康状况进行认真的检查，对患病未愈的羊、母羊产羔不久、羔羊出生不久等均不可使用生物制品，且在使用生物制品时必须按厂家的使用说明方法使用。

第二节　防控动物共患传染病的菌苗、疫苗和类毒素

一、Ⅱ号炭疽芽孢苗

Ⅱ号炭疽芽孢苗可用于预防各种动物的炭疽病。各种动物均皮下注射1.0毫

升，或皮内注射 0.2 毫升。本疫苗注射 14 天后可产生坚强的免疫力，免疫期为 1 年，肉羊的免疫期为 6 个月。

二、无荚膜炭疽芽孢苗

无荚膜炭疽芽孢苗可用于预防各种动物的炭疽病。一般大动物注射于颈部或肩胛后部皮下，肉羊注射于颈部或后腿内侧皮下，猪注射于耳后或后腿内侧皮下。1 岁以上大动物注射 1.0 毫升，猪、肉羊和 1 岁以下大动物注射 0.5 毫升。本疫苗注射 14 天后可产生坚强的免疫力，免疫期为 1 年。本疫苗应在 2～8℃条件下保存，有效期为两年。

三、气肿疽灭活菌苗

气肿疽灭活菌苗可用于预防牛、羊的气肿疽病，本疫苗无论动物年龄大小，牛一律皮下注射 5.0 毫升，羊皮下注射 1.0 毫升，6 月龄以下至 6 月龄的小牛应间隔两月龄左右再注射 1 次，本疫苗免疫 14 天后可产生坚强的免疫力，免疫期为 6 个月。本疫苗在室温保存的条件下有效期为 14 个月，在 2～8℃的条件下保存，有效期为两年。

四、肉毒梭菌（C 型）灭活菌苗

肉毒梭菌（C 型）灭活菌苗可用于预防牛、羊和骆驼等动物的 C 型肉毒梭菌中毒症，其皮下注射的免疫用量为：牛 10 毫升、羊 4 毫升、骆驼 20 毫升，免疫期为 1 年。

五、破伤风类毒素

破伤风类毒素可用于预防家畜的破伤风。马属动物皮下注射 1.0 毫升；幼畜用量减半，经 6 个月后应再注射 1 次；羊皮下注射 0.5 毫升。免疫期为 4 年。本疫苗应在 2～8℃的条件下保存，有效期为 3 年。

六、布氏杆菌病活菌苗（Ⅰ型）

布氏杆菌病活菌苗（Ⅰ型）可用于预防肉羊、牛的布氏菌病。可皮下注射、滴鼻、气雾法免疫，也可口服。免疫期为 3 年。冻干苗应在 0～8℃的条件下保存，有效期为 1 年。本疫苗对人有一定的致病力，因此，在接种牛、羊时应注意做好防护，以防引起感染或引起过敏反应。

七、布氏杆菌病活菌苗（Ⅱ型）

布氏杆菌病活菌苗（Ⅱ型）可用于预防肉羊、猪和牛的布氏菌病。本疫苗适用于口服免疫，肉羊无论年龄大小一律口服 100 亿活菌，牛口服 500 亿活菌，猪口服 200 亿活菌。注射免疫的用量为：山羊 25 亿活菌，绵羊 50 亿活菌，牛 500 亿活菌，猪 200 亿活菌。免疫期为：羊 3 年、牛 2 年、猪 1 年。本疫苗对人有一定的致病力，因此，在接种牛、羊、猪时应注意做好防护，以防引起感染或引起过敏反应。

第三节　防控羊传染病的菌苗和疫苗

一、羊大肠杆菌病灭活苗

羊大肠杆菌病灭活苗可用于预防羊大肠杆菌病。其皮下注射的用量为：3 月龄以上的羊每只皮下注射 2.0 毫升，3 月龄以下的羊每只皮下注射 0.5～1.0 毫升。免疫期为 5 个月。本疫苗应在 2～8℃的条件下保存，有效期为 18 个月。

二、羊链球菌病活菌苗

羊链球菌病活菌苗可用于预防由兰氏 C 群兽疫链球菌引起的羊败血性链球菌病。本疫苗应按瓶签注明的只份，用生理盐水稀释，6 个月以上的羊，一律尾根皮下（不得在其他部位）注射 1.0 毫升；如以气雾法免疫，露天气雾则按每只羊 3 亿活菌苗计算给药量，室内气雾则按每只羊 3000 活菌苗计算给药量。本疫苗应在 15℃以下的条件保存，有效期为两年。

三、羊链球菌病灭活菌苗

羊链球菌病灭活菌苗可用于预防羊败血性链球菌病。肉羊无论大小，一律皮下注射 5 毫升，免疫期为 6 个月。本疫苗应在 2～8℃的条件下保存，有效期为 18 个月。

四、羊传染性脓疱皮炎活菌苗

羊传染性脓疱皮炎活菌苗可用于预防肉羊传染性脓疱皮炎。GO—BT 冻干苗免疫期为 5 个月，HCE 苗免疫期为 3 个月。本疫苗适宜于各种年龄的肉羊，HCE 苗在羊的下唇黏膜划痕免疫；GO—BT 冻干苗在羊的口唇黏膜内注射免疫，其剂量均为 0.2 毫升。对有羊传染性脓疱皮炎流行的羊群，均可用本疫苗在羊的股内侧划痕免疫，其剂量均为 0.2 毫升。本疫苗应在 0～4℃的条件下保存，有效期为 5 个月，在－10～－20℃的条件下保存，有效期为 10 个月。

五、羊痘活疫苗

羊痘活疫苗可用于预防山羊痘和绵羊痘，一般给羊注射 4～5 天后，可产生免疫力，免疫期为 1 年。本疫苗可用于不同品种、不同品系和不同年龄的肉羊，无论羊的体重大小，一律尾根皮下注射 0.5 毫升，在有羊痘流行的羊群中，可用于紧急免疫接种。本疫苗应在 2～8℃的条件下保存，有效期为 18 个月，在 10～26℃的条件下保存，有效期为两个月。

六、羊快疫、羊猝疽、肠毒血症三联灭活菌苗

羊快疫、羊猝疽、肠毒血症三联灭活菌苗可用于预防羊快疫、羊猝疽、肠毒血症。如用B型苗代替C型产气荚膜梭菌苗，可预防羔羊痢疾，以B型菌种生产的羊快疫、羊猝疽、肠毒血症三联疫苗，对羊快疫、羊猝疽、羊痢疾的免疫有效期为1年，对羊肠毒血症的免疫有效期为6个月。本疫苗无论羊的年龄大小，一律皮下注射5.0毫升。本疫苗应在2～8℃的条件下保存，有效期为1～2年。

七、羊梭菌病多联干粉灭活菌苗

羊梭菌病多联干粉灭活菌苗可用于预防羔羊痢疾、羊快疫、羊猝疽、肠毒血症、羊黑疫、肉毒中毒和破伤风等不同疫病，免疫有效期为1年。本疫苗应按瓶签注明的头份，充分摇匀后，无论羊年龄大小，一律肌内或皮下注射1.0毫升。本疫苗应在2～8℃的条件下保存，有效期为5年。

八、羊黑疫、羊快疫灭活菌苗

羊黑疫、羊快疫灭活菌苗可用于预防羊黑疫和羊快疫，免疫有效期为1年。无论羊的年龄大小，一律肌内或皮下注射5.0毫升。本疫苗应在2～8℃的条件下保存，有效期为两年。

九、羊流产衣原体灭活苗

羊流产衣原体灭活苗可用于预防羊衣原体引起的流产，本疫苗在母羊配种前或配种后1个月内均可注射，每只母羊皮下注射1.0毫升。绵羊的免疫期为2年，山羊的免疫期为7个月。本疫苗应在4～10℃的条件下保存，有效期为1年。

第四节　肉羊免疫的建议程序

养殖场（户）可根据具体情况在有资质的兽医指导下制定肉羊的免疫程序。根据工作实践特提供肉羊的免疫建议程序如下，可供参考。

一、春季肉羊免疫建议程序

① 怀孕母羊产前1个月，用破伤风类毒素预防羊的破伤风，每只母羊皮下注射0.5毫升，注射于母羊颈部中央1/3处，注射后1个月产生免疫力。免疫期为1年。

② 怀孕母羊分娩前20～30天，用羔羊痢疾菌苗预防羔羊痢疾，每只母羊皮下注射2毫升，隔10天左右再皮下注射3毫升，注射后10天产生免疫力。母羊的免疫期为5个月，经乳汁可使羔羊被动免疫。

③ 每年2月底至3月初，羊群普遍注射羊快疫、羊猝疽、肠毒血症三联灭活菌苗预防羊快疫、羊猝疽、肠毒血症，无论羊的年龄大小一律皮下或肌内注射5.0毫升，注射后14天产生免疫力。免疫期为6个月。

④ 母羊产后1个月和羔羊出生后1个月（约在每年的3月上旬），用口蹄疫疫苗预防羊口蹄疫，每只羊皮下注射1毫升或按说明书要求进行免疫，注射后15天产生免疫力。免疫期为6个月。

⑤ 每年的3月上旬，羊群普遍注射羊痘活疫苗预防羊痘，按说明书要求进行稀释，无论羊的年龄大小一律皮下注射0.5毫升，注射后6天产生免疫力。免疫期为1年。

⑥ 每年的3月，用羊传染性胸膜肺炎氢氧化铝活苗预防羊传染性胸膜肺炎，6月龄以下的羊每只肌内注射3毫升，6月龄以上的羊每只肌内注射5毫升。免疫期为1年。

⑦ 每年的3月，用羊口疮弱毒细胞冻干苗预防羊口疮，无论羊的年龄大小一律口腔黏膜内注射0.2毫升。免疫期为6个月。

⑧ 每年的3月，用羊链球菌氢氧化铝菌苗预防羊链球菌病，6月龄以下的羊每只背部皮下注射3毫升，6月龄以上的羊每只背部皮下注射5毫升。免疫期为6个月。

二、秋季肉羊免疫建议程序

① 于母羊配种前（约在每年的8月），用口蹄疫疫苗预防羊口蹄疫，每只羊皮下注射1毫升或按说明书要求进行免疫，注射后15天产生免疫力。免疫期为6个月。

② 每年的9月上旬，用布氏杆菌病活菌苗预防肉羊布氏菌病，每只羊臀部肌内注射1毫升（含50亿活菌），对阳性羊、3月龄以下的羔羊、怀孕母羊均不可注射。如采用饮水免疫时，其用量按每只羊饮服200亿活菌计算，两天内分两次给羊群饮完。免疫期为1年。

③ 每年的9月下旬，羊群普遍注射羊快疫、羊猝疽、肠毒血症三联灭活菌苗预防羊快疫、羊猝疽、肠毒血症，无论羊的年龄大小一律皮下或肌内注射5.0毫升，注射后14天产生免疫力。免疫期为6个月。

④ 每年的9月，用羊黑疫、羊快疫灭活菌苗预防羊黑疫、羊快疫，6月龄以下的羊每只皮下注射1毫升，6月龄以上的羊每只皮下注射3毫升。免疫期为1年。

⑤ 每年的9月，用羊口疮弱毒细胞冻干苗预防羊口疮，无论羊的年龄大小一律口腔黏膜内注射0.2毫升。免疫期为6个月。

⑥ 春季或秋季（应依据母羊的怀孕期确定免疫时间），用羊流产衣原体灭活苗预防母羊衣原体引起的流产，母羊在怀孕前或怀孕后1个月内每只皮下注射3毫升。免疫期为1年。

⑦ 每年的9月，用羊链球菌氢氧化铝菌苗预防羊链球菌病，6月龄以下的羊每

只背部皮下注射 3 毫升，6 月龄以上的羊每只背部皮下注射 5 毫升。免疫期为 6 个月。

三、羔羊免疫建议程序

羔羊的免疫程序除根据免疫期的长短，并结合春、秋两季防疫给羔羊免疫注射外，还可根据羔羊的出生日龄进行免疫。一般在羔羊 15～20 日龄皮下注射羊快疫、羊肠毒血症、羊猝疽三联菌苗或羊梭菌病多联干粉灭菌苗；30 日龄左右皮下注射口蹄疫疫苗，40 日龄左右皮下注射羊痘鸡胚弱毒疫苗；50 日龄左右肌内注射羊传染性胸膜肺炎氢氧化铝活苗；60 日龄左右口腔黏膜内注射口疮弱毒细胞冻干菌；70 日龄左右背部皮下注射羊链球菌氢氧化铝菌苗；80 日龄左右唇黏膜注射羊传染性脓疱皮炎活疫苗；90 日龄左右皮内注射Ⅱ号炭疽菌苗。一般羊注射疫苗的免疫期为 6 个月至 1 年。

参 考 文 献

[1] 魏敬才，蒋培红．家庭养羊技术指南．北京：中国农业大学出版社，2003.

[2] 岳文斌，任有蛇，赵祥等．生态养羊技术大全．北京：中国农业出版社，2010.

[3] 杨文平，岳文斌，高建广等．轻轻松松学养羊．北京：中国农业出版社，2010.

[4] 岳文斌，杨文平等．肉羊健康养殖百问百答．北京：中国农业出版社，2011.

[5] 曹玉凤．秸秆养肉羊配套技术问答．北京：金盾出版社，2010.

[6] 毛杨毅．农户舍饲养羊配套技术．北京：金盾出版社，2008.

[7] 李苏新．南方肉用山羊养殖技术．北京：金盾出版社，2009.

[8] 蒋培红．家庭养羊技术指南．北京：中国农业大学出版社，2006.